土石坝技术

Technology for Earth-Rockfill Dam

2020 年论文集

水 电 水 利 规 划 设 计 总 院
中国水力发电工程学会混凝土面板堆石坝专业委员会
中国电建集团昆明勘测设计研究院有限公司　　组编
水 利 水 电 土 石 坝 工 程 信 息 网
国家能源水电工程技术研发中心高土石坝分中心

中国电力出版社
CHINA ELECTRIC POWER PRESS

图书在版编目（CIP）数据

土石坝技术：2020 年论文集/水电水利规划设计总院等组编 . —北京：中国电力出版社，2022.12
ISBN 978-7-5198-7429-2

Ⅰ . ①土… Ⅱ . ①水… Ⅲ . ①土石坝—文集 Ⅳ . ①TV641-53

中国版本图书馆 CIP 数据核字（2022）第 253822 号

出版发行：中国电力出版社

地　　址：北京市东城区北京站西街 19 号（邮政编码 100005）

网　　址：http：//www.cepp.sgcc.com.cn

责任编辑：安小丹（010-63412367）

责任校对：黄　蓓　常燕昆

装帧设计：赵姗姗　郝晓燕

责任印制：吴　迪

印　　刷：固安县铭成印刷有限公司

版　　次：2022 年 12 月第一版

印　　次：2022 年 12 月北京第一次印刷

开　　本：787 毫米×1092 毫米　16 开本

印　　张：18

字　　数：413 千字

定　　价：130.00 元

编 委 会

土石坝技术——2020年论文集

前言

　　2020年，全球新冠疫情肆虐，但我国土石坝建设仍取得了举世曙目的成就，在300m级特高心墙堆石坝、250m级特高面板堆石坝及堰塞坝建设技术方面取得了新突破：2020年5月新疆阿尔塔什水利枢纽工程面板堆石坝（坝高164m，深厚覆盖层最大厚度94m）主体完工、夹岩水利枢纽工程面板堆石坝（坝高154m）面板浇筑完成，6月牛栏江红石岩堰塞湖整治工程首台机组并网发电，7月江坪河水电站面板堆石坝（坝高219m）首台机组投产发电，11月安吉长龙山抽水蓄能电站上水库面板堆石坝（坝高103m）面板混凝土浇筑完成、雅砻江两河口水电站心墙堆石坝（坝高295m，我国第一高、世界第二高土石坝）下闸蓄水……

　　2020年9月，习近平总书记在第七十五届联合国大会一般性辩论上的讲话提出了"碳达峰、碳中和"目标，常规水电及抽水蓄能电站将在实现"双碳"目标的过程中发挥重要作用，而土石坝作为坝工建设中应用最为广泛的坝型，必将引来新一波的发展浪潮。

　　《土石坝技术》论文集是由水利水电土石坝工程信息网通过甄选当年土石坝工程领域的最新学术论文，每年出版1本论文集，汇集广大专家、学者的最新研究成果和实践经验，共享土石坝建设发展的新技术、新经验、新理念，旨在为广大水利水电工作者，特别是从事土石坝工程设计、建设和运行管理的同仁们搭建一个交流和分享的平台，促进土石坝工程技术的创新与发展。

　　在各网员单位的大力支持下，2020年编委会征集收到学术论文70余篇，经有关专家评审，最终甄选了40篇论文出版成本论文集。本次论文集中，我们看到了许多新技术的应用和新方法的探索，如混凝土面板挤压破损机制分析及防裂技术、深厚覆盖层上高面板堆石坝建设实践、国内外土石坝设计标准差异分析、垫层料快速掺配工艺、光纤光栅渗漏监测技术等，内容丰富，涵盖了工程设计、试验研究、施工技术、监测检测、建设管理等。相信本论文集的出版发行，能为广大从事土石坝工程设计、施工、管理技术的同仁们提供有益的借鉴，为土石坝工程技术的创新和发展起到积极的促进作用。

《土石坝技术》编委会

2020年12月

目 录

安 全 监 测

工 程 设 计

天生桥一级面板堆石坝变形
特性及面板挤压破损原因分析

冯业林[1,2]，陈　域[1,2]

（1. 中国电建集团昆明勘测设计研究院有限公司，云南省昆明市　650051；

2. 云南省土石坝工程技术研究中心，云南省昆明市　650051）

[摘　要]　天生桥一级面板堆石坝运行 20 余年来，实测变形较大，变形收敛速度较慢，目前坝体及面板变形增速逐渐趋缓，内部变形已稳定，运行过程中虽多次发生面板局部挤压破坏，但渗流量未见增大，大坝整体是安全可靠的。本文依据实测资料进行天生桥一级坝变形特性分析，并结合非线性接触模型的三维有限元计算分析结果，对面板挤压破坏的原因进行了系统分析，提出高面板堆石坝坝料设计及压性缝设计的建议，可为类似工程提供借鉴。

[关键词]　面板堆石坝；挤压破损；变形特性接触转动挤压效应

1　概述

1.1　天生桥一级大坝简介

天生桥一级水电站位于南盘江干流上，以发电为单一开发目标，总装机容量 1200MW，水库为不完全多年调节水库，总库容为 102.57 亿 m^3。电站大坝为钢筋混凝土面板堆石坝，大坝长 1104m，坝顶宽 12m，坝顶高程 791.0m，最大坝高 178m，大坝填筑总方量约为 1800 万 m^3，大坝上游坝坡 1∶1.4，下游平均坝坡 1∶1.4。大坝共有混凝土面板 69 块，每块宽 16m。面板分三期浇筑，第一期由底部至 680.0m 高程，第二期为 680.0～746.0m 高程，第三期为 746.0～787.3m 高程。在 680.0～746.0m 高程处分别设有水平施工缝，面板厚度由底部 0.9m 渐变至顶部 0.3m。

大坝堆石坝填筑体从上游到下游依次分ⅡA料垫层区、ⅢA料过渡区、ⅢB料主堆石区、ⅢC料堆石区、ⅢD料堆石区，上游辅助防渗的面板铺盖（黏土料ⅠA和任意料ⅠB区）、下游截水墙（ⅡB过渡料和黏土料Ⅳ区），任意料ⅠB区等 8 个填筑体。筑坝材料分区特性见表 1，大坝主要结构如图 1 所示。

工程于 1991 年 6 月正式开工，开始两条导流洞的开挖，1994 年两岸坝头及河床水上部分开挖，年底截流，围堰过水。1997 年大坝拦洪度汛断面全线达到 725m 高程，1998 年水库开始初期蓄水，当年蓄水至 740.39m 水位，年底首台机组发电。1999 年水库蓄水至760m高程，2000年水库蓄水至正常蓄水位，2000年底工程竣工，枢纽工程通过竣工安全鉴定。

表1   筑坝材料参数表

材料名称	岩性	D_{max} (mm)	$D_{<5mm}$ $P(\%)$	$D_{<0.075mm}$ $P(\%)$	孔隙率 $n(\%)$	干密度 $\gamma_d(g/cm^3)$
垫层料（ⅡA）	灰岩	80	35～52	4～8	19	2.2
过渡料（ⅢA）	灰岩	300	<18	<5	21	2.15
主堆石料（ⅢB）	灰岩	800	<12	<5	22	2.12
次堆石料（ⅢC）	砂、泥岩			<8	22	2.15
排水堆石料（ⅢD）	灰岩	1600		<5%	24	2.05

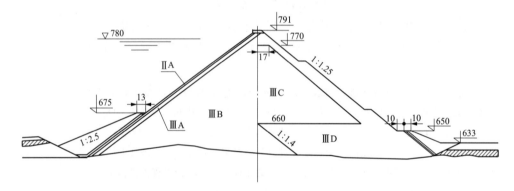

图1　面板堆石坝坝体结构分区设计

1.2　面板挤压破损及修补简况[1,2]

天生桥一级大坝于2003年在L3/L4分缝处首次发生挤压破损，L4面板上破损范围从防浪墙底部向下延伸至水面（787.3～757.18m），局部面板钢筋出露，破损部位平均宽度1m，最大宽度1.58m，止水铜片局部破损，采取清除破损混凝土浇筑同标号混凝土的处理方式。

2004年面板L3/L4分缝附近修补部位混凝土再次发生挤压破坏，破损范围为787.3～710m高程，破损时水位747.77m，其中748～754m高程破损范围最宽达6m左右，720m高程破损宽度达2.4m。根据面板挤压破损情况，结合监测资料分析和水库调度运行情况，提出对部分受压区垂直缝切缝、并在缝内填塞可变形材料以适应面板的变形、释放面板混凝土内部的挤压应力的处理方式，处理方法是对选定的垂直缝切割后，清除缝内混凝土，在缝内填入嵌缝硬橡胶板及缝内预缩砂浆，并在缝顶设柔性止水。2004年对垂直缝L3/L4接缝水上及水下处理和L1/L2、L5/L6接缝746m高程以上处理。

2005年L8/L9面板水下L8面板侧741.5～745.96m高程破损，最大破损宽度为1.5m（741.56m高程），最大破损深度为26cm（744.96m高程）。采用2004年的处理原则对R1/R2（0+622m）、L8/L9（0+766m）垂直缝731m高程以上的处理。

经2005年处理后，2008年、2009年、2011年、2012年、2013年、2016年以后在L3/L4

及 L8/L9 面板处破损修复范围再次发生破损，但破损宽度和深度较浅。主要采取清除破损混凝土浇筑同标号混凝土、表面铺贴 SR 防渗盖片的处理方式。

2 大坝变形特性

天生桥一级面板堆石坝自运行以来，积累了大量的监测资料[2]，通过对运行期坝体、面板和接缝的变形、位移、应力等方面的监测资料进行整理分析，以反映出大坝实际运行状况下的变形特性、变形规律。天生桥坝 L3（面板顶部 787m 高程）、L4 视准线（坝顶下游侧 791m 高程）及典型剖面位置见图 2。

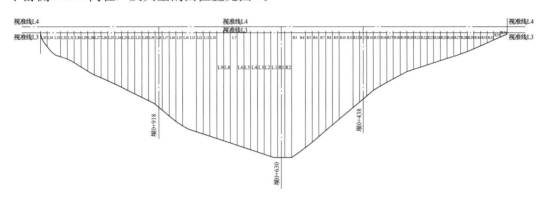

图 2　L3、L4 视准线及典型剖面位置图

2.1 坝体表面变形

图 3～图 8 给出了面板顶部 L3 和坝顶下游侧 L4 两条视准线 3 个不同桩号典型测点的坝顶横河向、顺河向及竖直向位移时程图以及 L4 视准线上测点在不同时刻的顺河向、坝轴向及竖向位移分布图。

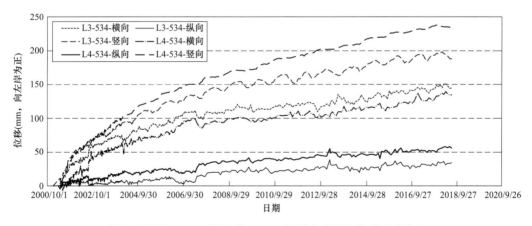

图 3　坝顶 L3、L4 视准线 0+534 桩号典型测点位移时程曲线

至 2018 年 6 月，左右岸位移分界桩号位于 0+730m 桩号，右岸向左位移范围明显大于左岸向右位移范围，但量值右岸相对左岸要小，左岸向右岸最大位移 96.3mm、位于 0+978m 桩号，该测点 2004 年至今年增幅 0.7～17.3mm，近三年年增幅分别为 4mm、

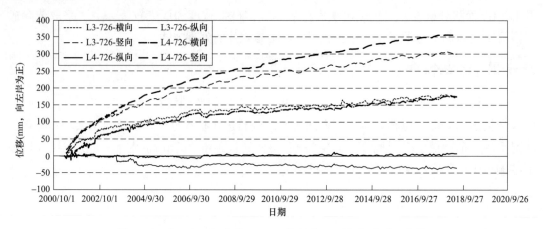

图 4　坝顶 L3/L4 视准线 0＋726 桩号典型测点位移时程曲线

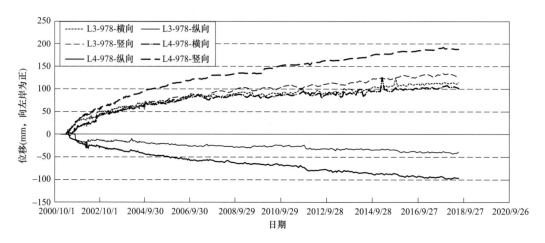

图 5　坝顶 L3/L4 视准线 0＋978 桩号典型测点位移时程曲线

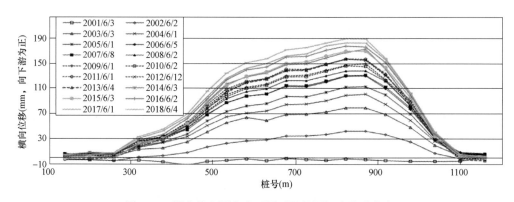

图 6　L4 视准线上测点在不同时段的顺河向位移分布

2.4mm、2.2mm；右岸向左岸最大位移 58.3mm、位于 0＋534m 桩号，该测点 2004 年至今年增幅 0.1～11.5mm，近三年年增幅分别为－1mm、0.8mm、8.7mm。坝顶顺河向位

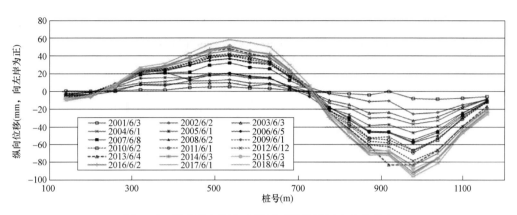

图 7　L4 视准线上测点在不同时段的横河向位移分布

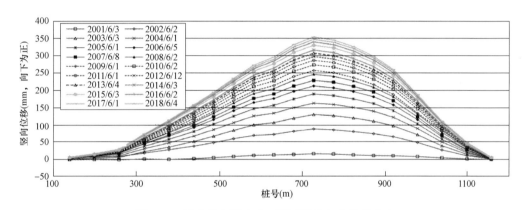

图 8　L4 视准线上测点在不同时段的竖向位移分布

移在桩号 0+534～0+918 之间位移变化量相对较大，近五年平均增幅在 3.5～7.3mm 之间，近一年增幅均在 0.1～3mm 之间，大部分不到 1mm，坝顶向下游最大位移 189.5mm、位于 0+822m 桩号，该测点 2004 年至今年增幅 0.8～44mm，最近一年增幅为 1mm。坝顶竖向位移在左岸 0+438～0+978m 桩号量值相对较大，最大位移 354.8mm，位于 0+726m 桩号，该测点 2004 年至今年增幅 6.8～72mm，近三年年增幅分别为 9.7mm、7.4mm、6.8mm，2018 年增幅为 6.8mm。

　　下游坝坡视准线监测成果与坝顶视准线变形监测成果趋势和规律相同。根据坝体表面测点位移时程线和分布图可以看出，坝顶横河向水平位移为左岸测点向右、右岸测点向左，顺河向位移均指向下游，竖直向位移均向下。一般沉降值为最大，顺河向位移次之，横河向位移最小，符合面板堆石坝变形的一般规律。从位移发展趋势看，天生桥一级面板堆石坝运行近 20 年来，坝顶变形仍在持续发展中，坝顶近年来的变形发展速率趋于收敛，但尚未趋稳。

2.2　坝体内部位移变形

　　大坝内部变形监测系统主要由桩号 0+438、0+630 和 0+918 坝体剖面上的水管式沉降仪和铟钢丝水平位移计组成，布置高程分别为 665m、692m、725m、758m，其中

692m、665m 低高程部分测点相继失效或测值不稳定，但其在失效前测值变化已趋于稳定，本次重点对 3 个断面 725m、758m 两个高程的测值进行分析，图 9 为坝体内部典型高程沉降位移时程线，图 10 为典型断面水平位移时程线。

坝体实测最大沉降为 358.1cm，约占最大坝高的 2%，位于 0＋630m 断面 725m 高程，其近 10 年最大沉降量仅增加 3.4cm，近 5 年测值在 1cm 变化幅度内波动。从 3 个断面测值分布及位移过程线看，大坝中间断面沉降最大，左岸断面大于右岸断面；大坝下游侧沉降大于上游侧，坝体上层沉降大于下层；总体而言沉降变化趋于收敛稳定，水位升降的影响变得越来越不明显。

坝体水平位移主要向下游，仅有少数测点向上游移动，较大水平位移大部分出现在靠下游坝坡附近及坝体上部，总体分布表现为河床大于两岸、左岸大于右岸，下游区大于上游区，上部大于下部。上游区位移与库水位有一定的相关性，但随时间延长相关性减弱，近 3 年总变化量值一般均小于 10mm，平均变化速率为 4.6～1.1mm/年。

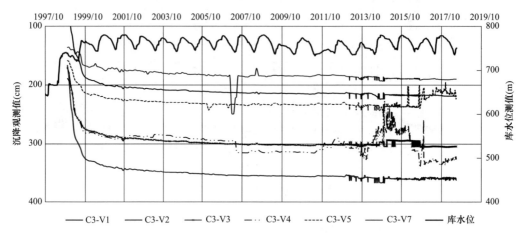

图 9　坝 0＋630m 断面 725m 高程沉降位移时程线

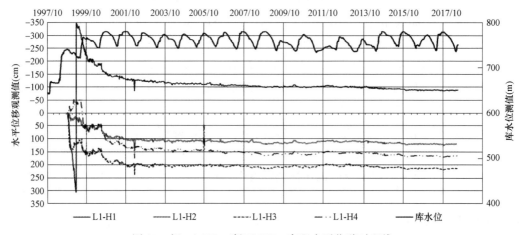

图 10　坝 0＋918m 断面 725m 高程水平位移时程线

3 面板挤压破损原因分析

近年来，国内外建成了一批高混凝土面板堆石坝工程，均在河床段面板出现了挤压破坏的问题，比如水布垭、莱索托莫哈里、巴西巴拉格兰德、坎泼斯诺沃斯等面板堆石坝。这些高面板堆石坝所发生的面板挤压破坏现象，具有和天生桥一级面板堆石坝所发生的面板挤压破坏现象基本一致的表现特征。

目前一般认为，导致发生面板挤压破坏的影响因素有：

（1）由于岸坡地形的作用，河床两侧岸坡处的堆石体向河谷中心方向位移，面板和垫层料间的摩擦力使得河床部位的面板产生坝轴向的挤压。

（2）面板厚度在顶部最薄，面板承压面积的减少可能是破坏发生在面板顶部的原因。

（3）面板纵缝设计（包括配筋）问题使得在纵缝处产生不利的受力条件。

（4）混凝土受力状态，面板多采用单层配筋，而采用双层配筋的也多不设置钢箍，顶部面板厚度一般仅 30cm，又无水压力侧限作用或作用很小。因此面板顶部混凝土的工作条件较为不利。

（5）水位变动区和水位线以上部分的面板则易受到周围环境的影响，如水温、气温、阳光、冰冻等。

天生桥坝面板破坏主要也是受上述因素的影响，为了进一步研究挤压破坏机理，在分析面板变形特性的基础上，采用局部子结构模型和基于多体非线性接触分析的三维有限元计算分析[1]，对面板挤压破坏发生机制进行论证。通过实测资料和数值计算的综合分析，天生桥一级面板堆石坝挤压破损产生的原因主要如下：

（1）面板下游堆石坝体在面板浇筑之后进一步沉降变形，因河床部位和左岸偏河床部位坝体沉降增量大于两岸，在堆石体变形调整过程中，沉降较小的两岸坡堆石坝体向沉降较大的中部坝段位移，而面板在自重及水压力作用下贴于坝体垫层料上，两岸坡面板随垫层料和坝体堆石向河床位移，而面板混凝土的压缩模量远大于堆石，故变形较坝体堆石小，两者变形不相协调，从而在面板底部与垫层料接触界面上产生相应的摩擦力，该力使河床部位面板混凝土内产生相应的压应力。这是河床面板水平向产生压应力的直接原因。

根据反演分析计算结果，由此形成的面板坝轴向挤压应力的最大值发生在河谷中央稍偏左位置面板的中下部，其最大值在蓄水期（1999 年 8 月底）约为 9.6MPa，以后逐年缓慢增加，至 2003 年破损时约为 12MPa，2013 年 5 月增大至 14.9MPa，其后该最大值则基本保持不变。按此计算结果，面板混凝土不至于发生挤压破坏。

（2）因河床坝体沉降及向下游位移较两岸坡大，面板整体呈凸向下游的锅底状，由于面板在坝轴线方向为分块结构，在库水压力等荷载的作用之下，面板随坝体位移过程中会发生转动，会使得面板在纵缝处不再处于全断面均匀接触的状态。在河谷中央部位，发生转动后的面板仅在纵缝的表面处发生接触；而在两岸坡部位，面板转动后其纵缝的表面部位会处于张开的状态。面板转动后，受压区接缝处面板表面受力状态严重恶化，在纵缝两侧表面产生挤压应力集中区，面板纵缝处的上述接触转动挤压效应是面板发生挤压破坏的主要原因。

如图 11 所示为面板变形后接缝转动挤压示意图。

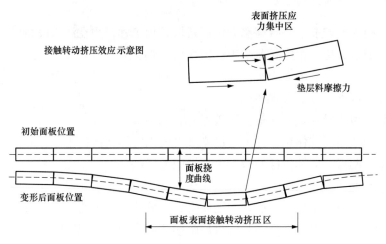

图 11　面板变形后接缝转动挤压示意图

根据面板变形计算结果，面板压应力区域较大的 0+600～0+800m 桩号河谷附近面板的转动度数为 0～0.22°，其中发生挤压破损的 L3/L4 接缝 0+686m 桩号转动度数为 0.14°～0.19°，针对转动度数为 0.11°、0.17°、0.22°的接缝结构计算分析表明，因转动造成纵缝两侧表面产生挤压应力集中系数（应力集中系数定义为某高程处最大挤压应力与相同高程处面板中部面板平均压应力之比）高达 3.4～6.5，即纵缝两侧表面因应力集中产生挤压的挤压应力会比相同部位面板平均压应力大 3～6 倍，由此可见，如混凝土面板平均压应力超过 10MPa 后，因缝表面应力集中将会造成缝表面的挤压破坏。

（3）混凝土具有热胀冷缩的性质，夏季低水位高温季节致使面板表面温度升高增加的温度应力是面板挤压破坏的诱因。观测资料显示，水上部位面板内部温度年内日平均变幅值约为 25℃，在夏季阳光照射下，混凝土表面温度将比日平均温度高得多，据实测资料估计年内面板极值温差将达到 50℃ 左右，该温度变化在周边约束较强的河床段面板混凝土内引起的温度应力也是极大的。天生桥面板混凝土线膨胀系数约为 $7 \times 10^{-6}/℃$，15℃ 的温差引起的温度应力为 4.5MPa。

根据 2004 年 7 月在河床部位面板表面增设的温度计及垂直缝面上的压应力计测量结果，水位以下时面板缝面应力与温度变化的相关性不大，水位以上面板应力与温度变化关系紧密，面板温度在 29℃ 左右时（相当于仪器埋设时温度），垂直缝面呈现微小的拉应力，而面板温度在 35～50℃ 时，缝面压应力增幅达到 4～6.5MPa；2006 年实测面板最高温度为 62℃ 时，缝面压应力增幅达 12.6MPa。

（4）面板混凝土的应力状态与挤压破坏有一定关系。混凝土在不同应力状态下抗压性能有所不同：三向受压时，一向的抗压强度随另二向压应力增加而增加；双向受压一向受拉时，一向抗压强度随另一向压力的增加而增加，随受拉向拉应力增加而降低；一拉一压时，抗压强度随另一向拉应力增加而降低。根据实测及计算分析表明，天生桥一期面板以为三向受压状态，其抗压性能较好，虽然实测顺坡向钢筋压应力、混凝土压应变均较大，

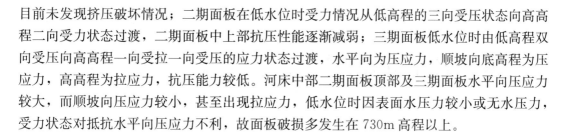

目前未发现挤压破坏情况；二期面板在低水位时受力情况从低高程的三向受压状态向高高程二向受力状态过渡，二期面板中上部抗压性能逐渐减弱；三期面板低水位时由低高程双向受压向高高程一向受拉一向受压的应力状态过渡，水平向为压应力，顺坡向底高程为压应力，高高程为拉应力，抗压能力较低。河床中部二期面板顶部及三期面板水平向压应力较大，而顺坡向压应力较小，甚至出现拉应力，低水位时因表面水压力较小或无水压力，受力状态对抵抗水平向压应力不利，故面板破损多发生在 730m 高程以上。

4 结语

天生桥一级面板堆石坝已建成发电运行 20 余年，坝体及面板变形经历了较长时间的发展和调整，总体发展趋势均有所减慢，内部变形已趋于稳定，坝顶变形虽未完全收敛，但增速逐渐趋缓；周边缝及垂直缝位移、坝基内渗压测值无异常，表明大坝帷幕、周边缝附近面板及接缝止水等防渗系统良好。大坝渗流量在 20～160L/s 之间波动，与坝前库水位及降雨量相关性较好，渗流量与国内外同类坝相比属正常范围，面板挤压破损前后渗流量未见增大，大坝整体是安全可靠的。

堆石料后期变形受岩性、压实密度、应力状态影响较大，且随着应力水平和围压的增大，堆石料的流变量和流变趋稳时间均有所增加。从天生桥一级大坝变形特性看，后期变形较大且收敛速度慢，与大坝填筑料的岩性及压实质量等有关（主堆石区和排水堆石区为灰岩，次堆石区为砂泥岩，设计孔隙率均为 22%）。后期变形对混凝土面板堆石坝的运行性状有着重大影响，设计中应考虑后期变形对混凝土面板的危害，采取措施尽量减小后期变形。高面板坝筑坝材料应采用硬质岩填筑，级配良好，控制孔隙率不大于 20%，采用大功率重型碾压设备（20～35t），并在碾压过程中充分加水（15%～20%）。

天生桥坝面板挤压破坏在发生位置和压损特性与国内外高面板堆石坝变形破损特性一致，挤压破损的主要原因在于河床坝体沉降及向下游位移较两岸坡大，面板整体呈凸向下游的锅底状，河床中部面板受强烈挤压作用，由于面板在坝轴线方向为分块结构，在库水压力等荷载的作用之下，面板随坝体位移过程中会发生转动，面板转动后，受压区接缝处面板表面受力状态严重恶化，在纵缝两侧表面产生挤压应力集中区，形成面板纵缝处的接触转动挤压效应从而导致面板发生挤压破坏。面板结构设计中应考虑面板转动所导致的挤压应力集中、温度影响的因素，在减小坝体变形的同时，还应考虑面板挤压垂直缝的接缝构造，以减小面板挤压应力和应力集中。

参考文献

[1] 冯业林，张丙印，等. 天生桥一级面板堆石坝面板挤压破损机理及处理措施研究成果报告 [R]. 中国电建集团昆明勘测设计研究院有限公司，2014.
[2] 天生桥一级水电站水工建筑物安全监测报告 [R]. 天生桥一级水电开发有限责任公司水力发电厂.

猴子岩面板堆石坝的设计理念与技术创新

朱永国，严　军

（国电大渡河流域水电开发有限公司，四川省成都市　610041）

[摘　要]　猴子岩面板堆石坝是世界第二高面板堆石坝，河谷特别狭窄，设计过程中遵循"变形控制＋变形协调"和"全生命周期设计"两大设计理念。在狭窄河谷高面板坝变形控制与变形协调技术的探索中，取得河床趾板设置基座混凝土结构、取消坝体次堆石区、混凝土面板设置永久水平缝、新型监测技术、低热水泥配置面板混凝土、施工期坝体分级抽排水等多项技术创新成果，可供200m级或更高面板堆石坝的设计借鉴。

[关键词]　猴子岩水电站；混凝土面板堆石坝；设计理念；技术创新

1　工程概况

猴子岩水电站是大渡河干流水电梯级开发规划的第 9 个梯级电站，电站装机容量 1700MW。水库正常蓄水位 1842m，相应库容 6.62 亿 m³。挡水建筑物为世界第二高混凝土面板堆石坝，最大坝高 223.5m，坝顶长度 278.35m，相应地河谷宽高比为 1.25，为国内外已建成面板堆石坝中最狭窄河谷。两岸地形陡峻，属典型的"V"形河谷，临河坡高大于 800m，左岸边坡 60°～65°，右岸边坡 55°～60°。坝址河床覆盖层最深达 75m，自下而上分为 4 层，其中第②层为黏质粉土，连续分布，一般厚 13～20m，微透水，承载力低，抗变形能力弱，为可能液化土层，对坝坡稳定和大坝的应力变形影响较大，必须挖除。因此，坝轴线下游保留河床覆盖层第①层，河床第②层及其上部覆盖层全部挖除。坝轴线上游大部分开挖至基岩，通过现场试验检测研究，仅右侧保留少量第①层兼做施工道路。猴子岩面板坝坝址区地震烈度相对较高，属于强地震区。地震基本烈度为Ⅶ度，大坝抗震设计烈度为Ⅷ度。

猴子岩面板堆石坝的典型剖面如图 1 所示。坝顶宽度 13.2m，坝顶采用整体式"U"

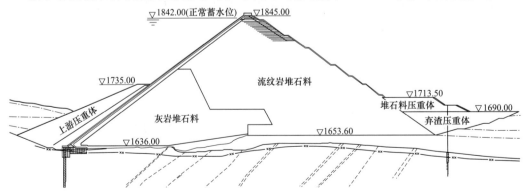

图 1　猴子岩面板堆石坝典型设计剖面

形钢筋混凝土结构，将上游侧防浪墙与下游侧挡墙连为一体。坝体上游坝坡 1：1.4，下游坝坡考虑坝后"之"字形道路的综合坡比 1：1.6。坝体自上游面至下游面大致分为辅助防渗铺盖区、混凝土面板、垫层料区、过渡料区、堆石料区、大块石护坡、坝脚压重区。坝体填筑方量约为 963 万 m³（其中，上游铺盖填筑量约为 67 万 m³）。坝体断面分区坝料主要设计指标见表 1。

表 1 坝体断面分区坝料主要设计指标

设计指标\\坝体分区	粒径指标				孔隙率	渗透系数	压实指标
	最大粒径	<5mm 颗粒含量	小于 0.075mm 颗粒含量	不均匀系数 C_u			
上游铺盖料	100mm	≤50%	>15%			≤1×10⁻⁴cm/s	压实度大于 90%
垫层料	80mm	35%～50%	4%～8%		≤17%	1×10⁻⁴～1×10⁻³cm/s	干密度≥2.34g/cm³，相对密度 D_r≥0.9
特殊垫层料	40mm	46%～62.5%	5%～10%		≤16.5%	1×10⁻⁴～1×10⁻³cm/s	干密度≥2.35g/cm³，相对密度 D_r≥0.9
过渡料	300mm	10%～30%	≤5%		≤18%	1×10⁻²cm/s	干密度≥2.31g/cm³，相对密度 D_r≥0.9
堆石料区 灰岩料	800mm	≤20%	<5%	>5	≤19%	1×10⁻¹～1×10⁰cm/s	干密度≥2.28g/cm³
堆石料区 流纹岩料							干密度≥2.18g/cm³

2 猴子岩面板堆石坝的设计理念

2.1 "变形控制＋变形协调"的设计理念

猴子岩面板堆石坝在设计过程中，系统分析并借鉴了国内外混凝土面板堆石坝建设与设计过程中的经验，特别是 2000 年以后建成的洪家渡、水布垭两座高面板堆石坝的成功经验。针对河谷特别狭窄、河床覆盖层深厚、抗震设防烈度高等工程特点，为有效解决狭窄河谷高面板堆石坝填筑碾压过程中的"拱效应"问题，避免大坝运行期发生较大变形而危及坝体安全，猴子岩面板堆石坝的设计遵循"变形控制＋变形协调"的设计理念。"变形控制"就是采用较高的碾压密实度设计指标，让堆石体的变形尽量发生在填筑施工期，控制堆石坝体的后期变形量；"变形协调"就是面板与面板接缝可承受变形的设计指标要与堆石体变形相协调，确保面板与面板接缝不会因堆石体的变形而破坏、失效。

关于"变形控制＋变形协调"的设计理念，"变形控制"是第一位的，是前提条件；"变形协调"是以"变形控制"为基础的保障性措施，是第二位的。在猴子岩面板堆石坝的设计中，坝体结构分区取消次堆石区、整个堆石料区均采用主堆石区的设计标准、坝体堆石各分区（包括垫层料区、过渡料区、堆石料区）均采用相对较高的碾压密实度设计指标等，都属于"变形控制"的设计措施。另一方面，设置面板永久水平缝、改进周边缝与垂直缝结构、河床趾板基础面抬高等，均属于"变形协调"的措施，则是为了增加面板与面板接缝适应堆石坝体变形的能力。

2.2 全生命周期设计理念

猴子岩水电站是修建在大江大河上的高坝大库，面板堆石坝河床趾板顶部高程1636m，正常蓄水位、极限死水位对应的坝前水深分别达206m、166m，一旦大坝面板和周边缝、垂直缝发生破坏，修复处理将非常困难，修复处理的成本极高。若不能及时修复，则会严重威胁大坝自身稳定和下游沿岸的安全。为此，猴子岩面板堆石坝在设计过程中坚持"全生命周期设计"的理念，主要体现在三个方面：一是针对堆石体沉降、面板裂缝、接缝失效等可以预见的缺陷，合理提高设计标准，力求在施工期间予以消除，尽量避免运行期出现缺陷；二是设置放空建筑物，以满足极端情况下能够基本放空水库、便于缺陷修复的目标要求；三是在坝前1735m高程以下、运行期完全不具备缺陷修复条件的部位，设置辅助防渗铺盖，一旦面板或面板接缝出现裂缝等缺陷，砾石土、石粉、粉煤灰等材料可以淤堵裂缝，增强面板（趾板）的自愈、防渗效果。

3 工程设计中的技术创新

3.1 河床趾板设置基座混凝土结构

以往的面板堆石坝河床趾板基础，均为河床基岩开挖后形成的基岩建基面。猴子岩面板堆石坝可研设计阶段，也是将河床趾板直接置于基岩建基面上，设计建基面高程1625m。由于河床底部狭窄，河床水平趾板长度不到30m。

技施设计阶段，河床趾板部位覆盖层开挖后实际揭示的基岩新鲜完整，高程为1629～1632m。经设计深入研究并组织专家咨询，取消河床趾板基础基岩开挖，设置基座混凝土结构，将河床趾板建基面高程抬高为1635m，河床趾板长度增长至57m。基座混凝土结构的最大深度为5.64m，顶部顺水流方向长度为20m，1632.00m高程以下部位顺水流方向长度为40m。这一设计方案的创新，首先是河床段趾板长度的延长、河槽部位面板长度的减小，在一定程度上改善了面板的受力条件；其次是减小了狭窄河床的开挖量与开挖施工难度，改善了河床基坑的施工条件；再次是有利于施工期深基坑抽排水的布置与安全风险控制。

3.2 取消坝体次堆石区

传统的混凝土面板堆石坝设计，坝体堆石区一般分为主、次堆石区，且次堆石区的力学性能、级配与压实度设计指标低于主堆石区。猴子岩面板堆石坝在坝体断面分区设计中，取消次堆石区，坝体堆石区全部采用主堆石区的设计指标。虽然采用2种料源，上游侧为变质灰岩料、下游侧为流纹岩料，但孔隙率设计指标均不大于19%，坝料粒径、级配、渗透系数等设计指标要求相同（见表1）。主要是考虑到猴子岩坝址河谷特别狭窄、岸坡陡峻，整体提高堆石区压实密度和变现模量，以有效控制坝体后期变形。

3.3 面板设置永久水平缝

根据大坝面板静动力计算分析成果，为了减小面板拉应力和面板裂缝，猴子岩面板堆石坝在二期面板顶部高程1810.00m、结合施工缝设置一条水平永久缝。水平永久缝止水结构与面板压性缝相同，即底部设一道复合止水铜片、缝间加设15mm膨胀橡胶复合沥青浸渍桦木板、顶部设表面止水，面板钢筋穿过缝面。计算成果表明，永久水平缝的设

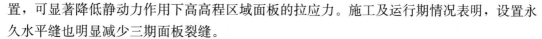
置，可显著降低静动力作用下高高程区域面板的拉应力。施工及运行期情况表明，设置永久水平缝也明显减少三期面板裂缝。

3.4 面板接缝止水结构的改进

根据大坝静动力三维应力应变计算成果，并借鉴水布垭、三板溪等 200m 级高面板坝的设计经验，猴子岩面板堆石坝面板接缝允许位移值如表 2 所示。

表 2   **面板接缝位移设计允许值**   单位：mm

位移 接缝类型	张开（压缩）	沉降	剪切
周边缝	100	100	65
张拉垂直缝	60	60	50
压缩垂直缝	20	60	50
水平永久缝	20	60	50

坝高 233m 的水布垭面板堆石坝面板接缝止水结构，是中国水科院"九五"期间的科技攻关成果，室内试验与工程实际运行证明是可靠的。猴子岩面板堆石坝面板接缝止水大体上采用水布垭的止水结构，但是考虑到猴子岩坝址河谷特别狭窄、周边缝剪切位移大、受压区垂直缝的压应力较大等特点，委托中国水科院专门研究后，做出了两方面改进：一是各类接缝底部"W"形复合铜止水的鼻子高度为 13cm，高于水布垭的 10.5cm；二是针对受压区的垂直缝，为防止面板之间挤压破坏，缝面增设 15mm 厚的膨胀橡胶复合沥青浸渍桦木板。

3.5 新型的监测技术

为全面监测分析大坝的变形、应力、渗流、渗压等，猴子岩面板堆石坝在采用传统监测仪器、监测技术的同时，还采用了光纤陀螺与磁惯导、光纤光栅测温监测渗漏两项新型监测技术。一是采用光纤陀螺与磁惯导技术监测面板挠度与坝体沉降，其中，光纤陀螺监测面板挠度与坝体沉降在水布垭、东菁 2 座高面板坝中已有成功运用，磁惯导监测面板挠度与坝体沉降是猴子岩面板坝的创新应用。监测成果表明，光纤陀螺与磁惯导技术监测坝体沉降与传统的水管式沉降仪测值较为一致，光纤陀螺与磁惯导技术监测面板挠度较传统的固定式测斜仪测值更符合实际。二是采用光纤光栅传感测温技术监测面板周边缝和板间缝的渗流情况，其中光栅传感测温技术监测面板周边缝渗漏情况在水布垭面板堆石坝中已有成功应用，但分布式光纤测温技术监测面板板间缝渗漏情况，是猴子岩面板坝的首次创新应用。

3.6 施工期坝体反向排水的分级抽排方案

在面板堆石坝施工期间，两岸山体地下水、降雨、堆石料碾压洒水等均会进入坝体。如果坝体内水位太高，则会导致上游坝坡垫层料发生渗透破坏，甚至会造成面板失稳破坏。因此，面板堆石坝施工期一般会设置坝体反向排水。猴子岩面板坝的河床基坑开挖深度达 75m，大坝下游结合量水堰布置有防渗墙，因此坝体反向排水的技术难度与危害坝坡的风险更大。对此，设计人员通过深入研究，创新制定了坝体反向排水的分级抽排方案。即在上游坝体内[桩号：(坝)0~257.60m]布置一级抽排竖井（钢筋石笼结构，内径2m，井底高程1630m，井口高程1665m），井底高程布置8根DN325mm排水钢管穿过坝体和河床段趾板，将坝体内积水排至坝前集水池。二级抽排竖井布置于坝后压重体内（量水堰防渗墙上游），井底高程1652m，井口高程1690m。一级抽排竖井负责底部排水钢管封堵、坝前1660m高程以下辅助防渗铺盖填筑期间的坝体抽排水。二级抽排竖井负责一级抽排竖井封堵、1660~1690m高程坝前辅助防渗铺盖填筑期间的坝体抽排水。实际运行情况表明，猴子岩面板坝坝体反向排水分级抽排系统是合理、成功的。

3.7 采用低热水泥配置面板（趾板）混凝土

为提高面板（趾板）混凝土的抗裂能力，通过专项试验研究，猴子岩面板堆石坝创新采用低热水泥＋Ⅰ级粉煤灰＋PVA纤维＋高性能减水剂配置面板（趾板）混凝土，取得较好效果。实测混凝土的自生体积变形大于$130\mu\varepsilon$。实验分析表明，一方面，低热硅酸盐水泥水化热低，能明显减小混凝土的初期水化热温升、减小温度应力；另一方面，低热硅酸盐水泥含有适量的MgO，能产生一定的微膨胀量，可以减少或补偿混凝土的收缩，增强混凝土的抗裂能力。

4 结语

猴子岩面板堆石坝最大坝高223.5m，是目前国内外已建或在建面板坝中第二高坝，同时又是世界上河谷最狭窄的面板堆石坝。为确保大坝建成后的安全运行，特别是面板和接缝止水不会因堆石坝体过大变形而破坏，猴子岩面板堆石坝坚持"变形控制＋变形协调""全生命周期设计"的设计理念，并围绕狭窄河谷超高面板堆石坝的"变形控制"和"变形协调"目标，结合工程自身的地形地质条件，开展了多项创新设计和止水结构改进。

猴子岩面板堆石坝于2015年12月完成坝体填筑，2016年11月下闸蓄水，2017年11月水库蓄水至正常蓄水位1842m，2018年4月水库水位消落至死水位1802m附近，2018年6月水库水位又上升至汛期运行控制水位1835m附近。截至2018年7月底，坝体最大累计沉降量1299.3mm（约占坝高0.58%）；面板周边缝最大沉降位移49.04mm（设计允许值100mm）、最大张开位移15.6mm（设计允许值100mm）、最大剪切位移25.15mm（设计允许值65mm）；面板垂直缝最大挤压变形5.71mm（设计允许值20mm），未出现挤压破坏；坝体渗流渗压监测成果均无异常，说明猴子岩面板堆石坝在变形控制和变形协调方面的设计技术创新与结构改进措施是成功的，可供200m级或更高面板堆石坝设计参考借鉴。

参考文献

[1] 四川省大渡河猴子岩水电站可行性研究报告（审定本）[R]. 中国水电顾问集团成都勘测设计研究院，2009.

[2] 窦向贤. 猴子岩水电站高面板堆石坝设计 [J]. 人民长江，2014，45（8）.

[3] 姜媛媛. 猴子岩水电站面板堆石坝变形控制研究 [C]//中国混凝土面板堆石坝30年论文集，2016年9月.

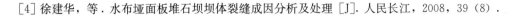
[4] 徐建华，等 . 水布垭面板堆石坝坝体裂缝成因分析及处理 [J]. 人民长江，2008，39（8）.

作者简介

朱永国（1969—），男，教授级高级工程师，长期从事水电工程建设技术管理工作。E-mail：461063728@qq.com

严 军（1962—），男，教授级高级工程师，长期从事水电工程建设技术管理工作。E-mail：spddryanjun@sina.com

猴子岩面板堆石坝施工期反向排水系统设计与运行

朱永国，唐 珂，戴 绘

（国电大渡河猴子岩水电建设有限公司，四川省康定市 626005）

[摘 要] 猴子岩面板堆石坝最大坝高 223.5m，基坑深达 75m，再加上河谷深切、两岸山体深层卸荷裂隙发育、地表汇水面积大、近 1/3 坝高位于原河床以下且坝体下游设有防渗墙等原因，导致坝体反向排水具有特有的技术难度与挑战，本文详细介绍了猴子岩面板堆石坝施工期反向排水系统的设计方案与运行情况，可供类似工程参考借鉴。

[关键词] 猴子岩水电站；面板堆石坝；坝体反向排水；设计；运行

1 工程概况

猴子岩水电站是大渡河干流水电梯级开发规划的第 9 个梯级电站，电站装机容量 1700MW（4×425MW）。坝址控制流域面积 54 036km²，多年平均流量 774m³/s。水库正常蓄水位 1842m，相应库容 6.62 亿 m³。电站主要枢纽建筑物包括混凝土面板堆石坝、左岸深孔泄洪洞和非常泄洪洞（结合 1 号导流洞改建）、右岸溢洪洞和泄洪放空洞、右岸地下引水发电系统等。施工期间采用隧洞导流，两条导流洞等高程平行布置于左岸，进口底板高程 1698m，出口底板高程 1693m。

猴子岩面板堆石坝最大坝高 223.5m，坝顶长度 278.35m，坝顶宽度 13.2m。坝体自上游面至下游面大致分为辅助防渗铺盖、混凝土面板、垫层料、过渡料、堆石料、大块石护坡、坝脚压重体。坝体上游坝坡 1：1.4，下游坝坡考虑坝后"之"字形道路的综合坡比 1：1.6。坝体填筑方量 963 万 m³（其中，上游铺盖填筑量约为 67 万 m³）。为有效监测运行期坝体渗流量，结合坝后量水堰设一道防渗墙，防渗墙基础嵌入基岩 1m，两端与岸坡结合部设 30m 深扇形帷幕以确保阻渗效果。如图 1 所示为猴子岩面板堆石坝典型剖面。

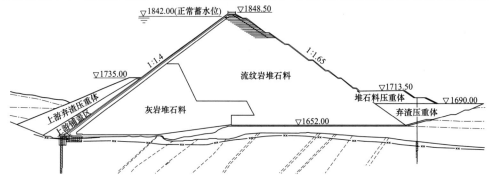

图 1 猴子岩面板堆石坝典型剖面

猴子岩面板堆石坝河谷特别狭窄，属典型的"V"形河谷。两岸地形陡峻，临河山体坡度为 60°～65°，临河坡高大于 800m。两岸山体为厚层～巨厚层状（局部薄层状）白云质灰岩、变质灰岩，夹含绢云母变质灰岩等，岩石总体上坚硬完整，分布少量层间挤压破碎带和断层破碎带。前期地质钻孔揭示：1700m 高程以上两岸山体浅表卸荷发育，深部发育有溶孔、溶隙，存在深卸荷裂隙，两岸地下水水平埋藏较深。天然河床（高程 1700m）以下岩溶发育，地下水低缓但活动频繁，水力联系较强。[1]

坝址河床覆盖层最深达 75m，自下而上分为四层：第①层为含漂（块）卵（碎）砂砾石层，厚 10～40m，结构较密实，透水性强，承载力较高；第②层为黏质粉土，连续分布，一般厚 13～20m，微透水，承载力低，抗变形能力弱，为可能液化土层，对坝坡稳定和大坝的应力变形影响较大；第③层为含泥漂（块）卵（碎）砂砾石层，厚 5～26m，结构稍密实，透水性较强；第④层为孤漂（块）卵（碎）砂砾石层，厚 3～15m，结构较松散，强透水。由于第②层影响坝体稳定、必须挖除。因此，轴线下游保留河床覆盖层第①层、第②层及其上部覆盖层全部挖除；坝轴线上游大部分开挖至基岩，建基面高程为 1627～1631m，最低高程约为 1625m，河床趾板基础用混凝土回填至 1635m 高程。

由于河床基坑开挖深度达 75m，上下游围堰相距约 1.2km，基坑汇水面积大，开挖施工过程中在大坝基坑上、下游设置了分级抽排水系统，总体抽排水能力按照 9950m³/h 配置[2]。施工期间实测基坑渗水量为 1400～1800m³/h。单独就猴子岩面板堆石坝而言，由于基坑深、河谷深切、两岸山体深层卸荷裂隙发育、地表降雨汇水面积大、近 1/3 坝高位于原河床以下且坝体下游设有防渗墙等原因，导致坝体反向排水具有特有的技术难度与挑战，本文介绍本工程堆石坝体施工期反向排水系统的设计方案与运行情况。

2　坝体反向排水系统设计

2.1　坝体反向排水量估算与总体方案

国内外曾发生多起面板堆石坝施工期间因坝体内反向排水不畅而破坏上游坝坡或面板的案例。因为垫层料为相对不透水层，当坝体内外水位差高于垫层料坡面或面板的承受能力时，就必然发生垫层料的渗透破坏，甚至可能导致面板发生失稳破坏、止水结构被拉裂。因此，在坝体填筑施工期间，包括在面板混凝土施工完成后、大坝上游铺盖填筑前，坝体内的积水必须及时排出。面板堆石坝施工期坝体内积水主要来源于两岸山体地下水（包括上下游围堰绕渗、导流洞渗水等）、地表降雨下渗、堆石料碾压加水和施工弃水等。

在坝基河床覆盖层开挖过程中，对坝体范围内两岸山体地下水、包括上下游围堰绕渗、导流洞渗水等已有比较准确的数据，枯期约为 500m³/h。考虑到汛期降雨、碾压加水等，猴子岩面板堆石坝坝体反向排水量估算约 1000m³/h。

由于猴子岩大坝基坑深达 75m，综合考虑后期坝体反向排水系统的封堵施工以及封堵期间的面板安全，坝体反向排水系统设计为分级抽排方案，具体分为上游反向排水系统和下游排水竖井。上游反向排水系统负责上游排水竖井井口高程（约为 1665m）以下辅助防渗铺盖填筑完成前的坝体反向抽排水，下游排水竖井负责上游排水竖井封堵及其后坝前铺盖填筑期间的坝体抽排水。

2.2　上游反向排水系统

上游反向排水系统平面图、剖面图分别如图2、图3所示。

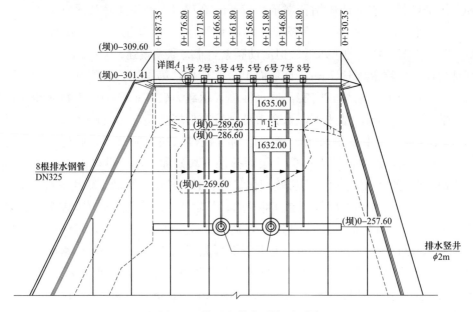

图2　上游反向排水系统平面图

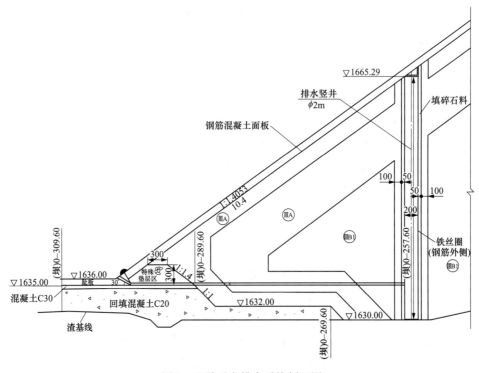

图3　上游反向排水系统剖面图

大坝施工期间，坝体内积水主要通过 8 根 DN325 的排水钢管（每根长约 43m）排至坝前集水井，再通过基坑抽排水系统将水排至基坑外。排水钢管埋设高程 1635.00m。为了使坝体内积水能够及时有效汇集排除，在坝体上游桩号（坝）0－257.60m 处布置一水平排水暗沟和两个内径为 2m 的排水竖井，排水钢管伸入排水暗沟和排水竖井中。排水暗沟采用粒径为 2～10cm 的碎石料回填，排水竖井结构布置型式从内至外分别为钢筋笼、铁丝网、粒径为 2～10cm 的碎石料、过渡料等。排水竖井和排水暗沟底部为坝基开挖后的基岩面，高程约为 1630m。排水暗沟顶部略高过排水钢管，排水竖井顶部高程为 1665.29m。

2.3 下游反向排水竖井

下游反向排水竖井的平面布置图和剖面图分别如图 4、图 5 所示。下游反向排水竖井

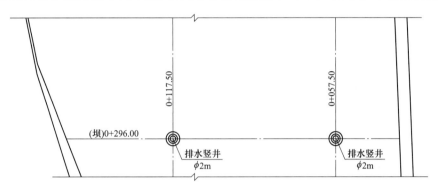

图 4 下游反向排水竖井平面布置图

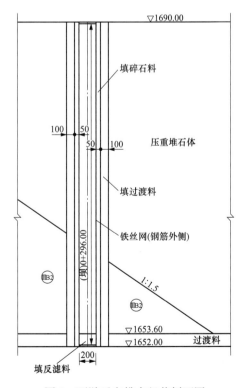

图 5 下游反向排水竖井剖面图

布置于坝体下游的坝后压重体内、坝后量水堰防渗墙的上游侧，竖井底部高程为1652m（即保留的河床覆盖层第①层的顶部高程），顶部高程为1690m（坝体施工期压重体平台高程）。排水竖井的结构型式同上游排水竖井。为与竖井外侧坝体填筑料一致、防止坝基砂砾石层细颗粒流失，竖井底部铺填1.6m厚反滤料。

3 坝体反向排水系统运行

猴子岩面板堆石坝于2013年6月开始坝体堆石料填筑，上游排水竖井、排水暗沟、排水钢管于2013年10月初形成并投入运行，2014年11月～2015年1月完成一期面板（1738m高程以下）混凝土施工，2015年4月进行上游坝体反向排水钢管封堵，2015年5～6月完成坝前1665m高程以下辅助防渗铺盖回填与排水竖井封堵施工，2015年7～9月完成坝前1665～1690m高程辅助防渗铺盖回填施工；2015年12月完成坝体填筑施工，2016年2～5月完成二期面板（1738～1810m高程）混凝土施工，2016年6月完成下游排水竖井回填封堵施工。

施工期坝体反向排水系统的运行大体分为3个阶段：

第一阶段：2013年10月～2015年4月，坝体内积水由8根DN325钢管排至坝前集水井。这期间，坝体反向排水量为400～600m³/h。

第二阶段：2015年4～6月，坝体内积水由上游2个排水竖井排至坝前集水井，每个竖井内安装1台深井泵（扬程80m、功率165kW、抽水能力400m³/h）。这期间，坝体反向排水量为400～600m³/h。

第三阶段：2015年7月～2016年6月，坝体内积水由下游2个排水竖井排至下游河道，每个竖井内安装1台深井泵（扬程80m、功率165kW、抽排能力400m³/h）。其中，2015年9月坝前1690m高程以下辅助防渗铺盖施工完成、大坝本身已不再要求坝体反向排水。随后下游排水竖井控制抽排水量、坝体内水位缓慢上升至1685m高程后停止抽排水。2015年10月以后坝体内积水通过坝后两岸山体卸荷裂隙排泄至坝后尾水基坑、再抽排至下游河道。2016年3～4月，因尾水基坑和尾水洞出口段衬砌施工，利用坝体下游反向排水竖井抽排水将坝体内水位控制在1670m左右。这期间，尾水基坑抽排水量最小值约400m³/h。

大坝周边缝各渗压计测点所监测的坝体内水位过程线（见图6），与坝体反向排水系

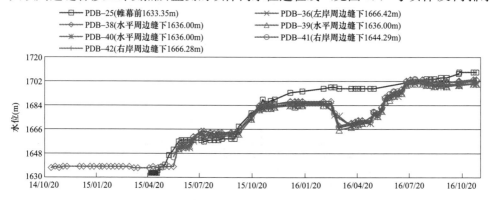

图6　周边缝渗压计监测的坝体内水位过程线（PDB-25为坝前基坑水位）

统的运行情况完全一致。

4 反向排水系统的封堵措施

4.1 排水管的封堵措施

一期面板施工完成后，在上游辅助防渗铺盖回填前，需对坝体反向排水管进行封堵。封堵施工前，在上游反向排水竖井内安装潜水泵（每个井 1 台，扬程 80m，功率 160kW，流量 400m³）、将坝体内水位降至 1635m 高程以下。在反向排水管封堵施工期间，直至上游防渗铺盖填筑至 1690m 高程以前，反向排水竖井内的抽水工作需持续进行。

反向排水管封堵程序和方法如下：先清洗反向排水管内壁，塞堵 1m 厚白麻至反向排水管深处，再塞堵 1m 厚 SR 塑性填料以临时阻止反渗水流；其后迅速回填预缩速凝砂浆充填全管道，在孔口 5cm 范围内填入 SR 填料；将孔口周围 90cm×90cm 范围的趾板混凝土基面打磨、清理并烘烤干燥，涂刷底胶、用 SR 材料找平并用钢板焊封管口，然后用 90cm×90cm×0.6cm 氯丁橡胶片和 90cm×90cm×2cm 的钢板封住管口及周边，利用预留插筋和膨胀螺栓固定钢板；最后在钢板外围浇筑 C30 盖帽混凝土进行封闭，混凝土结合面需凿毛处理，详见图 7。

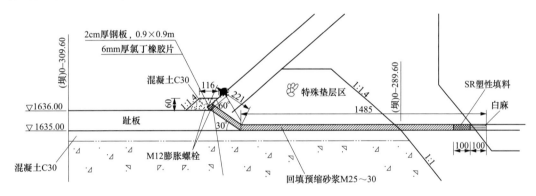

图 7　反向排水管封堵图

4.2 排水竖井的封堵措施

上游排水竖井在枯水期进行封堵，在上游铺盖填筑至 1660m 高程且上游基坑水位上升至 1655m 时，利用下游排水竖井内的潜水泵将井内水位降至低位。

竖井封堵的程序和方法如下：将上游竖井的抽水设备拆除并启用下游竖井排水设施，在井口 1.0m 以下回填掺加 3％水泥的垫层料，表层采用人工夯实，并整平；其后对井口面板混凝土表面凿毛，浇筑井口部位混凝土，新老混凝土缝面预留"V"形槽，"V"形槽止水结构和垂直缝表面止水结构相同，井口混凝土表面和施工缝周边涂刷一层水泥基防渗涂料；最后进行表面止水安装。

上游排水竖井封堵施工期间及封堵以后，由下游排水竖井控制坝体内水位，待上游铺盖料填筑完成后，下游排水竖井可根据需要适时封堵。下游排水竖井采用掺加 3％水泥的过渡料进行回填。

5　结语

　　猴子岩面板堆石坝基坑开挖深度达 75m，属于典型的深基坑施工。针对本工程基坑深、坝体反向排水量较大等自身特点，设计人员创新提出了分级抽排水方案。通过实际运行表明，无论是在坝体填筑施工期，还是在坝体反向排水封堵与坝前辅助防渗铺盖回填施工期间，坝体上游垫层料坡面和混凝土面板均未受到坝体反向排水的任何不利影响，说明猴子岩面板堆石坝施工期坝体反向排水系统的设计方案是成功的。同时，通过回顾施工期间坝体反向排水系统的运行情况，可知猴子岩面板堆石坝坝体范围内的两岸山体地下水枯水期来水量约为 $400m^3/h$。

参考文献

[1] 四川省大渡河猴子岩水电站可行性研究报告（审定本）[R]. 中国水电顾问集团成都勘测设计研究院，2009.

[2] 李家富. 等. 深窄基坑降排水及开挖施工技术 [J]. 人民长江，2014，45（8）.

[3] 窦向贤. 猴子岩水电站高面板堆石坝设计 [J]. 人民长江，2014，45（8）.

作者简介

　　朱永国（1969—），男，教授级高级工程师，长期从事水电工程建设技术管理工作。E-mail：461063728@qq.com

黄登水电站地下洞室群围岩稳定及支护措施研究与实践

杨世界，杨宜文，许 晖

（中国电建集团昆明勘测设计研究院有限公司，云南省昆明市 650051）

[摘 要] 黄登水电站地下厂房洞室群具有工程规模大、洞室布置密集、挖空率较高等特点，在洞室群的施工中存在较为突出的大跨度、高边墙洞室稳定问题。根据机电设备布置和实际地质情况，通过分析地下洞室开挖监测变形规律，结合施工开挖仿真反馈分析，深入研究地下洞室开挖和支护措施，持续优化大型地下厂房洞室群原有的开挖与支护设计方案，动态评估大型地下厂房洞室群施工阶段的围岩整体和局部稳定性以及安全风险，研发了安全评价和预警总体系统，确保洞室群围岩稳定和工程经济合理。

[关键词] 地下洞室群；围岩稳定；支护措施；研究与实践；黄登水电站

1 概况

黄登水电站位于云南省兰坪县境内，采用堤坝式开发，是澜沧江上游曲孜卡至苗尾河段水电梯级开发方案的第六级水电站，以发电为主。电站总装机容量 1900MW，碾压混凝土重力坝最大坝高 203m。工程为大（1）型，工程等别为一等，大坝、泄洪建筑物和引水发电建筑物为 1 级建筑物。

黄登水电站引水发电系统布置于左岸地下，为大型地下洞室群，主要由坝身进水口、压力管道、主副厂房、空调机房、主变压器室、尾闸室、尾水调压井、尾水隧洞、出线竖井、通风洞、排水洞、主厂房运输洞及尾闸室交通洞等建筑物组成。地下洞室群布置充分考虑了地下工程特点、水力—机械过渡过程要求、工程区地质条件、施工运行要求及相关规程规范的规定，布置紧凑合理。

压力管道按单机单管布置，单机最大引用流量 409.6m³/s，采用平洞—竖井—平洞布置型式，断面为圆形，内径 10m/9.2m/8.6m。尾水系统采用单机单尾水管、两机共用一座尾水调压井和一条尾水隧洞的布置型式，自厂房尾水肘管后向下游依次布置有 1～4 号尾水支洞、尾闸室、尾水调压井、尾水隧洞及尾水出口检修闸等相关建筑物。尾水调压井采用圆筒阻抗式，内径 30m，高 77.538m。尾闸室为长廊竖井形式，长 160.3m，宽 11.3m，最大开挖高度 90.85m。

地下主副厂房按"一"字形布置，从右至左依次布置右端副厂房、安装间、机组段和左端副厂房，断面为方圆形，最大尺寸为 247.3m×32m×86m（长×宽×高）。主变压器室平行布置于厂房下游，与厂房下游边墙最小净距为 47.35m，断面形式为方圆形，最大尺寸为 185.9m×19.3m×39.5m（长×宽×高）。在主厂房与主变压器室之间布置有 4 条母线洞，断面为城门洞形，净空尺寸为 9.5m×10.242m。

为满足厂区建筑物防渗排水、机电设备布置、工程交通、通排风等要求，在主要洞室周围布置了主厂房运输洞、尾闸室交通洞、出线竖井、排风系统、防渗排水系统、主变压器运输洞、主变压器通风洞、主变压器交通洞等辅助洞室。地下洞室群具体布置见图1。

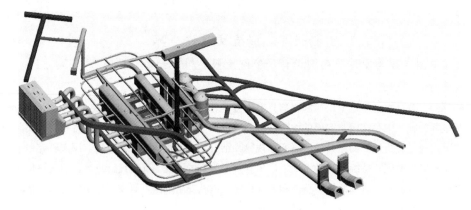

图1　黄登水电站地下洞室群三维透视图

2　工程地质条件

地下洞室群岩性为变质火山角砾岩、变质火山细砾岩夹变质凝灰岩，分布的变质凝灰岩夹层主要有：相对完整的 t_{230-1}、t_7 层，劈理发育的 tp_{230-1}、tp_{16}、tp_4 层和顺层挤压面发育的 tj_{230-1}、tj_5 层。无Ⅰ、Ⅱ级结构面出露；Ⅲ级结构面有 F_9、F_{230-1}、F_{230-2}，其中 F_9、F_{230-1} 为顺层挤压性质断层，F_{230-2} 为切层陡倾角断层，断层破碎带宽 0.5~1.3m；Ⅳ级结构面较发育，主要为顺层挤压性质的小断层及挤压面，其次为顺河陡倾角断层或挤压面及少量的斜河向断层或挤压面，断层破碎带宽 5~10cm，发育间距为 10~20m。洞室位于地下水位以下，围岩为微透水~极微透水岩体。厂区最大主应力值为 7~15MPa，属中等应力，最大主应力方向为 S12.6°~40.5°E，与地下厂房、主变压器室轴线方向夹角为 23.5°~51.4°。

地下主副厂房岩体呈次块状~块状，以Ⅱ、Ⅲ类围岩为主，岩体完整性好；断层破碎带及较大劈理发育或挤压面发育的变质凝灰岩夹层为Ⅳ、Ⅴ类围岩。洞室变形破坏形式主要为由结构面组合形成的契体塌滑或崩塌破坏及断层带的坍塌破坏。

主变压器室岩体以块状为主，其次为次块状，围岩以Ⅱ类、Ⅲ类为主，开挖过程中顶拱、边墙局部受不利结构面切割出现规模较小的楔形体掉块。

尾水调压井、尾闸室岩体Ⅲ级、Ⅳ级及Ⅴ级结构面较为发育，岩体呈块状、次块状，局部断层带为镶嵌结构，以Ⅱ类、Ⅲ类围岩为主，洞室总体地质条件较好，但局部断层带、凝灰岩夹层出露部位稳定性较差。

3 主要洞室围岩稳定分析及支护参数

黄登水电站地下洞室群共分 11 期开挖完成，开挖分层及程序见图 2。采用三维非线性有限元理论，在反演地应力场的基础上，对地下洞室群开挖、锚固支护、三维渗流场进行了研究，建立了包括 4 个机组段的三维有限元计算模型，计算网格包括厂房、主变洞、母线洞、尾水调压井、尾闸室、引水道、尾水洞等洞室群，计算网格一共剖分了 335 046 个 8 结点的等参单元，考虑了 F_{230-1}、f_{230-10}、f_{230-11}、f_{230-12}、F_9、f_{20} 6 条断层。主要计算成果见表 1。根据围岩稳定分析成果，确定地下主要洞室的基本支护参数如表 2 所示。对于断层及破碎带部位的边墙挂钢筋网、顶拱架设钢筋肋拱进行加强支护；对于各交岔洞口，采用 125kN 或 450kN 级、$L=9.0\text{m}$ 预应力锚杆进行锁口。

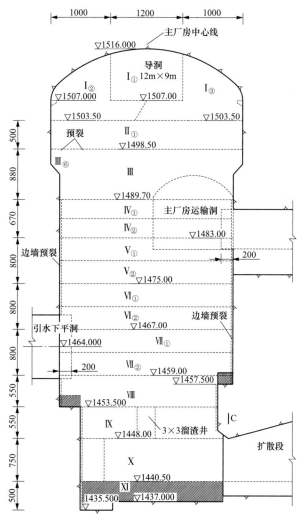

图 2　黄登水电站地下厂房开挖分层及程序示意图

表1 支护前后洞室围岩计算成果

项目	工程部位	无支护措施	有支护措施
塑性区、拉损区特征	厂房	顶拱塑性区0.53～4.81m，上游边墙塑性区9.33～18.4m，下游边墙塑性区12.62～28.01m，下游边墙塑性区与主变室贯通，下部与尾水洞相交处塑性区上下贯通；上游边墙与引水洞交口拉裂区1.94～3.94m，主厂房下游边墙连续的开裂区深度6.2～11.15m	顶拱塑性区0～3.3m，上游边墙塑性区3.94～9.33m，下游边墙塑性区8.75～16.35m
	主变室	顶拱塑性区1.78～4.26m，上下游边墙塑性区9.54～12.95m	顶拱塑性区0～2.84m，上下游边墙塑性区5.25～7.26m
	尾闸室	顶拱塑性区0.15～1.02m，上下游边墙塑性区8.24～10.12m	顶拱塑性区0～1.04m，上下游边墙塑性区4.09～5.87m
	尾调井	井筒塑性区为5.8～10.5m，局部开裂区深度为1～3m	井筒塑性区为5～8m，局部开裂区深度为0～2m
位移场特征	厂房	顶拱最大位移1.4mm，上游边墙最大位移39.8mm，下游边墙最大位移67.9mm	顶拱最大位移4.5mm，上游边墙最大位移28.6mm，下游边墙最大位移46.3mm
	主变压器室	顶拱最大位移－4.0mm，上游边墙最大位移18.5mm，下游边墙最大位移31.2mm	顶拱最大位移1.0mm，上游边墙最大位移17.0mm，下游边墙最大位移23.6mm
	尾闸室	顶拱最大位移－7.5mm，上游边墙最大位移17.4mm，下游边墙最大位移22.3mm	顶拱最大位移－5.6mm，上游边墙最大位移14.9mm，下游边墙最大位移18.0mm
	尾调井	顶拱最大位移－3.2mm，边墙最大位移25.9mm	顶拱最大位移2.6mm，边墙最大位移24mm

表2 地下主要洞室支护参数表

项目	工程部位	支护参数
地下主副厂房	顶拱	砂浆锚杆$\phi32/\phi28$@1.5m×1.5m，$L=9$m/6m；喷C30钢纤维混凝土厚0.2m；不良地质部位以$\phi25/\phi22$@0.5m钢筋肋拱结合125kN级预应力锚杆$\phi32$@3m×0.5m，$L=9$m进行缝补式加强支护
	上、下游边墙	锚索：1477m高程以上，1800kN级，$L=25$m/35m，间排距5m×5m；1477m高程以下，1000kN级，$L=25$m/35m，间排距5m×5m。 砂浆锚杆：1477m高程以上，$\phi32/\phi28$@2m×2m，$L=9$m/6m；1477m高程以下，$\phi32/\phi25$@2m×2m，$L=9$m/4.5m；喷C20聚丙烯微纤维混凝土厚0.15m。 不良地质部位挂$\phi6.5$@0.2m×0.2m的钢筋网后喷混凝土加强支护
	端墙	锚索：1477m高程以上，1800kN级，$L=25$m/35m，间排距5m×5m；1477m高程以下，1000kN级，$L=20$m/30m，间排距5m×5m；砂浆锚杆、喷混凝土同上下游边墙

续表

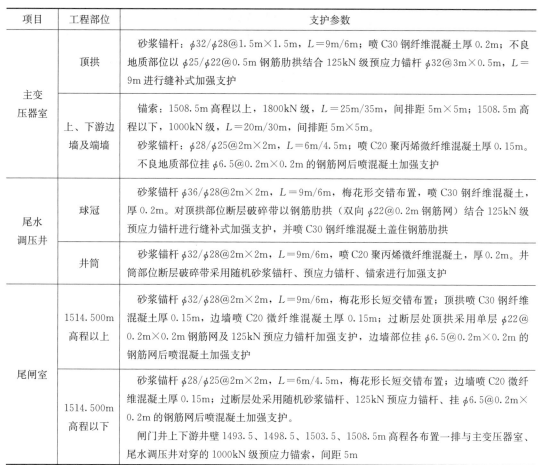

项目	工程部位	支护参数
主变压器室	顶拱	砂浆锚杆 $\phi32/\phi28@1.5m\times1.5m$, $L=9m/6m$; 喷 C30 钢纤维混凝土厚 0.2m; 不良地质部位以 $\phi25/\phi22@0.5m$ 钢筋肋拱结合 125kN 级预应力锚杆 $\phi32@3m\times0.5m$, $L=9m$ 进行缝补式加强支护
	上、下游边墙及端墙	锚索: 1508.5m 高程以上, 1800kN 级, $L=25m/35m$, 间排距 5m×5m; 1508.5m 高程以下, 1000kN 级, $L=20m/30m$, 间排距 5m×5m。 砂浆锚杆 $\phi28/\phi25@2m\times2m$, $L=6m/4.5m$; 喷 C20 聚丙烯微纤维混凝土厚 0.15m。不良地质部位挂 $\phi6.5@0.2m\times0.2m$ 的钢筋网后喷混凝土加强支护
尾水调压井	球冠	砂浆锚杆 $\phi36/\phi28@2m\times2m$, $L=9m/6m$, 梅花形交错布置, 喷 C30 钢纤维混凝土, 厚 0.2m。对顶拱部位断层破碎带以钢筋肋拱(双向 $\phi22@0.2m$ 钢筋网)结合 125kN 级预应力锚杆进行缝补式加强支护, 并喷 C30 钢纤维混凝土盖住钢筋肋拱
	井筒	砂浆锚杆 $\phi32/\phi28@2m\times2m$, $L=9m/6m$, 喷 C20 聚丙烯微纤维混凝土, 厚 0.2m。井筒部位断层破碎带采用随机砂浆锚杆、预应力锚杆、锚索进行加强支护
尾闸室	1514.500m 高程以上	砂浆锚杆 $\phi32/\phi28@2m\times2m$, $L=9m/6m$, 梅花形长短交错布置; 顶拱喷 C30 钢纤维混凝土厚 0.15m, 边墙喷 C20 微纤维混凝土厚 0.15m; 过断层处顶拱采用单层 $\phi22@0.2m\times0.2m$ 钢筋网及 125kN 预应力锚杆加强支护, 边墙部位挂 $\phi6.5@0.2m\times0.2m$ 的钢筋网后喷混凝土加强支护
	1514.500m 高程以下	砂浆锚杆 $\phi28/\phi25@2m\times2m$, $L=6m/4.5m$, 梅花形长短交错布置; 边墙喷 C20 微纤维混凝土厚 0.15m; 过断层处采用随机砂浆锚杆、125kN 预应力锚杆、挂 $\phi6.5@0.2m\times0.2m$ 的钢筋网后喷混凝土加强支护。 闸门井上下游井壁 1493.5、1498.5、1503.5、1508.5m 高程各布置一排与主变压器室、尾水调压井对穿的 1000kN 级预应力锚索, 间距 5m

4 施工期围岩稳定动态反馈分析及安全预警系统研发

为确保地下洞室群施工期围岩稳定, 在历时 2 年多的施工期动态智能反馈分析过程中, 基于岩石工程智能分析方法的基本原理和理念, 综合现场调研、理论分析、数值计算和同类工程类比分析等多手段开展了系统研究工作。通过黄登地下厂房洞室群施工期的全过程快速监测与智能反馈分析研究, 取得如下主要成果:

(1) 开展了厂区代表性岩石的室内相关试验研究, 包括室内单压缩试验、巴西圆盘试验、不同围压下的三轴压缩试验和三轴的损伤控制逐级加卸载试验等, 并结合黄登水电站地下洞室围岩的特点, 提出了退化的硬岩力学模型。

(2) 考虑大型地下洞室群分层开挖的特点, 以现场监测信息为纽带, 融合岩石力学基本理论、人工智能方法和数值仿真计算的最新成果, 建立了包括岩体力学参数智能识别、洞室稳定性实时评价、围岩破坏模式识别与工程调控、后续开挖围岩力学行为预测与开挖与支护设计动态优化等方面的大型地下洞室群动态智能反馈分析方法。

(3) 动态地跟踪分析了黄登水电站地下厂房洞室群开挖过程中 9 次岩体力学参数, 多次的岩体力学参数反演的结果差别不大，表明参数反演方法的科学性。

（4）深入研究提出了基于围岩变形率的地下洞室围岩稳定性判别方法。以围岩不利区域的预警和危险变形率阈值为目标值，通过对岩体参数进行折减试算，确定对应不同目标值的岩体计算参数，具体通过 Hoek-Brown 屈服准则中的地质强度指标 GSI 的降低实现岩体参数的折减。地质强度指标 GSI 类似与工程中通用的围岩分级，在地下厂房每层开挖后对地质情况统计分析的基础上依据取值表进行计算确定。通过对工程地质进行打分来评定地质条件的好坏，分值越低，地质条件越差。结合参数敏感性的研究成果和工程经验，选取弹性模量、黏聚力和内摩擦角作为参数折减的对象，通过对岩体参数进行试算，得到了对应不同目标值的岩体计算参数，再以得到的岩体计算参数进行正分析，计算得出不同目标值时地下洞室围岩的变形情况，并通过在多点位移计位置布设相应的监测点，得到围岩位移的理论监测值，以此给出地下洞室围岩稳定性的预警变形值和危险变形值，从而确定厂房各期开挖的围岩变形监测管理标准。

（5）开挖方案遵循了"先拱后墙，自上而下，逐层开挖，随层支护"的方针，开挖过程洞壁围岩变形相对稳定，说明开挖方案是合理的。采用锚固支护后，由于锚杆、锚索有效地提高了围岩的刚度，限制了围岩变形，减小了施工过程中的回弹变形，使得开挖过程中洞周的破坏区大为减小，说明锚固支护有效改善了洞室群的围岩稳定性，所采用的系统锚固支护参数是合理的；预应力锚索锁定荷载按其设计张拉力的 80% 施加，锚索受力在其设计张拉力范围内，说明锁定荷载值合理。主厂房开挖支护完成后，整个地下洞室群洞周位移值基本在 63mm 范围内；洞周围岩塑性区基本限制在 8m 内，局部区域最大达到约 10m；锚杆、锚索受力条件较为合理。围岩变形和塑性区较大区域主要集中在主厂房Ⅳ、Ⅴ类围岩不良地质段及 1 号尾水调压井靠近断层 $F_{230\text{-}2}$ 边墙处等不良地质及挖空率较高的区域。

（6）针对施工阶段地下洞室出现的局部工程问题，结合现场监测数据，对加固措施进行评价及给出相应的支护建议，为工程的安全顺利施工提供了保障。

（7）完成安全评价和预警总体系统研发，主要由地下洞室群信息管理模块、监测信息采集及预处理模块、工程信息三维可视化管理与辅助分析模块、监测成果与数值分析成果对比模块、施工期结构安全实时仿真与反馈分析模块、施工期洞室围岩实时安全评价与预测模块、洞室围岩安全预警与辅助决策模块及施工进度控制与质量控制模块等 8 个模块组成。系统实现枢纽区全尺度地下工程地形、地质、地貌三位一体的可视化仿真；实现开挖方量和开挖进度的可视化查询和管理，实现安全监测数据的可视化查询和管理；实现施工过程、施工面貌、支护措施的三维实时可视化表现。建立合理的安全评价技术体系。构建地下洞室群预警决策平台，预警值主要采用趋势识别、极值识别、力学规律评判、监控模型评判、监控指标评判等五个评价指标评价测点的安全性。由于锚杆在屈服应力下的变形率约为 0.002 1，锚索极限强度时的变形率约为 0.006 8。因此，锚杆允许变形率时，围岩危险等级的变形率阈值取为 0.21%，取定变形率阈值的 0.8 倍作为预警变形率阈值（0.168%）。锚索允许变形率时，围岩危险等级的变形率阈值取为 0.68%，取定危险变形率阈值的 0.8 倍作为预警变形率阈值（0.544%）。

5 监测数据分析评价

黄登地下洞室群重点监测建筑物主要包括引水隧洞、压力钢管、地下厂房、主变压器室和尾水调压井等。主要监测项目包括：

（1）变形监测：包括收敛和围岩深部变形监测。

（2）支护效应监测：包括普通砂浆锚杆应力和预应力锚索荷载监测。

（3）结构监测：包括钢板应力、钢筋应力、混凝土应变、接缝、接触应力、温度监测等。

（4）渗流监测：包括引水隧洞和尾水隧洞内外水压力监测、厂区渗排系统地下水位、渗水压力和渗流量监测。

监测断面的选择以围岩地质条件为主要考虑对象，兼顾洞室交叉情况和厂房、主变压器室和尾水调压井的空间分布位置综合确定，以围岩地质条件差和洞室交叉分布及贯穿三大洞室的断面为重点监测断面。

（1）地下厂房各监测断面从位移或锚索荷载监测成果来看，开挖期变形量级均相对较大，随开挖结束目前位移已趋平稳，各测点位移速率基本为零，围岩整体趋于稳定。当前厂房围岩孔口变形在 0～52.6mm 之间，锚索测力计实测荷载在 768.2～2351kN 之间，锚杆支护应力在 －26.9～325MPa 之间。

（2）主变压器室各监测断面深部位移整体较小且随开挖结束变形逐渐趋于平稳，目前各测点变化趋于平稳，围岩整体趋于稳定。当前实测围岩孔口变形在 0.4～71.3mm 之间，锚索测力计实测荷载在 761.7～2174.7kN 之间，锚杆支护应力在 －31～340MPa 之间。

（3）尾水调压井多点位移计孔口位移测值为 2.2～83.6mm，锚杆应力测值 －119.5～256.9MPa，锚索测力计荷载测值为 786.2～1466.2kN，调压室阻抗板钢筋应力在 －21.7～24MPa 之间。多点位移计位移主要发生在开挖期，随着 2016 年 8 月开挖结束，井壁变形趋于平稳，锚索荷载变化趋于稳定。目前各监测物理量变化平稳，尾水调压井工作状态正常。

（4）尾闸室多点位移计位移变化量在 0～50.2mm 之间，围岩变形主要发生在开挖阶段。锚索测力计荷载在 759～1147.8kN 之间，锚杆实测应力 －25.7～203.3MPa 之间。目前各监测物理量变化平稳，围岩整体处于稳定状态。

6 结语

（1）黄登工程地下洞室多、规模大，通过三维有限元分析及工程类比，采用了预应力锚索、锚杆、钢筋网及喷纤维混凝土等支护措施；施工过程中，根据开挖揭示的地质情况，对支护参数进行了及时的调整优化，围岩变形得到了有效控制，确保了工程的安全和经济合理。监测成果显示，地下洞室群围岩位移及支护结构受力变化主要发生在施工开挖期，目前围岩位移及支护结构受力变化基本趋于稳定，围岩处于总体稳定状态。

（2）通过施工期围岩稳定动态反馈分析及安全预警系统研发，开发了大型工程地下洞室群工程安全评价和预警决策系统，为地下洞室施工开挖安全评估提出理论依据，而且总结地下洞室施工、设计中的问题，提高地下洞室施工开挖的控制水平。该系统应用于黄登水电站工程中，研究成果及方法对同类工程具有普遍的指导意义。

（3）目前黄登水电站已蓄水至正常水位，全部机组投产发电。在确保工程安全的前提下，对地下洞室群部分支护参数进行了动态优化调整，开挖支护工期提前了 50 余天，为电站提前投产发电打下了坚实的基础，取得了较好的社会效益和经济效益。

参考文献

[1] 水电水利规划设计总院 . NB/T 35090—2016，水电站地下厂房设计规范 ［S］. 中国电力出版社，2017.

[2] 水电水利规划设计总院 . NB 35011—2016，水电站厂房设计规范 ［S］. 中国电力出版社，2017.

[3] 杨世界，官忠瑞 . 黄登水电站枢纽工程竣工安全鉴定工程设计自检报告 ［R］. 中国电建集团昆明勘测设计研究院有限公司，2019.

[4] 杨凡杰，周辉，等 . 大型地下洞室群围岩稳定及支护措施动态跟踪分析研究总报告 ［R］. 中国科学院武汉岩土力学研究所，2016.

[5] 尚超，王超，张社荣，等 . 黄登水电站施工期洞室围岩稳定动态反馈分析之结题报告 ［R］. 天津大学水利水电工程系，2016.

[6] 邓建，肖明，等 . 澜沧江黄登水电站施工期地下洞室群围岩稳定评价及支护形式深化研究 ［R］. 武汉大学，2016.

[7] 林春兰，杨世界，等 . 大型地下洞室群围岩稳定及支护措施深化研究专题总结报告 ［R］. 中国电建集团昆明勘测设计研究院有限公司，2016.

[8] 戈莉琼，邓良军，杨世界，等 . 黄登水电站可行性研究报告 ［R］. 中国电建集团昆明勘测设计研究院有限公司，2013.

作者介绍

杨世界（1975—），男，正高级工程师，主要从事水利水电及地下工程设计、科研、技术管理和咨询工作。E-mail：393316163@qq.com

南欧江七级水电站施工图阶段枢纽建筑物设计优化

何兆升，喻建清，杨丽娜，张新园，江东勃

（中国电建集团昆明勘测设计研究院有限公司，云南省昆明市　650051）

[摘　要]　南欧江七级水电站位于老挝丰沙里省境内，为南欧江梯级规划的最上游一个梯级，作为"一库七级"的龙头多年调节水库，电站总库容 17.7 亿 m^3，面板堆石坝最大坝高 143.5m，装机容量 210MW（2×105MW），电站属一等大（1）型工程。工程采用堤坝式开发，枢纽主要建筑物包括混凝土面板堆石坝、左岸溢洪道、左岸引水发电系统、右岸泄洪放空洞。施工详图阶段，结合实际施工情况对原设计方案进行优化调整，为节约工程投资、控制工程进度和工程质量提供了有力的技术保障。

[关键词]　南欧江七级水电站；面板堆石坝；枢纽布置及建物；设计优化

1　概述

1.1　工程概况

南欧江流域梯级水电站项目是中资公司首次在海外获得整条河流流域开发权的项目，是"中老经济走廊""澜湄合作"、老挝打造"东南亚蓄电池"发展战略的重要项目，也是中国电建深度践行"一带一路"倡议，在海外推进全产业链一体化战略实施的首个投资项目。

南欧江七级水电站位于老挝丰沙里（Phongsaly）省境内，为南欧江梯级规划的最上游一个梯级即第七个梯级。坝址位于南欧江左岸支流南康河（Nam Khang）口下游约 3.4km。电站距奈诺（Ngay nua）94km，距乌多姆赛（M. xai）309km，距万象（Vientane）892km，距中国昆明（Kun ming）752km［经中国的勐康（Meng kang）口岸］。老挝国内无铁路，交通以公路运输为主。

电站坝址流域面积 3448km²，多年平均流量 104m³/s，多年平均年径流量 32.8×10⁸m³，设计洪水（千年一遇）4720m³，校核洪水（PMF）7330m³。

南欧江七级水电站开发任务以发电为主，水库正常蓄水位 635m，相应库容 16.94×10⁸m³，调节库容 12.45×10⁸m³，具有多年调节性能。电站安装 2 台机组，总装机容量 210MW，全梯级联合运行时，七级多年平均发电量 8.36×10⁸kW·h，保证出力 80.7MW，装机年利用小时数 3981h。

本工程于 2016 年 4 月开工，2017 年 11 月上旬截流，2018 年 4 月 1 日开始坝体填筑，截至 2019 年 8 月 29 日，大坝填筑至防浪墙底 637.5m 高程。

1.2　枢纽及主要建筑物

枢纽建筑物主要由混凝土面板堆石坝、左岸溢洪道、左岸引水发电系统、右岸泄洪放空洞等组成。

混凝土面板堆石坝布置于主河床，坝顶高程 640.5m，河床趾板建基面高程 497m，最大坝高 143.5m，坝顶长 591.176m，坝顶宽 12m。坝顶上游侧设 4.2m 高防浪墙，墙顶高程 641.70m。大坝上游坝面坡比为 1∶1.4；下游坝坡 610.00m 高程以上为 1∶1.6，以下为 1∶1.4，坝后设置"之"字形上坝道路。

溢洪道布置于左岸。溢洪道由引渠段、闸室段、泄槽段、挑流鼻坎段、护坦等组成。共设 3 个溢流表孔，闸体顶部高程为 640.50m，每孔净宽 10m，溢流堰总宽 45.0m，堰顶高程 617m。闸室设有 3 孔弧形工作闸门和 1 孔平板检修闸门，孔口尺寸为 10m×18m（宽×高）。泄槽段水平长约 328.116m，底坡 $i=23.087\%$，泄槽段过水断面为矩形，宽度逐渐缩窄，收缩起点桩号为 S0+056.921，宽度为 38m，末端桩号为 S0+405.843，宽度为 25.82m，左右两侧收缩角度均为 1°。出口为平底窄缝消能，挑坎末端宽度 6.35m。

泄洪放空洞布置于右岸，由进口段、有压隧洞段 1、事故检修闸室段、有压隧洞段 2、工作闸室段、无压隧洞段、明渠段和出口挑坎段等组成，水平总长约 1030.72m。进口段为矩形断面，长约 18.0m，底板高程 550.00m。有压隧洞段标准断面为圆形，内径 9.0m；无压隧洞标准断面为城门洞形，断面尺寸为 6.5m×（11.0～12.0）m；无压段后接明渠段和出口挑坎段，将水流挑入主河道。事故检修闸室段，内设 1 扇 7m×9m 的平板事故检修闸门，平台与坝顶同高程；工作闸室段，内设 1 扇 5.5m×6m 弧形工作闸门，设交通通风洞与外连通。

引水系统布置于左岸，由岸塔式进水口、引水隧洞、压力钢管等组成。进水口底板高程 570.00m，进水塔与坝顶同高为 640.50m，闸室尺寸（长×宽×高）42m×29.2m×73.5m。进口设 4 道拦污栅，拦污栅后设 1 道检修事故闸门，孔口尺寸为 9m×10m（宽×高）。引水隧洞由渐变段 1、圆形洞身段、渐变段 2、上弯段、斜井段、下弯段和下平段组成，水平长 437.04m。隧洞断面型式为圆形，洞径 9.0m。压力钢管为地下埋藏式，一管双机引水。压力钢管起点为上平段末端，主管水平长 189.10m，内径 7.5m，管内流速 5.21m/s。单个支管长约 30m（含岔管），内径 4.6m，管内流速 6.92m/s。

发电建筑物包括主、副厂房、尾水闸室、变电站等建筑物。主厂房尺寸（含安装间）为 67.72m×48.32m×53m（长×宽×高）。厂房内装有 2 台 105MW 的混流式水轮发电机组。尾水平台高程 524.80m，闸室设 2 孔尾水检修闸门，孔口尺寸（宽×高）9m×5m。变电站包括主变压器室、GIS 室和屋顶出线场，主变压器室布置在上游副厂房顶层，GIS 室布置在主变压器室顶层，屋顶出线场地坪高程 547.30m，布置在 GIS 室屋顶。

2 料源优化

可行性研究阶段对南欧江七级水电站天然建筑材料进行了普查复核，选定左岸石料场作为大坝堆石料、部分排水棱体料及护坡块石料料场，哈欣石料场作为混凝土骨料及大坝垫层料、过渡料及部分大坝排水棱体料料场。左岸石料场位于坝址左岸 3 号冲沟左侧山梁部位，距坝址约 0.5km，分布高程 650～850m。哈欣石料场位于坝址下游左岸山坡部位，距坝址约 10.6km，分布高程 496～700m。

进场公路基本贯通后，2015 年 1 月对公路全沿线分布的砂岩进行了现场查勘，针对桩号 K85 和 K90 附近厚度相对较大砂岩层进行初步勘察，并对各部位石料作为七级电站混凝土骨料、垫层料、过渡料及排水棱体料料源的可行性、适用性及下一步的工作等进行了讨论，认为 K85＋820（K85 料场）、改线段 K90（K90 料场）具备替代哈欣石料场的可能性，确定针对该两部位分布的砂岩开展地质勘察和方案研究对比工作。

综合考虑料场边坡支护、剥离无用料、进场公路改道、修建哈欣料场公路及石料开采支线公路、有用石料的运费差价等费用后，K90 石料场方案投资较省，因此推荐采用 K90 石料场替代哈欣石料场。哈欣石料场距坝趾约 10.6km，K90 料场距坝趾约 3.5km，采用 K90 料场代替哈欣石料场后，运距缩短约 7km，运距缩短后，为高强度填坝提供了保障。

3 大坝优化调整

3.1 河床冲积层利用

河床部位上部岩性为冲积层（Q^{al}），主要由砂、卵砾石夹漂石、粉砂、粉砂质黏土组成，根据钻孔及河床地震勘探成果，厚度一般为 3～16m。坝基开挖揭露后，对冲积层进行补充勘探工作。根据河床前期勘探及施工期补充勘探成果分析，河床冲积层主要成分为卵砾石、砂夹块石，局部夹粉细砂层，未见淤泥层，粉细砂层呈透镜状，不连续，且仅局部分布，无制约冲积层利用的不利因素。因此，可对冲积层进行充分利用。将坝轴线上游 25m 之前的河床冲积层全部清除、之后的河床冲积层清至 505.00m。同时在坝料填筑之前，使用 33t 的自行式振动碾对保留部位的河床冲积层振动碾压，碾压遍数不小于 10 遍。在冲积层和排水体之间设 1.2m 厚的过渡料对冲积层进行保护。

通过对冲积层的充分利用，在确保安全的情况下，为节约投资，缩短了工期，取得了较好的效益。

3.2 坝体断面调整

可行性研究阶段，大坝从上游到下游共有 9 个分区，依次为 1A 铺盖料区、1B 盖重料区、2A 垫层料区、2B 特殊垫层料区、3A 过渡料区、3B 主堆石料区、3C 下游次堆石料区、3D 下游排水堆石料区、下游块石护坡区。

现场生产性碾压试验成果显示，各区坝料的渗透系数偏小，不能满足透水性的要求。考虑左岸石料场岩性相变明显、受构造发育及砂岩溶蚀影响、均一性较差，岩石条件较复杂。经综合考虑，对大坝进行了优化调整：

（1）对 3B 主堆石料区细分为 3B1 主堆石料区、3B1 主堆石料（增模）区和 3B2 主堆石料区，并相应调整了其料源。

（2）为保证坝体排水通畅，将 3D 下游排水堆石区调整为"L"形 3D 排水体堆石区，并在大坝左右两岸堆石体 560m 高程各设置一条宽 15m、高 6.4m 的水平排水条带。将坝体分为 2A 垫层料区、2B 特殊垫层料区、3A 过渡料区、3B1 主堆石料区、3B1 主堆石料（增模）区、3B2 主堆石料区、3C 次堆石料区、3D 排水体堆石料区，并在面板上游设坝前覆盖料区、在下游坝坡坡面设干砌石护坡。

3.3 面板分块分缝调整

可行性研究阶段：垂直缝间距为 12m，采用等宽缝，共有 48 道垂直缝，面板被分为 49 块。

施工详图阶段：面板分块主要从改善面板受力状态、方便施工的目的出发，为适应现场地形条件，并尽可能减少裂缝产生。确定垂直缝间距一般为 12m，两岸地形较陡和起伏较大部位为 6m，共有 58 道垂直缝，将混凝土面板分为 59 块。

3.4 面板接缝表层止水优化调整

可行性研究阶段：面板缝主要为周边缝、垂直缝、坝顶缝。其中，垂直缝又分为 3 种，分别为周边垂直缝（垂直缝 1）、张性垂直缝（垂直缝 2）、压性垂直缝（垂直缝 3）。表层止水设计上，周边缝和周边垂直缝均为两层，内层为三复合橡胶板保护下的柔性填料；外层为不锈钢保护罩保护下的无黏性自愈填料（粉煤灰）；其余缝均为 1 层，即内层为三复合橡胶板保护下的柔性填料。

施工详图阶段面板一、二期面板施工缝形式调整为全断面垂直于面板的直缝型式。对表层止水进行了优化：

（1）减小了 GB 塑性填料的封填面积。

（2）在所有 GB 塑性填料表面涂刷 SK 刮涂聚脲（单组分），并复合两层胎基布，复合涂层厚度均为 4mm。

（3）周边缝取消外层止水，即不锈钢保护罩保护下的无黏性自愈填料（粉煤灰）。

3.5 下游量水堰调整

可行性研究阶段：大坝下游堆石体末端量水堰采用混凝土重力式挡水坝形式。

由于此部位河床冲积层相对较深，采用重力坝形式开挖量大，混凝土量较大，为节约投资，施工详图阶段调整为 0.8m 厚的混凝土截水防渗墙形式。采用混凝土防渗墙形式的量水堰后，节省了开挖量和混凝土量，同时，可先进行坝体填筑，再施工防渗墙，减少了施工干扰，可缩短工期。

4 泄洪消能建筑物优化调整

4.1 溢洪道出口消能工调整

可行性研究阶段，由于模型试验正在开展，溢洪道出口消能工选用等宽斜向反弧形挑流鼻坎方案（以下简称"原方案"）。随着模型试验的深入开展，发现原方案下游河道水流流态较差，水流比较集中在左岸，并且冲坑较深，对左岸边坡的稳定不利。

基于上述两点原因，需要进一步研究溢洪道出口挑流消能方案。在可研报告挑流鼻坎方案的基础上，通过调整出口位置、两边墙的夹角、泄槽末端的宽度、反弧半径及挑角、挑坎高程等挑流参数进行反复试验，均未能取得较好效果。因此，在施工详图阶段，又开展了大量的模型试验工作，先后研究了 12 个泄槽和挑坎体形，提出采用窄缝消能方案，并进行了模型试验，有效解决了左岸水流较集中影响边坡稳定问题。

施工详图阶段选定溢洪道体型方案溢洪道闸室段以前部分与可研阶段一致。主要变化是在泄槽段及挑坎段，具体如下：

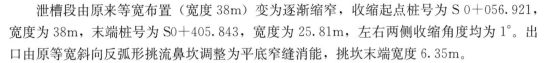

泄槽段由原来等宽布置（宽度 38m）变为逐渐缩窄，收缩起点桩号为 S 0+056.921，宽度为 38m，末端桩号为 S0+405.843，宽度为 25.81m，左右两侧收缩角度均为 1°。出口由原等宽斜向反弧形挑流鼻坎调整为平底窄缝消能，挑坎末端宽度 6.35m。

溢洪道泄槽和挑坎体型调整后，经过模型试验验证，与可行性报告溢洪道体型方案相比，施工详图选定溢洪道体型方案水力条件主要改善在以下三个方面：

（1）挑坎出口水舌更靠近河中，冲坑位置向河中偏移。

（2）左岸岸边正向流速减小明显，减小了对左岸岸坡的冲刷，对左岸边坡的稳定有利。

（3）泄槽末端水流流速有所降低、空化数平均值是增加的，溢洪道发生空蚀破坏的可能性就越小。

因此，施工详图阶段溢洪道出口采用窄缝消能方案是可行合理的。

4.2 溢洪道取消检修闸门、门机和储门槽

南欧江二期工程为一级、三级、四级和七级共 4 个电站，电站在建设过程中，有部分金属结构设备在建设期仅作为临时挡水设备，随着工程的完工也有部分闸门将闲置。为更好地利用此部分闲置闸门，降低工程成本，昆明院对二期工程所有闸门进行了梳理，将部分施工完后闲置的闸门作为永久闸门使用。

七级电站正常蓄水位为 635m 高程，死水位为 590m 高程，水位消落深度 45m。水库总库容 $17.7\times10^8\,m^3$，调节库容 $12.45\times10^8\,m^3$，库容系数达 37.96%，水库为多年调节水库。七级电站在左岸设有 3 孔表孔溢洪道，孔口尺寸为 $10.0m\times18.0m$，溢洪道堰顶高程为 617m，比水库死水位 590m 高程高 27m。

根据 1959 年 6 月～2013 年 5 月的水位过程曲线，共有 153 个月水库水位低于溢洪道堰顶高程，平均每年约 3 个月，水库水位低于溢洪道堰顶高程的月份多集中于 4～6 月。因此，南欧江七级电站溢洪道工作闸门一般年份具备检修条件，可以不设检修门。

为防止极端特殊情况，如在主汛期工作闸门出现破坏失事，需要检修门挡水时，可利用四级电站机组进水口闲置检修门作为备用检修门。同时，考虑到只在极端特殊情况下备用，溢洪道只设置检修门槽，不设置移动门机和储门槽。极端特殊情况下需要检修闸门下门时，利用汽车吊来起吊闸门放入门槽，闸门操作条件为：静水下门，无水提门。

经分析，七级水电站溢洪道取消检修闸门、门机和储门槽，并利用四级水电站进水口闲置的检修闸门作为备用闸门的优化方案是可行的。闲置设备再利用可以节约投资，同时也符合目前绿色电站的发展理念，值得推广。

4.3 下游消能区护岸防掏刷设计

可研及招标阶段：左岸下游护岸范围从溢洪道挑坎出口到下游施工大桥，总长约 660m。护岸采用钢筋混凝土贴坡挡墙，厚 0.5m，单层配筋；右岸下游护岸范围从泄洪放空洞挑坎出口到下游施工大桥上游，总长约 305m。护岸采用钢筋混凝土贴坡挡墙，厚 0.8m，双层双向配筋。护岸混凝土板顶高程为 525.00m，底部齿坎基础深入基岩不少于 2m。

在施工详图阶段：考虑到下游护岸基础主要为粉砂质泥岩，抗冲流速较低，在一些类

似工程中，护岸被冲毁现象时有发生。为保护永久建筑物不被冲坏，对左岸溢洪道挑坎出口和右岸泄洪放空洞出口挑坎附近的护岸齿槽基础设置钢筋混凝土防掏墙进行保护，防掏墙基础深度根据水工模型试验各工况下下游河道冲坑深度确定。

5 引水发电建筑物优化调整

5.1 斜井角度调整

引水系统布置于左岸，由岸塔式进水口、引水隧洞、压力钢管等组成，一管双机引水，引用流量 230m³/s。引水隧洞和钢管立面采用"两平一斜"方式布置，在可研阶段下平段与斜井成 48°转角与厂房正交。施工详图阶段，为了方便斜井段的溜渣，将斜井段倾角由 48°调整为 55°，钢衬起点位于上弯段出口渐变段 2 的末端，起点桩号为 H0＋301.592m。

斜井段角度调陡后，施工过程中溜渣比较顺畅，工期得到了保障。

5.2 引水隧洞上弯段结构型式及机组调保优化

在施工过程中，根据溢洪道开挖面揭露的走向推断 F₃ 在引水隧洞的出露位置为靠近上弯出口，考虑到上弯段有 F₃ 断层及砂化岩体强度较低，透水性强，砂化岩体浸水后物理力学性质差，且引水隧洞上弯段右侧为天然边坡（侧向覆盖厚度最小 50m），左侧为溢洪道开挖边坡（侧向覆盖约 70m），上弯段山岩覆盖厚度基本满足最小覆盖厚度要求，但是系数偏低。上弯段原普通钢筋混凝土衬砌存在漏水风险，因此，对上弯段的结构型式进行专题研究。

通过对上弯段钢筋混凝土衬砌加聚脲防渗方案、管径不变钢衬方案、调保优化管径缩小钢衬方案进行分析，从方案可靠性、造价和施工便利性等方面进行分析，最终采用将钢衬起点移至上弯段，管径从 9m 缩小到 7.5m 方案（与原压力钢管管径相同）。

上弯段至斜井段中部管径缩小后，ΣLV 值有所上升，采用一段关闭无法满足调保计算的相关要求。通过分析计算，导叶采用二段关闭规律，最大速率上升 51.2% 未超过 55% 的要求，蜗壳末端最大压力上升值 169.221m 水柱未超过 175m 的要求，均可满足要求且留有一定的裕度。机组采用二段关闭，需要增加分段关闭装置，但增加的费用较少。

5.3 主厂房机组间距优化及尺寸调整

可行性研究阶段，厂房长 48.4m，宽 45m，两台机组之间设置永久沉降缝。

施工详图阶段，结合厂家提供的最新资料，取消机组间上下游人行通道，机组间距由 18m 调整为 16.5m，主厂房顺水流向长度由 22.6m 调整为 23.1m，宽度由 45m 调整为 43.5m，减小了开挖及混凝土工程量。由于一般情况下水平止水施工质量难以保证，厂房宽度缩小后，同时取消了两台机组之间的永久缝和止水，避免了因水平止水施工质量难以保证可能造成的厂房漏水现象。

5.4 预留出线间隔

鉴于目前老挝国家电力市场消纳与输送状况，结合南欧江二期项目电站对外输送电力情况，为更有利于南欧江二期项目各梯级电站将来的电力消纳，在南欧江七级电站的 GIS 设备订货时预留了可拓展设备接口。在上游电气副厂房 GIS 室内至屋顶出线场的设计方

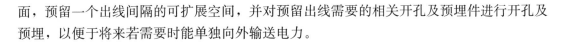

面，预留一个出线间隔的可扩展空间，并对预留出线需要的相关开孔及预埋件进行开孔及预埋，以便于将来若需要时能单独向外输送电力。

6 总结

施工详图阶段，结合实际施工情况对原设计方案进行了一系列优化调整，具体如下：

（1）对料场进行优化调整，在保证料源品质的情况下，大大缩短了运距，为高强度填坝提供了保障。

（2）对河床冲积层加以充分利用，根据料源实际开采情况及坝料碾压试验成果，及时调整坝体断面和分区，对面板的分缝分块进行调整，对面板表层接缝止水进行优化。

（3）为改善面板受力状态、适应现场地形条件，并尽可能减少裂缝产生，将面板分缝和止水进行优化调整，大坝的安全性得以提高。

（4）将溢洪道出口由原等宽斜向反弧形挑流鼻坎调整为平底窄缝消能；为保护永久建筑物不被冲坏，重点部位齿槽基础增加钢筋混凝土防掏墙进行保护。

（5）利用南欧江四级水电站进水口闲置的检修闸门作为七级电站溢洪道备用检修闸门，同时取消检修闸门、门机和储门槽。闲置设备再利用可以节约投资，同时也符合目前绿色电站的发展理念。

（6）将斜井段角度调陡，施工过程中溜渣比较顺畅；将钢衬起点由斜井段中部移至上弯段起点，避免了上弯段由于岩层覆盖不足造成的漏水风险。

（7）取消两台机组之间设置的永久沉降缝，缩短厂房长度和宽度，节约了工程投资。

通过上述优化调整，为节约工程投资、控制工程进度和工程质量提供了有力的技术保障；闲置设备再利用可以节约投资，同时也符合目前绿色电站的发展理念，值得推广。

作者简介

何兆升（1975—），正高级工程师，主要从事水工结构、边坡及基础处理设计研究工作。E-mail：71137535@qq.com

低渗透覆盖层上围堰渗流与应力变形耦合仿真研究

吴梦喜[1,2]，宋世雄[1]，吴文洪[3]

（1. 中国科学院力学研究所，北京市 100190；2. 中国科学院大学，北京市 100049；

3. 中国电建集团中南水利水电勘测设计研究院有限公司，湖南省长沙市 410014）

[摘 要] 饱和土层在荷载作用下会产生超孔隙水压力。深厚低渗透土层天然地基上的土石围堰基础中，因填筑产生的超孔隙水压力的消散速度相对于围堰填筑和运用全生命周期是缓慢的。超孔隙水压力的产生、发展和变化对围堰及堰基的渗流、应力变形和稳定性影响很大。常常需要采用碎石桩等堰基处理措施缩短低渗透土层的固结排水距离，以控制堰基超孔隙水压力的累计幅度，加速其消散速度，从而减小堰基的变形，提高防渗体系的结构安全性和堰基的抗滑稳定性。围堰全生命周期中渗流和应力变形的耦合性状为围堰的方案设计所需要。本文介绍包含碎石桩的饱和土地基渗流变形耦合仿真方法及其关键模拟技术问题，结合拉哇水电站上游围堰的设计方案研究，介绍围堰 2 个典型时刻堰基的孔隙水压力和位移情况，并阐述其特点。

[关键词] 渗流；变形；有限元；固结；耦合模拟

0 引言

深厚覆盖层上的土石围堰，其防渗体系一般由堰体下部和覆盖层中的混凝土防渗墙、堰身的土质防渗墙或防渗膜、覆盖层底部与岸坡风化基岩中的水泥灌浆防渗帷幕构成[1-3]。土石围堰设计中需要研究围堰（含堰基，下同）的渗流、应力变形和稳定性，以确保围堰不发生危及防渗体系安全的过大变形，防止围堰渗透破坏和滑坡失稳。目前围堰设计时，一般仅对围堰分阶段进行渗流、应力变形和稳定性分析[2]。渗流计算一般采用稳定渗流分析方法[2]。应力变形计算中岩土体的本构模型一般采用非线性弹性模型[3]。稳定性计算一般采用极限平衡法[3]。

藏区河流逐步成为我国水电开发的主战场。藏区河流普遍河谷深切，河床覆盖层常见堰塞湖沉积的粉土、粉质黏土、黏土等低渗透土层。饱和土体在快速荷载作用下因土体来不及排水固结，因而其抗剪强度计算时常采用不排水强度指标。低渗透天然覆盖层地基因围堰填筑产生的超孔隙水压力的消散速度相对于围堰填筑和运用全生命周期是缓慢的。土石围堰常常需要对堰基采用砂桩或碎石桩（不妨统称为碎石桩）等处理措施。低渗透土层在受压固结过程中向碎石桩排水，缩短了土层的排水路径。碎石桩处理使地基处于部分排水状态。低渗透土层中的孔隙水压力的变化不但与围堰填筑与运用过程中渗流边界条件的变化关系密切，而且与围堰填筑的自重荷载、水压力作用边界位置的变化过程关系密切。堰体及堰基的变形也与堰基孔隙水压力变化关系密切。因此，低渗透土层上围堰的应力变形和渗流是耦合相互作用问题，堰基的稳定性也取决于这种相互作用的结果。低渗透土层上围堰从施工到运用完成，堰基一般都难以达到稳定渗流状态。后一个时期的渗流、应力

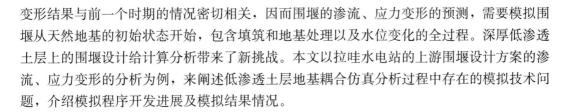

变形结果与前一个时期的情况密切相关，因而围堰的渗流、应力变形的预测，需要模拟围堰从天然地基的初始状态开始，包含填筑和地基处理以及水位变化的全过程。深厚低渗透土层上的围堰设计给计算分析带来了新挑战。本文以拉哇水电站的上游围堰设计方案的渗流、应力变形的分析为例，来阐述低渗透土层地基耦合仿真分析过程中存在的模拟技术问题，介绍模拟程序开发进展及模拟结果情况。

1 工程情况与分析需求

1.1 工程情况

拉哇水电站是金沙江上游河段 13 级开发方案中的第 8 级。枢纽主要由混凝土面板堆石坝、右岸溢洪洞、右岸泄洪放空洞、右岸地下厂房等建筑物组成。施工导流采用围堰一次拦断河床的隧洞导流方式。施工导流建筑物属于临时性建筑物，其级别为 3 级。上游土石围堰最大高度约 60.0m，大坝基坑开挖坡高约 70m，下游围堰最大高度约 24.0m。

上游围堰轴线河床覆盖层厚度约 66m，主河槽基岩面高程约为 2470.0m。围堰两岸裸露弱风化基岩，岩性为绿泥角闪片岩（$P_{txn}^{a\text{-}1}$）。左岸地形坡度约为 60°，右岸地形坡度 35°～45°。两岸强卸荷带埋深 10～15m，弱卸荷带埋深 40～45m。河床部位基岩岩性为绿泥角闪片岩（$P_{txn}^{a\text{-}1}$），弱风化下限铅直埋深 55～75m，其岩体厚度 5～15m。

上游围堰堰基及基坑边坡区域河床覆盖层厚度 65～68m，从上至下分别为表层砂卵石层（$Q^{al\text{-}5}$）、中部堰塞湖沉积层（$Q^{l\text{-}3}$ 层、$Q^{l\text{-}2}$ 层）、底部砂卵石层（$Q^{al\text{-}1}$），各层详细情况如下：

（1）河床表层 $Q^{al\text{-}5}$ 砂卵石层，河床冲积砂卵石层夹少量漂石，在堰基区域其厚度为 1.4～4.6m，在基坑边坡区域其厚度为 2.15～7.2m，该层分布不均匀，厚度变化大。

（2）中部堰塞湖相沉积层 $Q^{l\text{-}3}$ 层，含淤泥质粉砂、黏土质砂，在堰基区域其厚度为 14.7～18.1m，分布高程为 2514.00～2521.00m，在基坑边坡区域其厚度为 18.95～21.45m，分布高程为 2507.00～2512.00m。

（3）中部堰塞湖相沉积层 $Q^{l\text{-}2}$ 层，厚度约为 31.4m，自上而下可分为 $Q^{l\text{-}2\text{-}③}$、$Q^{l\text{-}2\text{-}②}$、$Q^{l\text{-}2\text{-}①}$ 三个亚层，其中，$Q^{l\text{-}2\text{-}③}$ 层以低液限黏土为主，多呈流塑状，厚度 4～8.5m；$Q^{l\text{-}2\text{-}②}$ 层以低液限粉土和砂质低液限粉土为主，多呈可塑～软塑状，厚度 10～15m；$Q^{l\text{-}2\text{-}①}$ 层以低液限黏土为主，局部为低液限粉土，多呈可塑～软塑状，厚度 15.2m。

（4）上游围堰下游堰脚处河床底部靠右岸发育有Ⅰ号透镜体，物质组成为崩石、块石，顺河向长度为 325m、宽度约为 70m，最大厚度为 32.1m，分布高程为 2489.50～2487.00m。该透镜体是堰塞湖相沉积物形成前岸坡崩塌堆积物，上下游两侧厚度逐渐变薄。另外，在防渗墙轴线处揭露 1 处块石、崩石透镜体，最大厚度 18m；该透镜体位于河床靠左岸坡脚处，也是堰塞湖沉积物形成前岸坡崩塌堆积物。

（5）河床底部 $Q^{al\text{-}1}$ 砂卵石层，为卵石、块石夹砂，在堰基区域钻孔揭露的厚度为 4.6～5m，在基坑边坡区域钻孔揭露的厚度为 2.25～13.1m，底界面最低高程为 2470.70m。

上游围堰结构图如图 1 所示。堰基采用 1m 厚混凝土防渗墙、堰身上游面采用防渗膜

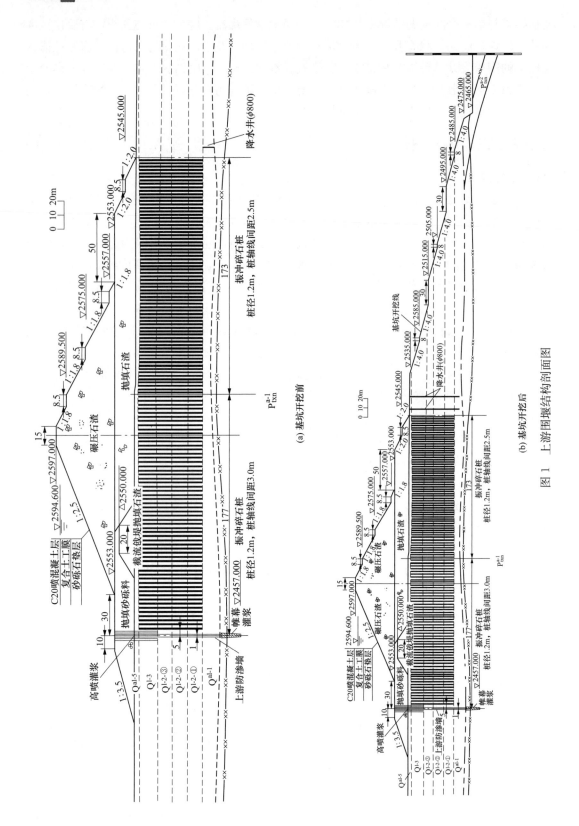

(a) 基坑开挖前

(b) 基坑围堰结构剖面图

图1 上游围堰结构剖面图

防渗。防渗墙位于堰轴线上游 147.5m。防渗墙下部及两岸基岩帷幕灌浆。防渗墙下游侧堰基布置碎石桩。碎石桩设计直径 1.2m，有效直径 1.0m，梅花型布置。防渗墙下游 177m 范围内碎石桩间、桩中心线间距和排距均为 3m；防渗墙下游 177～350m（下游堰脚）范围间、间排距均为 2.5m。在围堰下游坡脚处布置两排共 5 口降水管井（2 口备用），上游排 3 口，下游排 2 口，井间、排距 15m，上下游排交错布置。基坑开挖时可以将井中水位降至最下层覆盖层 Q^{al-1} 层顶部（高程约 2486m）。

1.2 模拟需求的分析

围堰设计方案的合理性判断，需要进行堰体和堰基的渗流、应力变形和稳定性分析，预测围堰在填筑、高水位挡水和基坑开挖各阶段的渗流、应力变形和稳定性性状，并论证防渗方案的合理性、堰基的渗透稳定性、防渗体系的结构安全性、基础处理方案的合理性和堰基与开挖边坡开挖过程中和开挖后的抗滑稳定性。需求分为渗流分析、应力变形和稳定性分析三部分。

1.2.1 渗流分析需求

渗流分析的任务是论证防渗方案的合理性和堰基的渗透稳定性。需要了解围堰在最不利情况下的渗流量和渗流场情况，研究基岩中帷幕灌浆的合理深度。本工程上下游高水位，基坑开挖完成时的稳定渗流工况是最不利情况。忽略来源于两岸山体基岩中地下水向基坑的排水，可分别对上游围堰和下游围堰进行三维有限元建模计算，获得上游围堰和下游围堰的稳定渗流场和渗流量结果。

1.2.2 应力变形分析需求

应力变形分析的任务首先是论证围堰基础处理方案、结构设计的合理性和防渗体系的结构安全性，其次是为堰基和边坡稳定分析提供应力场结果。

低渗透土层在堰体填筑时产生超孔隙水压力，堰基中设置碎石桩，可以缩短低渗透土层的排水距离以降低超孔隙水压力累积的幅度和加快其消散速度。超孔隙水压力的产生和发展的模拟不但需要渗流与变形的耦合计算，而且要对围堰填筑和运行全过程（简称全生命周期）进行渗流与变形的耦合模拟。

围堰全生命周期中，包含堰体填筑、堰基防渗墙和碎石桩处理、模型外边界位置变化和水位变动、基坑开挖等过程，甚至还包括减压井抽水。要获得比较符合实际的应力变形预测结果，有限元计算中对这些给定时间过程的事件均需要合理模拟。全过程耦合模拟得到各工况下的堰基渗流场和应力变形情况，可以论证堰基处理措施、围堰结构、基坑开挖边坡设计的合理性。

1.2.3 稳定分析需求

包括填筑、挡水过程中堰坡与堰基的稳定性、基坑开挖过程中基坑边坡的稳定性。由于堰基中存在超孔隙水压力，且由于堰基碎石桩处理措施使堰基在各工况处于部分排水状态，因而其稳定性分析需要以渗流与变形耦合分析的结果为基础。无论是采用条分法极限平衡分析，还是采用基于有限元应力场的改进极限平衡法分析，均应利用堰基的孔隙水压力或有效应力计算成果。因而，堰基和基坑开挖边坡的稳定分析，也需要以渗流与变形全过程耦合分析的成果为基础。

2 计算理论与模拟技术

渗流与变形耦合模拟是在围堰渗流控制方案论证后进行的，本文介绍的研究内容仅限于满足应力变形分析需求的研究成果。

2.1 渗流与变形耦合的基本方程与特点

围堰的渗流存在非饱和区，因此围堰渗流与变形研究需要考虑土的饱和度变化。低渗透土层在围堰填筑过程中渗透系数变化很大，因此，饱和渗透系数的变化要考虑孔隙压缩的影响。假定孔隙气压力为 0 时，以指标符号系统表示的变饱和度的耦合变形的渗流微分方程如下式：

$$\left[-k_r(s) \cdot K_{ij}(\phi) \cdot \left(\frac{p_w}{\gamma_w} + z\right)_{,j}\right]_{,i} + \phi s'(p_w)\frac{\partial(p_w)}{\partial t} + s\frac{\partial u_{i,i}}{\partial t} = 0 \tag{1}$$

其中，s 为土体的孔隙水饱和度；$k_r(s)$ 为非饱和渗透系数与饱和渗透系数的比值，称之为相对渗透系数，是饱和度 s 的函数；$K_{ij}(\phi)$ 为渗透张量，随着土体的孔隙率而变化；p_w 为水压力；γ_w 为水的容重；z 为坐标轴，正方向为重力的反方向，z 坐标可以理解为位置水头；ϕ 为孔隙率；$s'(p_w)$ 是饱和度对孔隙水压力的偏导数，$s'(p_w) = \partial(s)/\partial p_w$；$t$ 为时间；u 为位移向量；i，j 为下标，表示坐标轴，i，$j = 1$，2，3；下标中逗号","表示求偏导数，重复下标表示求和。

方程左边的第一项是渗流速度向量的散度，中括号内的表达式是广义达西定律表示的渗流速度；第二项和第三项分别表示因饱和度变化和孔隙率变化引起的孔隙水体积含量变化率（体积应变与孔隙率变化量相等）。

变形耦合渗流的微分方程由弹性力学的力平衡方程［见式（2）］有效应力公式［见式（3）］、本构关系［见式（4）］和几何方程［见式（5）］这 4 个方程组成，力学的符号系统，以拉应力为正，压应力为负。

$$\sigma_{ij,j} + f_i = 0 \tag{2}$$

$$\sigma_{ij} = \sigma'_{ij} - \text{sgn}(p_w) \cdot p_w \delta_{ij} \tag{3}$$

$$\sigma'_{ij} = D_{ijkl}\varepsilon_{kl} \tag{4}$$

$$\varepsilon_{ij} = \frac{1}{2}(u_{i,j} + u_{j,i}) \tag{5}$$

其中，σ_{ij} 为总应力张量；f_i 为体积力；σ'_{ij} 为有效应力张量；$\text{sgn}(p_w)$ 是孔隙水压力的符号函数，表示忽略负的孔隙水压力对变形的影响，即当孔隙水压力为负值时，有效应力取值不变；D_{ijkl} 为弹性矩阵张量；ε_{kl} 为应变张量。下标 i、j、k、l 取值 1、2、3。

以上 4 个方程合并可得到耦合渗流（孔隙水压力 P）的变形微分方程：

$$\left[\frac{1}{2}D_{ijkl}(u_{k,l} + u_{l,k}) - \text{sgn}(p_w) \cdot p_w \delta_{ij}\right]_{,j} + f_i = 0 \tag{6}$$

方程（1）是标量方程，方程（6）是向量方程。基本变量为孔隙水压力 p_w 和位移向量 U_i。对于三维问题共有 4 个变量。

方程（1）中包含的相对渗透系数函数 $k_r(s)$ 和渗透张量函数 $K_{ij}(\phi)$，二者均由土的物理特性决定，前者的值随着饱和度变化，后者的值随着孔隙压缩而变化。方程（6）中的 D_{ijkl} 是弹性矩阵或弹塑性矩阵，由本构模型、模型参数、应力状态和加卸载历史决定。当采用线弹性本构模型时，只与弹性模量和泊松比 2 个参数有关，与应力状态和应力历史无关。而土体的变形计算，一般采用非线性弹性模型或弹塑性模型。当采用非线性弹性或弹塑性模型，如邓肯-张模型或修正剑桥模型时，还与应力状态和应力历史有关。由于耦合方程中的这 3 个函数与孔隙水压力和位移结果有关，因而方程（6）也是非线性的。

相对渗透系数常采用 Mualem's（1976）[4] 公式描述，弹性矩阵由本构模型计算，模型参数由相应的试验测定。而渗透系数与孔隙率的关系，不同的土类差异很大，要定量描述还很困难。

由于实际工程问题的分析中，不同的情形对这些关系的准确性的需求差异很大，这些关系的测定又是很费时、费钱。因此，对相对渗透系数、渗透张量、弹性矩阵的确定的需求，需要与实际工程问题的研究结合。关键参数的测定准确性要求高，不敏感参数的测定则可放宽要求，甚至可根据文献资料和工程经验选用。

两个方程的空间离散，采用有限元方法；时间轴方面，方程（1）中时间偏导数可通过隐式差分法离散，方程（6）中的本构关系采用非线性弹性模型且每个时步采用增量法，弹性矩阵的确定依据时步初和时步末的平均应力计算。两个方程联立求解，即可获得一个时间步的位移增量和当前时刻的孔隙水压力结果，并依据位移增量计算应力增量。当然，非线性方程是迭代求解的，达到收敛标准后方获得一个时间步的最终计算结果。

2.2 渗流与变形耦合模拟若干技术问题初步探讨

模型的概化方法、模拟功能、算法的收敛性、模拟的准确性等若干问题是低渗透土层上围堰全过程渗流与变形耦合仿真的重要问题。

2.2.1 模型概化问题

围堰的渗流和应力变形耦合常需要计算二维和三维情况。坝址河谷狭窄的围堰的渗流具有显著的三维特征，通过防渗断面处的灌浆帷幕和帷幕下的基岩的渗流量常常远远大于通过防渗墙与迎水面防渗膜或土质心墙的渗流量。防渗墙的应力变形也具有显著的三维应力变形特征。因此，需要进行围堰的三维渗流与应力计算。

碎石桩在堰基中大量布置，如果计算网格中对每个碎石桩都进行剖分，则因三维模型的前处理工作量、网格数目和计算规模过大，而不能适应围堰方案设计对分析工作的进度和研究成本的需求。复合地基设计规范中将桩和土等效为一种复合材料的方法仅能基本满足变形等效而不能满足孔隙排水速度等效，不能满足耦合分析的需要。因此，三维计算中，碎石桩区域过水能力、孔隙排水速度和变形等效的模型概化方法需要研究，以便使该区域用较少的网格来等效模拟。

二维模型能以较低的成本快速了解堰基全生命周期的渗流与变形情况，以便基本确定围堰的结构和地基处理方案。稳定性分析也主要基于二维孔隙水压力和有效应力模拟结果。因此，二维的耦合计算分析是十分重要的。其分析结果能否基本反映围堰的渗流和变形性状，是计算成果是否有参考价值的关键。二维模型既要基本反映三维渗流性状，又要基本反映排水固结性状。二维模型中，碎石桩区域可以分成桩和基土两种材料相间分布，按照三维排水距离等效来确定基土的宽度、按置换率和基土宽度来计算桩的宽度。而渗流场的三维特征，可以通过在二维模型中防渗墙和防渗膜部位额外增加一列宽度为1的绕渗单元来模拟三维效应，绕渗单元的上游侧表面的水头同上游水位，下游侧单元与防渗体下游侧单元边重合，使渗流可以直接通过绕渗单元进入防渗体下游。绕渗单元的渗透系数，在已有典型工况三维稳定渗流计算结果的基础上，按高程整理防渗断面的渗流量，获得高程—渗流量关系，并根据各部位的水头差确定各部位绕渗单元的渗透系数，使防渗墙后的水位变化情况与三维渗流结果大体一致。

2.2.2　模拟功能问题

低渗透土层堰基上的围堰全过程渗流变形耦合计算，是水电开发过程中的新需求。这方面的工程分析实例未见文献报道，未发现有商业软件具备这种模拟功能，也未了解到国内相关高校和科研单位有现成的自主开发的程序具备此功能。在土石坝渗流和变形耦合计算程序的基础上，需要增加适应围堰全过程耦合模拟需要的一些新功能。

土石围堰与土石坝相比具有如下特点：

（1）围堰始于水中填筑，戗堤合龙后上下游产生较大水位差，且戗堤前后均可能在水中继续填土。

（2）地基处理措施，包括混凝土防渗墙和碎石桩，其施工在堰体填筑过程中进行。

（3）围堰迎水侧水位随洪水过程而变化，背水侧因基坑开挖，基坑中水位和开挖面随时间变化。

（4）堰基低渗透土层渗透系数随压密变化幅度大，如忽略其变化影响则耦合计算中超孔隙水压力预测结果可能与实际偏差过大而影响整个模拟成果的价值。

因此，具备土石坝渗流与变形耦合计算功能的有限元软件，也需要添加如下功能才能较好满足围堰全过程耦合分析的需求：

（1）耦合计算中水中填土过程的模拟。水中填土过程中堰基中有超孔隙水压力产生。填土过程中堰体在水下的渗流外边界和孔隙水压力作用边界发生变化。必须开发水中填土模拟功能，并检验水中填土过程中的模拟结果的合理性。

（2）地基处理和防渗墙施工模拟。碎石桩和防渗墙等地基处理措施在施工前后，所处部分单元的渗流和变形计算的参数不同，因而需要依据实际的施工时间仿真模拟。防渗墙与两侧土体之间沿着接触界面还存在非连续的滑移变形，防渗墙形成后，墙与土之间需要设置接触面单元。防渗墙后的非饱和区域，墙和土界面还可能是渗流的内部溢出面。因此地基处理和防渗墙施工模拟时需要进行特殊处理才能实现全过程的耦合模拟。

（3）低渗透土层渗透系数时空变化的模拟。低渗透土层的渗透系数随着填筑压密而变化，全过程耦合过程中渗透系数可以依据土体的固结系数、应力状态和变形模量来计算。

（4）基坑开挖模拟。土体的开挖表面处于0正应力和0剪应力状态，土体开挖的模拟一般在开挖面施加与前一计算级所得的开挖面上的应力等效的反向荷载模拟。耦合计算中发现如此处理并不能达到开挖表明应力为0的效果。需要同时施加上一计算级的表面应力的反向荷载和孔隙水压力差产生的水压力荷载，方能实现开挖面上的正应力和切应力为0的实际。

2.2.3 算法的收敛性问题

耦合计算是渗流和变形的耦合求解，既包含有限元渗流计算和变形计算中存在的算法问题，还包含二者耦合产生的问题。土石围堰可视为土石坝，非饱和区的渗透系数和外边界溢出面范围需要在迭代求解过程中确定，围堰渗流场中还存在内部溢出面，其范围和传递流量也需要在迭代过程中确定，是非线性问题，迭代的收敛性问题突出[5][6]。土的变形求解过程中，变形模量矩阵需要由应力状态确定，也是非线性迭代问题。即使只是饱和多孔弹性介质的 Biot 固结计算，也还存在收敛性问题[7][8]。可见包含非饱和渗流和采用土体非线性本构模型的耦合计算中收敛性问题显然更加突出。基于土的非线性本构模型的围堰渗流与变形耦合计算中，算法的**收敛性和迭代效率**是其中的 1 个关键技术问题。计算规模越大，收敛需要的迭代次数越多，收敛越困难。

本文的渗流计算方法参见文献[5][6]。本构模型采用非线性弹性的邓肯 E-B 模型。孔隙水压力和位移是基本变量，有限元形成的耦合线性方程组同时求解。迭代分成 2 层，外层是本构模型模量矩阵迭代计算，采用中点应力法确定，内层是渗流计算迭代，两次计算的节点正孔隙水压力差的最大值作为收敛变量。控制标准为收敛变量小于给定值或迭代次数达到设定值。全过程分成若干计算级，计算级又分成若干计算时步。研究过程中发现，荷载增加速率大的计算时步往往在给定的迭代次数中达不到收敛标准，且相邻两次迭代计算的误差并不一定随迭代次数增加而减小。

2.2.4 变形与应力模拟的准确性问题

本构模型及其参数确定是土体应力变形模拟中的重要内容。所采用的本构模型与非线性计算方法，能否模拟土体在实际变形过程中的应力应变关系，关系到所得的变形和应力结果与实际情况的符合程度。水利水电工程中，土石堤坝的本构模型一般采用非线性弹性模型进行计算，如邓肯 E-B 模型。低渗透土层地基围堰填筑的变形，与土石坝相比有如下特殊性：

（1）低渗透土层由于荷载作用下土体中超孔隙水压力产生，往往剪切应力水平比较高，小主应力较小，甚至在堰基上部和堰体中出现较大范围的拉应力区域。

（2）小主应力较小甚至出现拉应力时，土体的变形模量如何取值文献中很少探讨，相关本构模型也基本没有介绍，然而计算过程中无法回避，而其取值方式对堰基变形量影响很大。

（3）计算过程中部分土体单元出现拉应力和剪应力超过抗剪强度，存在拉应力的迁移和剪应力迁移问题，能否合理模拟也不同程度影响模拟结果。

由于存在以上特殊性，低渗透土层上围堰的变形准确预测比土石坝计算更困难，结果可能仅是定性和半定量的。小主应力值很低甚至出现拉应力条件下土体的变形模量如何取值，需要结合室内试验（现在的土体三轴试验的起点侧向压力取 100kPa，难以合理计算埋深较浅的土层在低小主应力值时的变形）和现场试验深入研究的问题。拉裂，塑性滑移的模拟对于获得比较符合实际的应力场（静力许可）和提升变形模拟的准确性也很重要。但在耦合计算中，同时较好解决这些问题也是十分困难的。本文未包含拉应力释放与剪应力迁移模拟。

3 计算模型与条件

3.1 计算模型与条件

围堰全过程模拟共分为 61 个计算级进行，每个计算级依据其时间间隔情况又分成 1～5 个计算步。计算分级示意如图 2 所示。第 42 级，进行土工膜铺设，上游水位上升至 2566m，下游水位不变，历时 1 天。第 1 计算级计算天然地基的初始应力场和渗流场；第 2 级进行碎石桩施工；第 3～9 级戗堤施工；第 10～17 级Ⅱ、Ⅲ区域的填筑；第 19～41 级进行Ⅳ区填筑，其间防渗墙在第 26 级形成，第 32 级降水井形成；第 42～43 级上游水位上升至最高水位；第 44～60 级上游水位维持不变，基坑逐级开挖直至覆盖层底部。

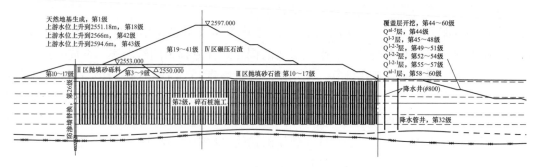

图 2 计算分级示意图

图 3 为各计算级序列的时间与填筑体顶部或基坑开挖底部高程关系，图中的数字为计算级。图 4 为计算级与堰上游水位、下游水位和降水井的水位关系。第 8 计算级及以前上下游水位均为 2545.74m。第 9～17 级上游水位为 2547.11m，第 18～41 级上游水位为 2551.18m；第 42 级上游水位开始快速上升，到第 43 级上游水位上升至最高水位 2594.6m。下游水位第 9～26 级下降至 2541.0m。第 26 级防渗墙形成后开始基坑抽水，到第 32 级基坑水位将至 2527.66m。第 32 级降水井形成，其后降水井水位与下游水位（即基坑内水位）相同，井中水位与基坑开挖底面高度保持基本一致，直到基坑开挖至 2486m 高程时，降水井中水位保持抽水至 2486m 高程不变。

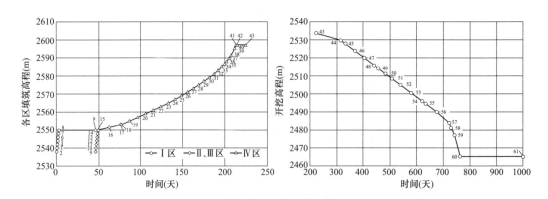

图 3 各计算级序列的时间与填筑体顶部或基坑开挖底部高程关系

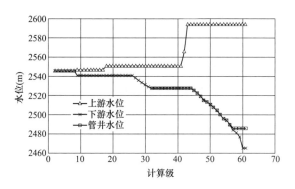

图 4　计算级与填筑体顶部或基坑开挖底部高程关系

3.2　有限元网格

碎石桩区域依据有效桩径和排水速度相等的原则先确定桩间土宽度，然后依据置换率计算桩宽度。桩间距 3m 区域的桩间土宽度 3.14m，水平方向剖分成 15 个单元（桩间土必须剖分多个单元才能较准确模拟排水过程），桩宽 0.30m，在水平方向剖分 1 个单元。桩间距 2.5m 区域的桩间土宽度 2.31m，水平方向剖分 11 个单元，宽度 0.33m，水平方向剖分 1 个单元。防渗墙（1m 厚）水平方向剖分 3 个单元，墙两侧设置 0.1m 厚接触面单元。防渗膜厚取为 0.1m，其后设置 0.1m 宽的接触面单元。防渗墙和防渗膜后设为可能的渗流内部溢出面，其后部接触面单元同时作为可能的渗流接触面单元。防渗墙和防渗膜后设置宽度 1m 的绕渗单元，其下游侧边与接触面单元的下游侧边重合，其上游侧边列入渗流的上游水位边界（绕渗单元不参与变形计算）。天然地基中的碎石桩和防渗墙的仿真是在其施工的计算级的第一个计算时步，将对应的碎石桩、防渗墙及防渗墙两侧的接触面单元进行材料替换来实现，并依据原位覆盖层单元中的应力情况给予对应单元应力的初值。降水管井的模拟是在第一排管井处（堰下游坡脚外 8.17m）覆盖层底部沿深度设置水头边界。填筑和开挖通过有限元中通用的"生""死"单元来实现。开挖边界面单元的应力边界条件在程序中按 0 正应力和 0 剪应力条件来模拟。二维整体有限元网格如图 5 所示，模型共有 58 320 个节点，59 102 个单元。

图 5　模型有限元网格图

3.3　边界条件及其处理

耦合仿真中，水中填土边界和开挖边界条件需要适应渗流与变形耦合计算的特点，其处理有些特殊性。

第 3～17 计算级中，堰身戗堤和Ⅱ区、Ⅲ区填筑。其中部分单元是水下填筑形成，模型的水下外部边界在这些计算级中发生变化，因填筑有些外部边界消失，也产生新的水下外部边界。这些信息通过数据文件输入。在计算过程中依据这些信息和水位变化信息，来计算模型外部边界的力的增量情况和渗流边界条件。水中填土的边界处理方法经过了计算验证。

开挖面边界施加形成前该边界面上的有效应力的反向合力，同时施加前一级的孔隙水压力与当前级的表面水压力之差作为边界增量荷载，来实现开挖面上法向有效正应力和面上剪应力为 0 的边界条件，处理方法进行了验证测试。

模型中覆盖层的底部位移约束，两侧水平位移约束。渗流作为自然边界条件（不透水）。

绕渗单元的渗透系数依据三维渗流典型工况各高程单位河谷平均宽度绕渗流量与上游水位和防渗体后的水头差之比值确定，其单元上游侧边的渗流边界条件在绕渗单元生成后施加。方法的合理性经二维渗流水头等值线结果与三维渗流结果对比验证。

3.4 材料参数

计算用到的土的参数包括干密度、孔隙率、填筑饱和度、摩尔库伦强度指标、本构模型参数、渗透系数、非饱和渗透系数与土的饱和度关系曲线、饱和度与吸力关系曲线。土体的渗透破坏判断用到允许渗透坡降值。计算级第 1 级计算时覆盖层初始应力的修正用到天然覆盖土层的侧压力系数（依据计算所得的垂直正应力和侧压力系数修正水平向正应力）。低渗透土层考虑渗透系数与固结压力的关系，用到侧限压缩试验压力—压缩模量关系、固结试验中的水平固结系数和垂直固结系数（考虑水平与垂直向渗透系数的差异）。因篇幅限制，本文仅列出主要参数。

堰体填筑料和覆盖层土层的本构模型采用邓肯 *E-B* 模型，其密度、孔隙率、强度指标与邓肯 *E-B* 模型参数列于表 1。

表 1　　　　　　　　填筑料和覆盖层土体邓肯 *E-B* 模型参数表

材料	干密度 (g/cm^3)	孔隙率	C (kPa)	Φ (°)	K	n	R_f	K_b	m	K_{ur}
抛填石渣	1.9	0.30	0	38	900	0.25	0.85	393	0.22	1500
抛填砂砾料	1.6	0.38	0	29	1000	0.28	0.75	400	0.22	1200
碾压石渣	2.05	0.25	0	21	900	0.25	0.85	393	0.22	1500
碎石桩	2.05	0.25	0	38	900	0.25	0.85	393	0.22	1500
Q^{al-5}	2.05	0.25	0	35	1000	0.35	0.8	340	0.2	1200
Q^{l-3}	1.4	0.48	28.7	22	125	0.57	0.68	90	0.56	150
Q$^{l-2-③}$	1.36	0.50	45	20	87	0.58	0.62	60	0.58	105
Q$^{l-2-②}$	1.38	0.49	31	21	100	0.56	0.65	73	0.56	120
Q$^{l-2-①}$	1.36	0.50	42	20	85	0.57	0.63	60	0.57	102
Q^{al-1}	1.95	0.25	10	36	1000	0.35	0.8	340	0.2	1200

河床覆盖层的允许渗透坡降和低渗透土层的固结系数列于表 2，其中固结系数取定值。低渗透土层的侧限压缩试验的压缩模量与固结压力的关系列于图 6，程序中依据这一关系和土层的侧压力系数，折算出体应力与体积模量的关系。再依据渗透系数与体积压力

和固结系数的关系，计算低渗透覆盖土层单元中各高斯点的渗透系数（随着有效应力状态而变化），从而模拟渗透系数在空间和时间上的变化（表 2 中 Q^{l-2}、Q^{l-3} 土层的渗透系数参数未使用）。表 3 为覆盖层以外的材料渗透系数表。

表 2   **河床覆盖层渗透与固结参数**

土层	$J_{允许}$	侧压力系数 K_0	渗透系数（cm/s）	垂直固结系数（cm²/s）	水平固结系数（cm²/s）
Q^{al-5}	0.25～0.3	0.35	5.5×10^{-1}	—	—
Q^{l-3}	0.44～0.75	0.5	6.8×10^{-5}	4.4×10^{-3}	4.5×10^{-3}
$Q^{l-2-③}$	0.42～0.79	0.6	2.9×10^{-6}	3.1×10^{-3}	3.9×10^{-3}
$Q^{l-2-②}$	0.43～0.63	0.55	3.5×10^{-6}	3.8×10^{-3}	4.2×10^{-3}
$Q^{l-2-①}$	0.43～0.79	0.66	2×10^{-6}	3.1×10^{-3}	3.9×10^{-3}
Q^{al-1}	0.25～0.3	0.36	3.0×10^{-2}	—	—

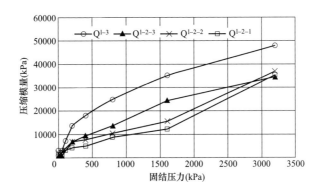

图 6　侧限固结试验压缩模量与固结压力关系

表 3   **覆盖层以外的材料渗透系数表**

材料	抛填石渣	抛填砂砾料	碾压石渣	碎石桩	防渗墙	防渗帷幕	防渗膜
渗透系数（cm/s）	5.00×10^{-1}	5.00×10^{-2}	5.00×10^{-2}	5.00×10^{-2}	1.00×10^{-7}	1.00×10^{-5}	6.67×10^{-9}

防渗墙、防渗膜和基岩采用线弹性模型。防渗墙的弹性模量取 1500MPa，泊松比取 0.2。防渗膜的弹性模量取 100kPa，泊松比取 0.49。各风化程度基岩的渗透系数和弹性参数因篇幅限制从略。

本文接触面单元应力—应变关系采用邓肯—克拉夫模型，法向模量在受压时取一大值，受拉时取。剪切模量按以下公式计算：

$$k_{st} = k_1 \gamma_w \left(\frac{\sigma_n}{p_a}\right)^n \left(1 - R_f \frac{\tau}{c + \sigma_n \tan\varphi}\right)^2 \tag{7}$$

式中，σ_n、τ 分别为接触面上的法向应力和切向应力；k_1、n 为剪切劲度系数；γ_w 为水的容重；p_a 为标准大气压力；φ 为外摩擦角；R_f 为破坏比。

防渗墙与两侧土体之间、防渗膜与堰体之间在防渗墙和防渗膜生成后设接触面单元，其强度参数取接触土体的参数值，模型中所有的接触面的 k_1、n 和 R_f 均取值为 100、0.57、0.68。而接触面单元的渗透参数，则取相应土体的渗透参数。

4 计算结果与讨论

摘取戗堤填筑形成和填筑完成 2 个典型计算级的渗流、位移和应力结果，分析渗流应力的耦合作用和碎石桩的排水效果。

4.1 戗堤填筑形成时的渗流场、位移和应力

戗堤 3 天自建基面均匀上升到 2550m 高程（第 8 计算级）。不同高程的水平位置—水头关系如图 7 所示。Q^{l-2-1} 土层的底部（土层的位置结合图 8 看），即强透水的 Q^{al-1} 层顶部，水头基本不随水平位置变化，最大值 2546.42 比静水位 2545.74m（上下游水位差为 0）仅大 0.68m，且与图中范围的最小值 2546.02m（位于 $x=50$m 处）水头相差仅 0.40m。而 Q^{l-3} 土层顶部，即强透水的 Q^{al-5} 层底部，戗堤中部的水头显著大于两侧，最大值 2548.22m，超过静水位 2.48m。经查这个位置上部节点的水头，发现介于 2548.22～2549.81m 之间，位置越高，水头越大。可见此处的水头超出静水位，不是由于该处孔隙压缩引起，而是由于下部低渗透土层中通过压缩向上排出（主要通过碎石桩）后，在强透水层中向两侧排水，而非孔隙压缩产生超孔隙水压力引起。Q^{l-3} 土层的中部最大水头 2554.51m，位于水平坐标 -74.95m 处，超过静水位 8.73m，超孔隙水压与土重（堰基表面上砂砾石柱的垂直有效土重 170.51kPa，垂直荷载速率 57kPa/天）之比为 50.2%。此处虽然布置有 3m 间距的 1.2m 直径碎石桩，低渗透的堰塞湖沉积粉土层中仍然超孔隙水压力消散不足一半。

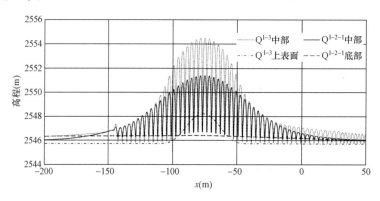

图 7 戗堤填筑完成时（第 8 级）不同位置水平位置—水头关系

戗堤中部的碎石桩边线和桩间土中线高程—水头关系如图 8 所示。碎石桩边线和桩间土中线分别位于水平坐标 -76.59m 和 -74.95m 处。碎石桩在 Q^{l-3} 土层顶部与 Q^{l-2-1} 土层底部处有 1.79m 水头差，说明碎石桩向底部强透水层 Q^{al-3} 排水。桩间土中线的高程—水头关系很有意思。堰塞湖沉积层网格 z 轴方向第 1 个内部点和最底一个内部点的值，远远大于其他内部点的值，不符合土层接近上下强透水边界超孔隙水压力消散更多的规律。这不是物理现象本身，而是数值模拟中产生的问题。在对饱和多孔线弹性介质的一维固结计算

测试算例，四周约束底部位移约束，四周水平位移约束，底部和四周均不透水，顶部排水，顶部施加垂直荷载，当模型仅为 1 个 1 次单元，且加载持续时间与渗透系数的乘积足够小时，底部节点的超孔隙水压力接近垂直荷载的 2 倍。出现这个结果的原因是，饱和土在快速荷载作用下因为来不及排水其孔隙压缩量接近于 0，而顶部节点的孔隙水压力不变，内部的超孔隙水压力是通过节点线性插值而来的，其在整个单元中的平均值要达到接近于垂直荷载这个条件，不可避免地就计算得出了底部节点的超孔隙水压力接近荷载的 2 倍这个结果，误差接近 100％。对于垂直方向有多个高度接近的单元的情况，内部第一个点的超孔隙水压力的误差会大幅降低，近强透水层的土层边界单元越密，误差越小。因为水平向网格尺度仅为 0.2，仅为垂直向的网格尺度为 2.3m 的 10％，因此，水平方向的水头连线比较平顺，数值计算本身的造成的误差较小。因此，对于快速荷载来说，靠近排水荷载的第一个内部点的结果，尤其是其值为最大值的时候，可能大大高于真实物理情况，不能将此节点的结果，作为超孔隙水压力的特征值。若要减少数模本身的这种误差，低渗透性土层的网格在与高渗透性土层接触处应取较小的网格密度。Q^{l-3} 土层内部的第 3 个点水头值 2554.51m，作为该水平位置高程方向上的最大值。

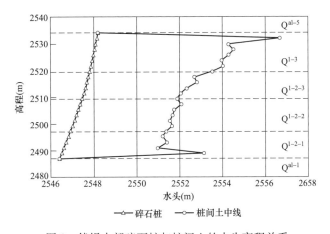

图 8　戗堤中部碎石桩与桩间土的水头高程关系

　　Q^{l-3} 土层中部土单元或桩单元高斯点的正应力连线如图 9 所示，反映正应力与水平位置关系。土中的垂直向正应力 σ_z 和水平正应力 σ_x 沿着水平坐标是波形变化的，在桩边处于波峰，桩间土中部处于波谷。土中的正应力 σ_z 和 σ_x 在两桩边线范围的变化幅度基本上等于孔隙水压力的变化幅度。桩与土的应力比较，垂直正应力 σ_z 在戗堤脚内比土大，在戗堤脚以外比土小；而水平正应力 σ_x 桩内高斯点与其临近土的高斯点上的值是比较接近的。垂直向应力 σ_z 在戗堤中线最大，向堤脚两侧减小，而水平正应力 σ_x 则在戗堤中线部位出现极小值，堤脚处出现极大值。究其原因，是垂直向的总应力（指弹性力学的应力，相对有效应力而言）基本与垂直荷载相等，水平与垂直方向正应力比值 σ_x/σ_z 看成是侧压力系数，这个系数是小于 1.0 的。低渗透地层快速填土后，填筑区域的垂直向正应力增加，水平向正应力减小。Q^{l-3} 土层中部水平位置与土的剪应力水平关系如图 11。戗堤中心的剪应力水平在超孔隙水压力的桩间土中部区域已经达到了 1.0，即剪应力已经达到甚至超过了抗剪强度（未进行应力迁移计算），而桩间土边缘的应力水平较低，可见超孔隙水压力对应力水平的影响是很大的。低渗透土层上快速填筑荷载作用下戗堤中部桩间土中部土的有效应力路径是小主应力减小，大主应力增加，剪应力水平急剧增加的应力路径；桩侧土则是大主应力与小主应力同步增加，但大主应力增加幅度较大，剪应力水平也增加的应力路径。堰基桩间土的应力路径沿着水平向急剧变化。随着后续荷载的施加和超孔隙水压力的消散，应力路径变化极其复杂。对于应力路径在时空上如此复杂变化，且实际上大量局部达到抗剪强度的情况，其位移模拟结果要达到定量的程度是很困难的。采用诸如邓肯 E－B 这种比较简单的非线性弹性模型，且不考虑应力迁移计算时，其位移结果难以达到定量的程度。采用其他更复杂的本构模型，如修正剑桥模型，在剪应力水平达到 1.0 时的塑性迭代对于本文的这个问题，计算收敛是很难的。因此，在现有的模拟水平下，拉哇上游围堰这种复杂的情况，位移模拟结果是定性多于定量。

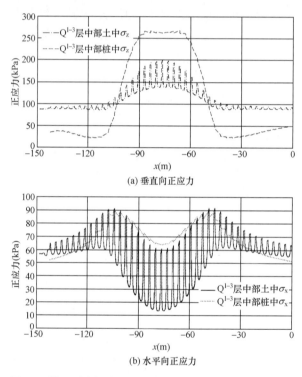

图 9　$Q^{1\text{-}3}$ 土层中部水平位置与桩和桩间土的正应力关系

　　桩对软土地基排水固结以外的作用，就是桩本身的加强作用。从图 10 可以看出，在荷载作用区域以内，桩中承担的垂直荷载，要比土大，而荷载作用区域以外，桩的垂直正应力比桩间土小。由此可知，其摩擦抗剪强度，在荷载区域以外是很难发挥出来的。因此，从碎石桩本身的抗剪强度来看，填土区域以外碎石桩的抗剪加强作用难以启动。本工程围堰坡脚以外和基坑开挖边坡上原来拟设置碎石桩以提高边坡的稳定性，基于上述新认识而取消。

　　戗堤填筑完成时位移如图 11 所示，最大向上游水平位移 0.26m，向下游水平位移

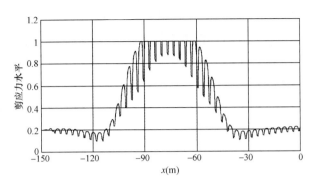

图 10 Q^{l-3} 土层中部水平位置与土的剪应力水平关系

0.24m；最大沉降量 0.71m，位于覆盖层表面。最大隆起 0.07m，位于 x 坐标－154.4m 处（防渗墙位于－147.5m 处）的覆盖层表面。堰基位移的态势是向下部和两侧挤压。没有碎石桩的天然地基的情况，则填筑体外侧向上隆起很严重，水平位移也更大。

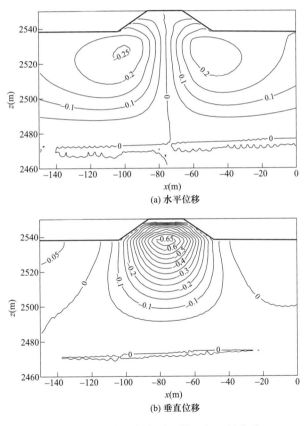

(a) 水平位移

(b) 垂直位移

图 11 戗堤填筑完成时（第 8 级）的位移

4.2 填筑到顶时的渗流、位移和应力场

堰体填筑 213 天到顶（第 41 计算级），此时上游水位 2551.18m，下游水位和底部覆盖层减压井水位 2527.66m（基坑中已抽水），上下游水位差 23.52m。围堰中的等水头线

如图 12 所示。堰基下覆盖层的水头高于上游水位，表明堰基中的仍然有比较大的超孔隙水压力。虽然下游的抽水水位较低，但由于基坑尚未开挖，下游的覆盖层中的水头一般不会低于强透水土层 Q^{l-5} 层底面的高程（2534～2535m）。图 13 为围堰填筑完成时堰塞湖沉积层中水平坐标—水头关系。图 14 为碎石桩边线位于 $x=-76.9m$ 和 $x=0.9m$ 两处桩边线与桩右侧桩间土中线水头对比。Q^{l-3} 层的顶部，即强透水的 Q^{l-5} 层的底面，在防渗墙的上游侧，水头与上游水位相等，防渗墙以右，水头高于上游水位，在 $x=-50m$ 左右，水头达到峰值 2564.5m，高于上游水位，比下游坡脚强透水 Q^{l-5} 层的底面 2534.1m 高 30.4m，说明 Q^{l-5} 层中沿着水平方向还是存在较大的水头梯度，也就是说 Q^{l-5} 层及其上部堰体填筑料的渗透系数，对堰基中的孔隙水压力还是存在较大的影响，如果实际渗透系数比计算渗透系数大，则堰基上部强透水层中的水头梯度会降低，堰基中的水头总体上也会降低，反之，则还会提高。Q^{l-3} 层的中部最大水头 2595.6m，位于该层节点 $x=2.53m$ 和 $x=2.83m$ 的节点上，比右侧与碎石桩接触的节点的水头 2561.3m（左侧节点水头 2561.8m）高出 34.3m；近防渗墙处最左 1 排碎石桩的右侧桩间土中的水头，比碎石桩中仅高 1.8m 左右，一方面是其所处位置在填筑高程超过防渗墙平台以后，堰体填筑的后续附加垂直应力较小，另一方面其较先时间的填筑附加应力作用产生的超孔隙水压经历了较长时间的排水固结而消散程度较大。间距 2.5m 区域桩间土与桩中的水头差，即波动曲线的波峰与波谷差值，要大大低于碎石桩 3m 桩距区域。在 2 个区域的分界线处，3m 间距区域侧的水头差为 32.0m，而 2.5m 间距区域的水头差是 20.4m，可见超孔隙水压力的消散程度对碎石桩的间距是十分敏感的。从图 13（a）与（b）对比和图 14 中可见桩间土与桩的水头差是随着高程降低减小的。4 层堰塞湖沉积土层的固结系数和变形参数相差不大，而超孔隙水压力高程越低量值越小的主要原因还是由于土的原位应力随着高程降低增加，土体因压硬性的原位影响压缩模量随着高程降低增加，因而超孔隙水压力的消散速度随高程降低而增加。

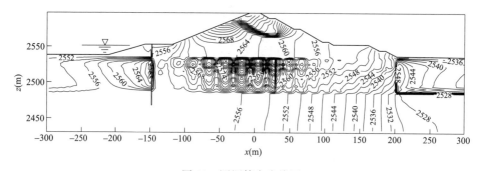

图 12　围堰等水头线图

图 15 为堰体填筑到顶时的位移（41 计算级）。水平向上游最大位移为 2.93m，向下游最大位移 3.46m。最大沉降 9.35m，位于堰轴线右侧水平距离 9m 的 2550m 高程堰体中。上下游坡脚处均有土体隆起，虽然上游水位高于下游，上游坡脚处的隆起比下游还稍大，最大隆起 0.58m，位于防渗墙上游 2552m 高程堰坡表面。堰基位移的态势是堰体下沉过程中堰坡脚外地基有隆起。

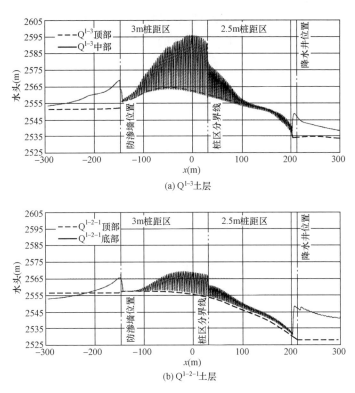

(a) Q^{1-3}土层

(b) Q^{1-2-1}土层

图 13　围堰填筑完成时堰塞湖沉积层中水平坐标—水头关系

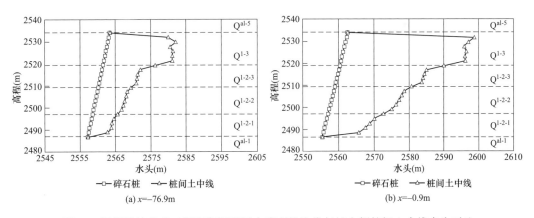

(a) x=−76.9m

(b) x=−0.9m

图 14　围堰填筑完成时堰塞湖沉积层中碎石桩边线与桩右侧桩间土中线水头对比

堰基的沉降量比较大，模拟的结果与实际情况可能会存在较大差异。其原因有以下几个方面：

（1）邓肯 E-B 模型比较适合于常规三轴排水剪切试验的应力路径，而本文中堰基由于超孔隙水压力产生，堰体由于堰基较大沉降和水平变位等原因，应力路径复杂，大范围的土体经历小主应力不断减小的过程，甚至出现拉应力的情况。

（2）采用中点应力法和非线性弹性模型，没有进行应力迁移迭代计算。

（3）土体的渗透和变形参数与实际也存在参数。

因此，位移的结果可能仅是定性或半定量的，真实值的评估还需要依据现场填筑的监测数据来估算。

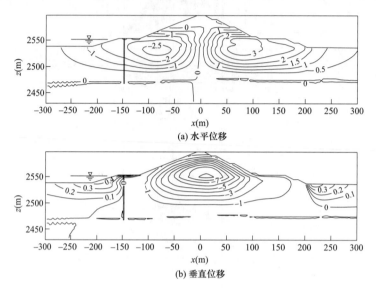

(a) 水平位移

(b) 垂直位移

图15　堰体填筑到顶时的位移

5　总结与展望

低渗透覆盖层上建土石围堰，堰基和堰体的应力变形性状，与包括地基处理、堰体填筑、上下游水位变动、基坑开挖的全过程有关，超孔隙水压力的累计和消散伴随着运用全生命周期，后续工况受到前一工况的初始性状的显著影响。渗流与应力的耦合是双向和强烈相互作用的，全过程的耦合仿真模拟至关重要。本文针对拉哇水电站上游围堰的设计方案，实现了这一全过程的耦合模拟。研究表明：

（1）深厚低渗透覆盖层在围堰填筑过程中存在较大的超孔隙水压力，其累计与消散对堰基碎石桩的间距十分敏感。

（2）堰基中的水头、垂直和水平有效正应力、剪应力水平沿着过一排碎石桩的垂直剖面在水平方向是波动变化的，孔隙水头在碎石桩中处于波谷、在桩间土中部处于波峰。

（3）填筑体填筑自重作用下，堰基中超孔隙水压力的产生，使垂直向正应力增加，水平向正应力减小，快速提高了堰基桩间土局部的剪应力水平，堰基中容易产生较大的沉降和水平位移，堰身容易受拉开裂，对围堰的变形和稳定性均不利。

（4）碎石桩在填筑体下部同时起到加速排水固结和桩体加强作用，在填筑体坡外仅起到排水固结作用。

本文的仿真模拟，尚需在本构模型、应力—应变关系的非线性迭代计算等多方面进一步提高。通过进一步的研究，低渗透土层围堰填筑运用全过程中堰基和堰体渗流与变形的仿真能力和水平必定会进一步提高，堰基的位移模拟水平也必将从定性、半定量向基本准确发展。

参考文献

［1］王建平，王明涛，曹华．猴子岩水电站围堰防渗墙施工方案设计水电站设计［J］，2013，29（1），21-23.

［2］梁娟，张有山，王小波．复杂地质条件下高挡水水头土石围堰设计［J］.四川水力发电，2018，37（5）：107-109.

［3］王璟玉，蒲宁．西藏某水电站大坝上游围堰设计［J］.四川水利，2018（4）：44-48.

［4］Mualem，Y.，1976. A new model for predicting the conductivity of unsaturated porous media. Water Resources 12：513-522.

［5］Wu Mengxi. A finite-element algorithm for modeling variably saturated flows. Journal of Hydrology，2010，394（3-4）：315-323.

［6］Wu Mengxi，Yang Lianzhi，Yu Ting. Simulation procedure of unconfined seepage in a heterogeneous field. Science China：Physics，Mechanics and Astronomy，2013，56（6）：1139-1147.

［7］Y. Chen，Y. Luo，M. Feng，Analysis of a discontinuous Galerkin method for the Biot's consolidation problem，Appl. Math. Comput，219（2013）：9043-9056.

［8］Chen Yumei，Gang，et al. Weak Galerkin finite element method for Biot's consolidation problem ［J］. Journal of computational and applied mathematics，2018，330（2018）：398-416.

美国垦务局与中国土石坝设计标准的主要差异

孔令学[1,2]，李士杰[3]，黄青富[1,2]，代艳华[1,2]，赵云秀[1,2]

(1. 中国电建集团昆明勘测设计研究院有限公司，云南省昆明市　650051；

2. 国家能源水电工程技术研发中心高土石坝分中心，云南省昆明市　650051；

3. 上海宏信建设发展有限公司，上海市 201806)

[摘　要]　从美国垦务局填筑坝标准出发，对照有关中国土石坝标准，找出两者间的主要异同，供土石坝工程勘察、设计、科研人员参考使用。总体而言，美国垦务局标准在不同防渗形式土石坝的针对性方面比中国标准稍显不足；一些如复杂边界条件下的有限元计算、非线性材料参数等更为先进的做法在中国标准中有所体现，但美国垦务局标准则较少涉及。此外，值得注意的差异主要有：①垦务局标准的坝顶超高计算工况与中国标准不尽相同；垦务局标准的风速采用查"风概率曲线"的方法确定，中国标准根据实测风速确定，差异较大。②垦务局标准要求相对细或开挖较差料用于上游主堆石区，质量佳的石料置于下游次堆石区，中国标准要求刚好相反，中国标准更为可取。③垦务局标准计算所得反滤料级配包线带宽较中国标准略窄。④垦务局标准采用 0.5～1 倍坝高确定防渗帷幕深度，中国标准根据现场测定的吕荣值确定，后者一般更为可靠。⑤垦务局标准要求土石坝与刚性建筑物结合面坡度不陡于 1∶10（水平∶垂直），中国标准要求不宜陡于 1∶4，前者偏陡。⑥垦务局标准对抗滑稳定计算工况和安全系数要求的细分程度没有中国标准高。

[关键词]　美国垦务局；土石坝；差异

0　引言

随着"一带一路"工作的不断开展，我国水电水利工程企业在海外执行的项目越来越多，但中外标准的使用问题一直未得到根本性解决，这已成为制约我国进一步拓展海外工程市场的重要因素之一。实践证明，如一味地强调推行中国标准，则在项目执行过程中会遇到很大阻力，不利于中国企业按期完成项目建设，而只有在消化吸收以美国标准为代表的国际标准的基础上，补足中国标准的短板，弘扬中国标准的优秀成果，才能使西方咨询或项目业主树立对中国标准的信心，进而有利于提高我国在海外开展水电水利工程项目建设的质量和效率，并朝着中国标准国际化的方向迈进。为此，中国水电工程顾问集团公司组织了"国际工程水电勘测设计技术标准应用"的序列研究工作，根据工作安排，昆明院针对美国内政部垦务局填筑坝设计标准主要篇章进行指南编写，用以指导中国工程师开展土石坝工程（尤其是海外土石坝工程）的设计研究工作。

美国垦务局标准体系包括设计规范和设计手册两大类，目前主要收集到 14 部设计标准和 22 部工程手册。填筑坝设计标准[1]属于 14 部设计标准中的第 13 部，整部填筑坝标

本文已发于《云南水力发电》2020 第 8 期。

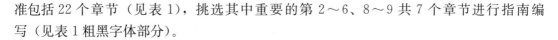

准包括 22 个章节（见表 1），挑选其中重要的第 2～6、8～9 共 7 个章节进行指南编写（见表 1 粗黑字体部分）。

表 1　　　　　　　　　　　　美国垦务局填筑坝设计标准列表

章节编号	名　称
1	General Design Standards（设计标准概述）
2	Embankment Design（填筑坝设计）（2012 年版）
3	Foundation Surface Treatment（地基表面处理）（2012 年版）
4	Static Stability Analysis（静力稳定分析）（2011 年版）
5	Protective Filters（反滤层设计）（2011 年版）
6	Freeboard（超高）（2012 年版）
7	Riprap Slope Protection（堆石护坡）
8	Seepage（渗流）（2014 版）
9	Static Deformation Analysis（静力变形分析）（2011 年版）
10	Embankment Construction（填筑施工）（2012 年版）
11	Instrumentation and Monitoring（仪器与监测）（2014 年版）
12	Foundation and Earth Materials Investigations（地基与料源勘察）
13	Seismic Design and Analysis（抗震设计与分析）
14	Decision Analysis（决策分析导则）
15	Foundation Grouting（基础灌浆）
16	Cutoff Walls（截水墙）
17	Soil-Cement Slope Protection（水泥土护坡）
18	Drawing Standards（sunset）（绘图标准）
19	Geotextiles（土工织物）
20	Geomembranes（土工膜）
21	Dewatering（降水）
22	Seismic Loading（地震荷载）

1　填筑坝设计

美国垦务局填筑坝设计主要围绕土坝和堆石坝两大填筑坝进行。除坝型分类外，还对坝基进行了分类，并提出了针对性的处理措施。综合起来如下：

1.1　坝基分类与处理

美国垦务局和中国标准对坝基的分类、处理原则和方式基本一致，不同之处主要有以下几点：

（1）美国垦务局标准没有针对面板堆石坝的趾板基础和沥青混凝土心墙坝的心墙基础处理，而中国标准则有专门的章节讲述[2][3]。

（2）美国垦务局标准岩基处理中提到的铺盖灌浆，与中国标准中的固结灌浆做法类似。美国垦务局标准铺盖灌浆的孔深 6.1～9.15m，一序孔间距 6.1m。中国标准固结灌浆孔、排距 3.0～4.0m，孔深宜取 5～10m[4]。

（3）美国垦务局标准要求帷幕灌浆深度等于岩面以上水库水头的 0.5～1.0 倍。中国标准中帷幕灌浆的设计应按坝基岩体透水率 3～10Lu 以下 5m 控制[4]；当坝基相对不透水层埋藏较深或分布无规律时，应根据渗流分析、防渗要求，并结合类似工程经验研究确定帷幕深度；混凝土面板堆石坝设计标准中提出帷幕深度也可按 1/3～1/2 坝高确定[2]。中国标准的规定更为可靠。

1.2 填筑坝设计

美国垦务局标准和中国标准的坝坡设计、上下游护坡形式、坝顶细部设计等原则基本一致，不同之处主要有以下几点：

（1）防渗体方面，美国垦务局标准土坝一节中提到适合做不透水心墙的几种土料类型。中国标准对于防渗土料的要求很具体：包括防渗土料的渗透系数、水溶盐含量、有机质含量、塑、液性指数等。应当注意的是，中国标准虽具有"强制性"，但也不排除经论证后可以突破，如：当<0.005mm 颗粒含量小于 8% 时，应作专门论证[4]。

（2）坝体分区方面，美国垦务局标准对面板堆石坝④和⑤区料源的质量要求与中国标准有一定差别。中国标准往往把质量好、强度高的石料置于上游主堆石区，把细料或基础开挖的质量稍差的料置于下游次堆石区，而美国垦务局标准则相反（详见图 1 和图 2）。一般情况下，中国标准更为可取[5]。图 1 中，剖面 a 和 b 是从 1982 年 5 月 10 日美国陆军工程兵团的 EM 1110-2-2300 的图 1-2 中修改而来，剖面 c 从 1977 年苏联小型水坝设计图202 中修改而来。

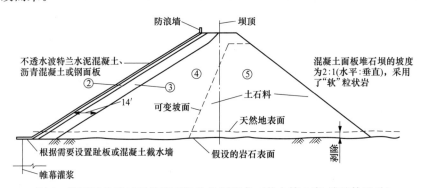

图 1 美国垦务局对面板堆石坝的分区要求（截自第 2 章 填筑体设计）

①—不透水土料；②—反滤区；③—级配良好、选定的压实石料，用作为面板和/或过渡区的排水和支承；

④—来自采石场的小粒径石料和地基开挖的质量较差料，压实，以减少面板沉陷和/或提供过渡；

⑤—最佳质量、高强度的岩石，压实以提供稳定断面

（3）坝体与其他建筑物的连接方面，美国垦务局标准提到，"为了使毗邻管道或建筑物的不透水心墙填筑层施工完好，建筑物的表面应光滑，并且直立面必须具有最小坡度 1：10（水平：垂直）。"中国标准中，坝体与混凝土建筑物采用侧墙式连接时，土质防渗体与混凝土结合面的坡度不宜陡于 1：0.25（垂直：水平），等同于最小坡度 1：4（水平：垂直），美国垦务局标准更能接受坡度较陡的情况。

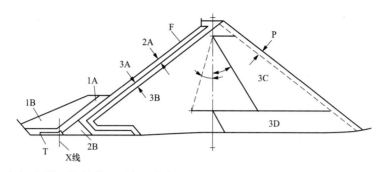

图 2　中国对面板堆石坝的分区要求（截自 DL/T 5016—2011《混凝土面板堆石坝设计规范》）

1A—上游铺盖区；1B—盖重区；2A—垫层区；2B—特殊垫层区；3A—过渡区；3B—上游堆石区；

3C—下游堆石区；3D—排水区；P—块石护坡；F—面板；T—趾板；X—趾板基准线

2　超高

填筑坝的漫顶会影响工程的运行并可能导致溃坝，合适的坝顶超高对保护填筑坝免受波浪爬高和水位壅高等因素导致的漫顶至关重要[6]。

对新建坝的超高设计，美国垦务局标准要求坝顶高程应分别满足最小超高标准和正常超高标准并通过两次相对保守的校核，某些情况下尤其是库水位频繁地超过 NRWS 水位或常常接近 MRWS 水位并保持较长时间时还需满足中间超高的要求，详见表 2。中国标准《碾压式土石坝设计规范》（DL/T 5395—2007）直接规定 4 种设计工况进行计算，取其计算结果的最大值，其中包括了考虑地震安全加高的设计工况。

表 2　　　　　　　　　　　　　　美国垦务局标准超高计算工况

超高类型		超高分析方法
最小超高	最高库水位＋3 英尺（0.914 4m）	最高库水位＋超越概率为 10% 的风速产生的爬高和风壅水面高度
正常超高	正常蓄水位＋100 英里/小时（约 44.7m/s）风速引起的波浪爬高和风壅水面高度	
校核	入库设计洪水期间，库水位在最高库水位以下 2 英尺（0.61m）以内时，坝顶高程满足波浪爬高和风壅水面高度的要求	
	入库设计洪水期间，库水位在最高库水位以下 4 英尺（1.22m）以内时，坝顶高程满足波浪爬高和风壅水面高度的要求	

美国垦务局标准在正常超高工况取 100 英里/小时（约 44.7m/s）作为设计风速，在最小超高工况取超越概率为 10% 的风速为设计风速，在两个校核工况中分别取在各个工况持续时间内可能发生的最大风速，预期最大风速的概率为该工况持续时长（小时）的倒数，以此概率可在风概率曲线上获得相应风速，风概率曲线的示例见图 3。中国标准规定设计风速的取值应根据历年满库实测最大风速资料，正常运用条件下的 1 级、2 级坝采用多年平均最大风速的 1.5～2.0 倍，正常运用条件下的 3 级、4 级、5 级坝采用多年平均最大风速的 1.5 倍，非常运用条件下采用多年平均最大风速。可见，风速取值上的差异较大。

美国垦务局标准中详细介绍了风力荷载超高分析的计算方法，并给出了简单的算例，波浪要素、波浪爬高、风壅水面高度计算采用的公式见美国垦务局填筑坝标准 No.13 第 6 章附录 B。对爬高相关的波浪要素中国标准采用莆田试验站公式为主，辅以鹤地水库公式和官厅水库公式，并且对丘陵、平原水库和内陆峡谷水库的计算做出了区分。计算波浪爬高的公式虽然垦务局标准和中国标准形式有差别，但都包含了考虑坡面糙率、渗透性的系数和斜向来波折减系数，且取值相近。计算风壅水面高度的公式美国垦务局标准和中国标准的形式大致相同。

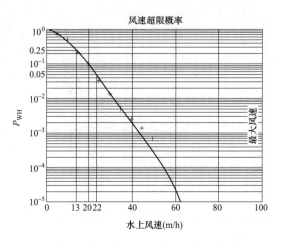

图 3　美国垦务局风概率曲线示例
（截自第 6 章 超高）

3　保护性反滤

美国垦务局标准提出了反滤层的设计原理，对其布置、级配设计方法、料源质量及填筑质量控制等进行了规定。对于反滤层的设计，美国垦务局标准与中国标准是基本一致的。

3.1　反滤层的设计原理

美国垦务局与中国标准对反滤层的功能认识是一致的，即反滤保护和排水，也均主要依据由太沙基理论发展而来、经谢拉德等人改进的准则[7]。美国垦务局标准讨论了土料的内部稳定性问题，中国标准未就此作出详细的说明。

3.2　反滤层料的级配设计

对于反滤料的级配设计方法，美国垦务局标准与中国标准基本一致，但仍存在差异，详见表 3。

3.3　反滤层料的质量及检测要求

对于反滤层料的质量和检测方法，美国垦务局很大程度上参照了对混凝土骨料的要求，即滤层料应由清洁、坚硬、耐久和密实的骨料组成，无不良胶结物，满足 ASTM 对混凝土骨料的耐久性要求，应是非塑性的。中国标准对反滤层料的质量要求与垦务局标准基本一致，但在质量检测方法上存在差异。

美国垦务局标准要求小于 0.075mm 的颗粒含量备料时不超过 2%、压实后不超过 5%；中国标准要求小于 0.075mm 的颗粒含量不宜超过 5%，未区分备料时与压实后（中国标准默认是指压实后，因此实际无差异）。

3.4　反滤层的填筑质量控制

美国垦务局标准与中国标准均从现场检查和检测两方面对反滤料的填筑质量进行控制，要求反滤料的相对密度不低于 0.7。

表 3 反滤层料级配设计方法对照表

级配设计方法	垦务局标准	中国标准	备注
级配设计准则	谢拉德准则	保护黏性土：谢拉德准则 保护非黏性土：太沙基准则	
基土的计算级配	小于 4.75mm 的颗粒级配	小于 5mm 的颗粒级配	级配调整方法一致
基土分类	按小于 0.075mm 的颗粒含量将基土分为 4 类	按小于 0.075mm 的颗粒含量将基土分为 4 类	土的分类一致
滤土准则	区分了分散性土与非分散性土	未区分分散性土与非分散型性土	
排水准则	最小 $D_{15}F \geqslant 5D_{15}E$，但不小于 0.1mm	最小 $D_{15} \geqslant 4d_{15}$（全料），但不小于 0.1mm	公式略有差别，但实际计算出的 $D_{15}F$（d_{15}）差别不大
最大最小粒径准则	最大 $D_{100}F \leqslant 2$ 英寸（51mm） 最小 $D_5 = 0.075mm$	最大 $D_{100}F < 75mm$ 最小 $D_5 = 0.075mm$	最大粒径要求有差别
防止级配不连续准则	控制某一粒径的最低含量和最高含量差值在 35％以内	不均匀系数不大于 6，最大 D_{60} 与最小 D_{60} 之比小于等于 5	垦务局标准计算所得包线带宽较中国标准窄
防止分离准则	规定 $D_{90}F/D_{10}F$ 的关系	规定 D_{90}/D_{10} 的关系	是一致的
级配最终选择	根据反滤层的主要功能，在允许级配范围内选定级配	根据反滤层的主要功能，选定级配	均根据反滤层的主要功能选定最终级配

4 地基表面处理

美国垦务局标准提出了基础准备和布置的要求，包括：开挖覆盖层、初步清理与检查、清除不适合材料、通过开挖与充填对基础表面进行整形、开挖区域排水、最终清理和检查、基础验收。中国标准对坝基处理的要求是应满足渗流控制，静动力稳定，允许沉降量和不均匀沉降等要求。美国垦务局标准与中国标准均是围绕渗流、稳定及变形控制三方面提出要求，基础表面处理原则无本质区别。

4.1 土基

美国垦务局标准对土基表面处理要求与中国标准对土基表面处理内容及方法规定基本一致、土基与坝壳粗粒料接触面均要求满足反滤要求。

4.2 岩基

美国垦务局标准规定了岩石基础的清除要求，地质缺陷无法完全清除时通过清除至适当深度并使用砂浆灌浆、找平混凝土或特别压实填土技术进行处理；基础软岩通过预留保护层等措施防止对基础造成损害。《碾压式土石坝设计规范》提出了岩石基础清除要求；中国标准《碾压式土石坝施工规范》（DL/T 5129）系统地规定了岩石地基表面不同的地质缺陷应采取相应专项处理措施等[8]。美国垦务局标准与中国标准均是以确保基础具有充足的强度和适当的渗透性为准则提出各种岩石基础表面处理要求。

美国垦务局标准对岩石不规则处理要求是：防渗体的基础应清除所有倒悬；坡比不陡于 1：0.5。由缓坡变陡坡时，变换坡度宜小于 20°，中国标准与之相同；美国垦务局标准提出了岩基进行修整处理、岩石表面不规则面的处理要求，措施描述虽较详细，但未反映不同坝型基础处理的侧重点，中国标准则对不同坝型岩石基础处理给出了有侧重、有针对性的规定。

美国垦务局标准对防渗体岩基要求是：保证岩石稳定性，岩面平滑连续，不均匀沉降和填筑体内的应力集中最小。对于心墙的建基标准中国标准提出了具体的要求，且针对不同类型的土石坝，诸如面板堆石坝的趾板基础处理、心墙坝心墙基础及沥青混凝土心墙坝基础处理有专门详细的规定。

4.3 检查与验收

美国垦务局标准与中国标准对基础检查与验收所提出的要求大致相同，均非常重视对作为隐蔽工程地基的检查与验收。

4.4 与填筑体接触的基础要求

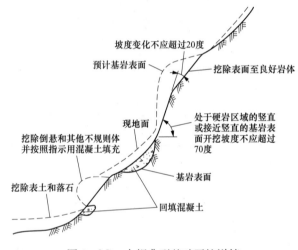

图 4　Mica 大坝典型基础开挖详情

美国垦务局标准要求对土基进行压实，心墙基岩面要进行适当湿润，中国标准要求土质防渗体与岩石接触面应填筑接触黏土，并应控制略高于最优含水率，在填土前应用黏土浆抹面。美国垦务局标准与中国标准的目的均是保证填筑体与基础有合适的黏合。

如图 4 所示为 Mica 大坝典型基础开挖详情，如图 5 所示为岩基处理，如图 6 所示为减少不均匀沉降防止填土心墙开裂的边坡修理。

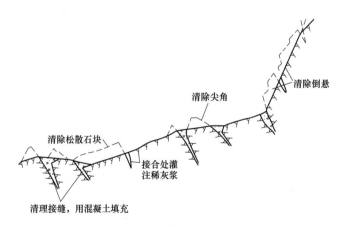

图 5　岩基处理

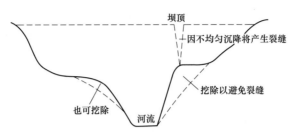

图 6　减少不均匀沉降防止填土心墙开裂的边坡修整

5　渗流

5.1　渗透破坏模式

美国垦务局标准将渗透破坏从模式角度划分为出逸处渗透破坏、内部侵蚀渗透破坏等。中国标准从类型角度划分为管涌、流土、接触冲刷及接触流失，无直接可比性，但总体上中美标准对渗透破坏机理的认识是一致的。

对于出逸处无黏性土流土型渗透破坏的安全系数，美国垦务局标准建议值为 3.0～4.0，中国标准《碾压式土石坝设计规范》建议值为 1.5～2.5。

针对双层地基结构（表层为相对不透水的黏土层）的渗透稳定分析，美国垦务局标准推荐采用总应力法，并指出临界坡降概念不适用于该种地基；《碾压式土石坝设计规范》采用临界坡降概念，这点美国垦务局标准更为可取。

5.2　渗流评价关键参数

中美均通过参考已有资料、现场试验及室内试验等手段获取渗透性参数，中国标准与美国垦务局标准的试验方法基本相同。

5.3　渗流分析原理及规程

中美标准的渗流分析均主要基于达西定律及拉普拉斯方程[7]。

垦务局标准介绍了图解法、物理模型法及数值分析法。中国一般采用各大高校院所开发的二维、三维渗流计算程序，在实际工程应用中较为成功。

美国垦务局标准对渗流计算分析工况的要求为稳定渗流、水位骤降、非稳定渗流及排水措施模拟。《碾压式土石坝设计规范》对渗流计算内容进行了详细规定，给出了稳定渗流工况的详细水位组合，明确水位骤降应针对库水位降落对上游坝坡稳定最不利情况，中国在实际工程应用中通常亦需进行首次蓄水非稳定渗流，且排水措施在渗流分析中亦是必须考虑的。

美国垦务局标准的渗流分析内容包括：渗流量、渗流破坏可能性评估、内部水力坡降计算等。《碾压式土石坝设计规范》对渗流分析内容也提出了详细规定。中美标准基本一致。

5.4　渗流控制措施

美国垦务局标准指出渗流控制措施的基本设计原则为采用多种措施组合以确保安全，介绍了渗流控制的措施及降低渗流量的措施，并给出了发现渗流问题时可采取的临时紧急措施。《碾压式土石坝设计规范》在各章节中均有相应内容介绍，中美标准基本一致。中国标准《土石坝养护修理规程》(SL 210—2015)亦介绍了发现渗流问题时可采取的一系列措施[9]，中美标准基本一致。

5.5 渗流监测

美国垦务局标准和中国标准在渗流监测目的、监测仪器类型和适用性、监测内容和项目、巡视检查、监测资料评价等方面的认识上基本是一致的。美国垦务局标准中强调了应定期进行潜在破坏模式的评估工作，而中国标准侧重于对大坝工作性态的安全性评价，两者评价的内容不尽相同，但目的是一致的。

6 静力稳定分析

6.1 计算原理及方法

美国垦务局标准采用单一安全系数法进行抗滑稳定分析，《碾压式土石坝设计规范》中10.3.1规定"单一安全系数法为设计应遵循的抗滑稳定计算基本方法，当要求按概率极限状态设计原则，以分项系数设计表达式的设计方法（可靠度法）进行抗滑稳定计算时可参见附录F"。

6.2 计算工况

美国垦务局标准的荷载条件包括"施工条件、稳定渗流条件、运行条件和其他条件"，分别相当于《碾压式土石坝设计规范》非常运用条件Ⅰ的"施工期"、正常运用条件的"水库水位处于正常蓄水位和设计洪水位与死水位之间的各种水位的稳定渗流期"、非常运用条件Ⅰ的"校核洪水位有可能形成稳定渗流的情况、水库水位的非常降落"和非常运用条件Ⅱ的"正常运用条件遇地震"。

美国垦务局标准在稳定渗流条件和运行条件下注重分析下游坝坡的稳定性，快速泄水、水位骤降条件下注重分析上游坝坡的稳定性，中国标准的计算工况基本一致亦是如此，但《碾压式土石坝设计规范》的计算工况规定更细致、明确、全面。

6.3 安全系数标准

美国垦务局标准采用Spencer极限平衡法进行抗滑稳定分析，《碾压式土石坝设计规范》采用的极限平衡法包括简化毕肖普法、摩根斯顿—普赖斯法、瑞典圆弧法、滑楔法等，不同的极限平衡法分析对应不同的最小安全系数。

美国垦务局标准的表4.2.4-1给出了基于Spencer程序的二维极限平衡法最小安全系数，该表未给出地震工况下的最小安全系数。《碾压式土石坝设计规范》是按照不同的土石坝级别和采用不同的计算方法分别给出了不同的最小安全系数。

安全系数标准的差异相对较大。

6.4 材料抗剪强度

美国垦务局标准和《碾压式土石坝设计规范》在边坡稳定分析中均采用摩尔—库伦强度破坏准则，两者一致。中美标准对材料抗剪强度指标的试验测定方法及选取均无实质性差异。

美国垦务局标准没有给出粗粒料非线性抗剪强度指标的计算公式，而《碾压式土石坝

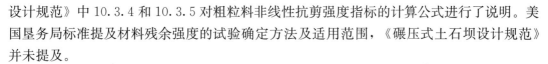

设计规范》中 10.3.4 和 10.3.5 对粗粒料非线性抗剪强度指标的计算公式进行了说明。美国垦务局标准提及材料残余强度的试验确定方法及适用范围,《碾压式土石坝设计规范》并未提及。

6.5 孔隙水压的确定

美国垦务局标准采用浸润面法确定在稳定渗流、快速泄水条件下的孔隙水压,其认为此方法相对保守,但不适合竣工期和施工期的孔隙水压确定。美国垦务局标准同时规定在稳定渗流条件下,也可使用流网分析法求取孔隙水压。《碾压式土石坝设计规范》对于孔隙水压的确定详见附录 D,并明确稳定渗流期坝体和坝基中的孔隙压力应根据流网确定,水库水位降落期无黏性土可通过渗流计算确定水库水位降落期间坝体内的浸润线位置,绘制瞬时流网,定出孔隙压力,黏性土可按附录 D 规定的方法计算,并通过现场监测进行核算。中美标准在孔隙水压的确定方面基本一致。

7 静力变形分析

7.1 适用范围

美国垦务局标准适用的坝基材料为密实土层或基岩,不涵盖喀斯特岩体、永久冻土、高压缩性、易液化、崩陷性、敏感性及膨胀性土壤等,《碾压式土石坝设计规范》未明确提出坝基类型限制。

7.2 沉降控制标准

中美标准均重点关注竖直沉降分析,认为当竖直沉降量在可接受的范围内时,则水平位移量也是可接受的,中美标准原则一致。

中美标准的沉降控制标准是相同的。美国垦务局标准对于 60m 以下的低坝或低风险坝,可将"1％法则"作为确定坝顶超高的唯一变形估计方法;对于 60m 以上的坝、中高风险坝或建在可压缩性坝基上的坝,建议先进行一维沉降计算,不满足"1％法则"时再采用数值模型研究。《碾压式土石坝设计规范》中针对坝顶竣工后的预留沉降超高,无坝高的分界限制,应根据沉降计算、有限元应力应变分析、施工期监测和工程类比等综合分析确定;当计算的竣工后坝顶沉降量与坝高的比值大于 1％时,应在分析计算成果的基础上,论证选择的坝料填筑标准的合理性和采取工程措施的必要性。

7.3 沉降量计算方法

中美标准关于坝顶和坝体沉降量计算给出了不同的计算要求。美国垦务局标准建议了坝基(体)沉降、坝顶超填高度和坝体内部沉降(抛物线公式)3 种类别的计算方法,其中,方法一和方法二均类似于分层总和法,适用于坝顶超填设计;方法三适用于坝体内部不同高程部位的沉降量计算,主要用于评估坝体内部开裂可能性(详见附录 A)。《碾压式土石坝设计规范》规定,一般土石坝都应进行垂直变形,即沉降分析(分层总和法),沉降计算的范围和方法按附录 G 的执行;对 1 级、2 级高坝以及对建于复杂或软弱地基上和埋藏有显著影响沉降变形的建筑物的坝,应采用有限元法进行应力和变形分析,应力、变形计算宜采用非线性弹性应力应变关系分析,也可采用弹塑性应力应变关系分析,并推荐采用 E-B(E-μ)、K-G、双屈服面弹塑性模型[10]。

7.4 沉降计算参数

美国垦务局标准和《碾压式土石坝设计规范》在沉降计算时均利用了坝料的压缩试验成果（应力—孔隙率或应变），中美标准是一致的。

7.5 限制变形方法

美国垦务局标准针对软弱坝基和软弱坝料分别提出了预防性设计措施及方法。对于软弱坝基材料，优先考虑移除和置换，进行原位动力夯实或采用灌浆技术也是常用方法；对于限制坝体本身变形，选择好的料源、粗细粒料混合改性、加宽放缓坝壳等为常用方法，极少使用化学处理改性方法。另外，软弱材料可通过加入土工合成织物或设置加筋进行人工加强，但垦务局范围内的大型坝并未广泛采用该项技术，目前在中国加筋及土工合成技术在填筑坝工程已有众多应用实例，一般用于坝顶抗震部位或坝体表面加强。

美国垦务局标准指出，对于限制或控制变形方法的选用，不同方法的经济性比较是非常重要的，该做法与中国标准及目前国内设计要求是一致的。

8 结语

美国垦务局标准与中国土石坝标准在基本理念上是一致的。因规范体系不同，美国垦务局标准在不同防渗形式土石坝的针对性方面比中国标准稍显不足。例如，中国标准对面板堆石坝的趾板基础处理、沥青混凝土心墙坝基础处理通过单行本进行了规定，美国垦务局标准则没有。因筑坝的主要历史时期美国早于中国，因此一些如复杂边界条件下的有限元计算、非线性材料参数等更为先进的做法在中国标准中有所体现，但美国垦务局标准则较少涉及。

值得注意的差异主要有：①坝顶超高计算中，考虑的工况不尽相同；垦务局标准的风速采用查"风概率曲线"的方法确定，中国标准根据实测风速确定，差异较大。②美国垦务局标准要求相对细或开挖较差料用于上游主堆石区，质量佳的石料置于下游次堆石区，中国标准要求刚好相反，中国标准更为可取。③美国垦务局标准计算所得反滤料级配包线带宽较中国标准略窄。④美国垦务局标准采用 0.5～1 倍坝高确定防渗帷幕深度，中国标准根据现场测定的吕荣值确定，后者一般更为可靠。⑤美国垦务局标准要求土石坝与刚性建筑物结合面坡度不陡于 1∶10（水平∶垂直），中国标准要求不宜陡于 1∶4，前者偏陡。⑥美国垦务局标准对抗滑稳定计算工况和安全系数要求的细分程度没有中国标准高。

美国垦务局填筑坝标准较全面的覆盖了各型土石坝相关的勘察、设计、建设、运维乃至退役等全生命周期内容，与中国标准针对不同细分坝型，分阶段、分专业编制的做法不同，必要时应查阅多本中国标准。此次对比使用的"美国垦务局标准"是指美国垦务局填筑坝设计标准（2014 年版本），"中国标准"指截至 2017 年有效版本，如遇更新，需分析新旧版本的差异，对照使用。由于美国垦务局填筑坝标准目前版本计量单位均采用英制单位，故应注意其与公制单位的差别。在国际工程实践中，标准是基础，是应当执行的基本准则，因此，建议在合同谈判期间，应使其中条款与标准保持一致，或向标准靠拢。如合同业已签订，且其中条款有别于标准要求的，尚应根据合同具体要求开展土石坝勘测、设计及施工工作。

参考文献

［1］ Design Standards No. 13 Embankment Dams ［S］.

［2］ DL/T 5016—2011，混凝土面板堆石坝设计规范 ［S］.

［3］ DL/T 5411—2009，土石坝沥青混凝土面板和心墙设计规范 ［S］.

［4］ DL/T 5129—2013，碾压式土石坝施工规范 ［S］.

［5］ 张宗亮．超高堆石坝工程设计与技术创新 ［J］. 岩土工程学报，2007，29（8），1184-1193.

［6］ 汝乃华，牛运光．大坝事故与安全·土石坝 ［M］. 北京：中国水利水电出版社，2001.

［7］ 毛昶熙．渗流计算分析与控制 ［M］. 二版．北京：中国水利水电出版社，2002.

［8］ DL/T 5129—2013，碾压式土石坝施工规范 ［S］.

［9］ SL 210—2015，土石坝养护修理规程 ［S］.

［10］ 张宗亮，贾延安，张丙印．复杂应力路径下堆石体本构模型比较验证 ［J］. 岩土力学，2008，29（5），1147-1151.

作者简介

孔令学（1983—），男，高级工程师，主要从事水利水电工程设计工作。E-mail：429901640@qq．com

李士杰（1989—），男，工程师，主要从事基坑支护和临时钢结构设计工作。E-mail：lsj_dut@163.com

黄青富（1985—），男，高级工程师，主要从事水利水电工程设计工作。E-mail：330172988@qq．com

代艳华（1979—），女，高级工程师，主要从事水利水电工程设计工作。E-mail：402850858@qq．com

赵云秀（1979—），女，高级工程师，主要从事水利水电工程设计工作。E-mail：307742764@qq．com

宗格鲁水电站沥青混凝土心墙坝分析

孔令学[1,2]，闫会宗[1,2]，李士杰[3]

(1. 中国电建集团昆明勘测设计研究院有限公司，云南省昆明市　650051；

2. 国家能源水电工程技术研发中心高土石坝分中心，云南省昆明市　650051；

3. 上海宏信建设发展有限公司，上海市　201806)

[摘　要]　大坝两岸为碾压式沥青混凝土心墙堆石坝，右岸最高85m。在对坝体分区、心墙形式、过渡层、堆石料进行专门设计的基础上，对大坝进行了全面的计算分析。经过计算，各工况下的坝体渗漏量较小且渗透稳定性满足要求，坝坡抗滑稳定安全系数满足合同要求，坝体的水平位移、沉降量及应力分布在正常范围内。

[关键词]　沥青混凝土心墙；渗流；稳定；应力；应变

1　工程概况

宗格鲁水电站装机容量为700MW，位于非洲尼日利亚的卡杜纳（Kaduna）河上，电站距首都阿布贾（Abuja）直线距离约150km。水库总库容100.14亿 m^3，挡水建筑物采用组合坝型，坝轴线总长2360m，中部为RCC重力坝，长1090m，最高101m；两岸为沥青混凝土心墙堆石坝，左岸长140m，右岸长1130m，右岸断面最高85m。

2　沥青心墙堆石坝设计

2.1　坝体分区

沥青心墙堆石坝分区主要考虑防渗要求，以及将承受荷载传导至坝基。基本组成有：沥青混凝土心墙、过渡区、反滤排水区、坝壳区及护坡块石区。

心墙轴线在坝轴线下游3m处，便于与防浪墙连接。顶宽0.6m，高程为234.00m；最大底宽1.0m，高程为158.00m，在心墙底部设3.0m高的扩大接头，沥青混凝土心墙厚度从1.0m渐变为约2.5m。底部通过混凝土廊道或垫板与坝基帷幕灌浆连成一道整体防渗结构。心墙上、下游设两层过渡料。坝壳为千枚岩碾压堆石，上游坝坡坡度为1：2.2，下游为1：2.0，堆石坝上游面220.00~235.00m高程范围以及下游面整个坡面用1m厚块石护坡，下游坝壳与基岩接触面每隔20m设一道2m厚反滤排水条带。坝顶宽度为10m，上游边缘设高出坝顶1.2m的防浪墙。堆石坝典型断面图如图1所示。

2.2　心墙形式

沥青混凝土所用沥青的品种和标号应该根据工程类别、结构性能要求、当地气温、使用条件、原油性质、运距、施工要求等确定[1]。按照规范[2]要求，采用石油沥青。沥青混

本文已于《云南水力发电》2020 第8期。

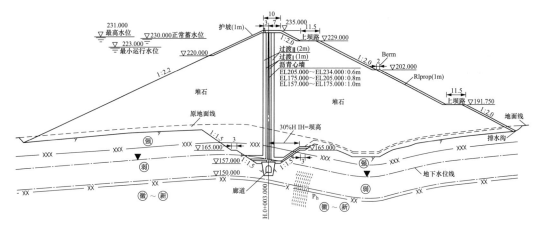

图 1 沥青混凝土心墙堆石坝剖面图

凝土心墙有垂直、倾斜和上部倾斜下部垂直 3 种布置型式。垂直型心墙对坝基与坝壳沉陷具有较好的适应性，防渗面积小，并且施工方便，在国内外已被广泛用于各种高度的沥青混凝土心墙土石坝中[3]。考虑到碾压式沥青混凝土心墙施工速度快、质量可靠的特点[4]，防渗沥青混凝土心墙采用碾压式。骨料粒径范围如图 2 所示。

2.3 过渡层

考虑沥青混凝土心墙和坝壳料物理力学性质存在较大差异，为使心墙和坝壳之间形成良好的过渡，改善心墙的受力条件，同时防止坝料粒径过粗，在自重荷载和水荷载作用下，刺入心墙，影响心墙安全，需在心墙上下游均设置两层过渡料层。过渡料自身应具有良好的渗透和渗透稳定性，并按照反滤准则进行级配设计。过渡料分 1 区、2 区，1 区水平宽度 1m，2 区水平宽度 2m，采用花岗岩料场开采料经破碎和筛分后上坝填筑。过渡料 1 区和 2 区特征粒径和特征曲线分别如图 2 所示。

2.4 堆石料

该部分区域的坝料应具备较高的密实度和变形模量，采用工程区开挖或专门开采的满足质量要求的千枚岩料填筑。堆石料的特征粒径和级配曲线如图 2 所示。

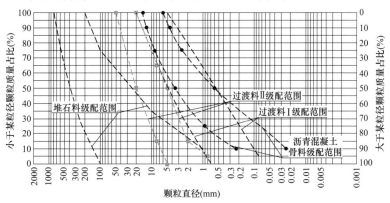

图 2 主要坝料颗粒级配范围

3 渗流、稳定、变形及应力分析

3.1 渗流分析

3.1.1 方法

采用有限元方法求解沥青心墙坝最大横断面上的二维拉普拉斯方程[5]。

3.1.2 渗透参数

沥青混凝土心墙堆石坝各坝料计算渗透参数见表1。

表1   平面渗流计算各坝料渗透参数

坝料名称	渗透系数（cm/s）	给水度 μ
沥青混凝土心墙料	1×10^{-8}	0.001
过渡料Ⅰ	3×10^{-3}	0.078
过渡料Ⅱ	6×10^{-2}	0.096
主堆石料	1×10^{-1}	0.129
灌浆帷幕	1×10^{-5}	0.007
混凝土垫板	1×10^{-7}	0.000
坡积层及全、强风化层	1×10^{-3}	0.100
弱风化基岩	1×10^{-4}	0.090
微新风化基岩	3×10^{-5}	0.080

3.1.3 边界条件

上、下游水位边界：最高运行水位工况下，上游最高运行水位为230m，下游最低尾水位为133.11m；校核洪水工况下，上游 PMF 校核洪水位为231m，下游最高尾水位为157m；水位骤降工况下，最高运行水位230m降至溢流坝堰顶高程210.5m，此时下游水位为最高尾水位157m。不透水边界：模型坝基上游侧及底部按不透水边界考虑。可能出渗边界：是指下游河床水位以上部分的临空面边界，由计算迭代确定。

3.1.4 渗流计算及结果

渗流计算共剖分单元9757个，网格划分见图3。计算成果见表2和图4（以正常运用条件为代表）。

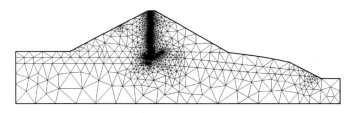

图3　坝体最大横剖面网格图

从对大坝最大横剖面的平面渗流计算结果可以看出，坝体坝基最大单宽渗流量为0.031L/s，渗流量较小[6]。

表 2	坝体最大横剖面平面渗流计算成果		
序号	工况	坝体坝基单宽渗流量 $[m^3/(m \cdot d)]$	心墙下游侧最大出逸水力梯度
1	上游最高运行水位 230.00m，下游最低尾水位 133.11m	2.70	60.82
2	上游校核洪水位 231.00m，下游最高水位 157.00m	2.54	60.47
3	上游最高运行水位 230.00m 于 24 小时内下降至溢流坝堰顶高程 210.50m，下游最高尾水位 157.00m	1.54	47.27

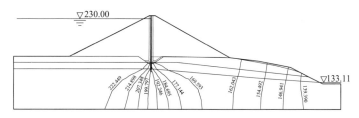

图 4　坝体最大横剖面渗流场（上游最高运行水位 230.00m，下游最低尾水位 133.11m）

3.2　坝体稳定性分析

3.2.1　工况及荷载

根据合同要求，主要为正常（CCN）、非常（CCE）、极限（CCL）运行三大工况。正常运行工况（CCN）包括最高运行水位工况（上游最高运行水位 230m＋下游最低尾水位 133.11m）和大坝竣工未蓄水工况。非常运行工况（CCE）包括上游 PMF 校核洪水位 231m＋下游最高尾水位 157m 和水位骤降工况（最高运行水位 230m 降至溢流坝堰顶高程 210.5m）。极限工况为最高运行水位 230m＋地震 0.05g。

在正常工况下计算时考虑以下基本荷载：岩土体自重、孔隙水压力；地震工况除上述基本荷载外，计算中计入水平地震力和垂直地震力作用。本工程设计地震动峰值加速度水平为 0.05g，竖直为 0.03g。

3.2.2　方法

采用河海大学岩土所与黄委设计院联合研制的 AUTOBANK 软件对坝体最大横剖面进行线性坝坡稳定分析计算，计算方法采用计条间力的简化 Bishop 法[7]。根据合同要求，坝坡抗滑稳定安全系数控制标准见表 3。

表 3	坝坡抗滑稳定安全系数				
运用条件	正常（CCN）		非常（CCN）		极限（CCL）
土石坝级别	竣工期	FSL 运行	PMF 水位	水位削落	FSL 运行＋设计地震
1 级	1.50		1.35		1.15

3.2.3　参数选取

坝体稳定性采用线性强度参数计算。坝料参数根据试验成果及工程类[8]比选取（见表 4）。

表4			坝体稳定性计算参数			
分区	湿容重 γ (kN/m³)	浮容重 γ' (kN/m³)	C' (kPa)	φ' (°)	φ_0 (°)	$\Delta\varphi$ (°)
碾压式沥青混凝土	24	14	0	32		
过渡料Ⅰ	20.6	12.3	0	35		
过渡料Ⅱ	21.2	12.9			44.5	5.5
粗堆石料	21.5	13.0			48.8	10.4
坡积层及全强风化区	22	13.5	40	30		
弱风化基岩	22.4	12	80	45		

3.2.4 结果分析

计算所得安全系数详见表5，坝坡典型最危险滑裂面（正常运行工况）见图5，其余工况最危险滑裂面位置和范围基本与之相当。

从安全系数来看，各数均大于允许安全系数，最小安全系数发生在最高运行水位FSL230m遇水平地震加速度0.05g工况的下游坝坡，为1.535，与允许安全系数1.15相比，尚有33%的裕度，但与允许安全系数最为接近的是正常运行工况下游坝坡，为1.621，只有8%的裕度。总体而言，安全系数满足合同要求，但已接近允许值，说明坝体坡度（上游1∶2.2，下游1∶2.0）适当。

表5		沥青混凝土心墙堆石坝坝体稳定性计算成果		
工况	基本描述	方向	安全系数	安全系数允许值
CCN 1	施工竣工期	上游	1.784	1.50
		下游	1.621	
CCN 2	正常蓄水位	上游	1.834	
		下游	1.621	
CCE 1	最大洪水位	上游	1.837	1.35
		下游	1.621	
CCE 2	上游水位由正常水位骤降至堰顶高程	上游	1.761	
		下游	1.656	
CCL	正常蓄水位＋设计地震	上游	1.658	1.15
		下游	1.535	

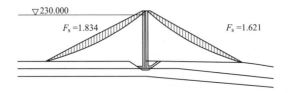

图5 正常运行工况上、下游坝坡最危险滑弧位置

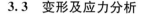

3.3 变形及应力分析

3.3.1 说明

坝体应力应变选取最大剖面进行计算，计算模型为 Duncan-Chang E-B 模型[9-11]，按照 Biot 固结理论进行静力计算，可模拟分层填筑的施工过程。考虑到本工程坝体填筑工期及蓄水历时较短，故仅计算坝体填筑完成时的竣工工况及正常运行工况。为近似模拟坝体施工，最大剖面将坝体分 25 批次填筑，共分 1161 个单元，2468 个节点。蓄水按一次上升至正常蓄水位，计算网格主要以四边形单元为主，辅以少量的三角形单元，坝体部分网格划分见图 6。

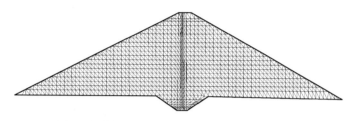

图 6　坝体剖面平面静力有限元分析计算网格图

3.3.2 参数选取

应力应变计算参数根据试验成果及工程类比选取（见表 6）。

表 6　坝体应力应变计算参数表

试样名称	天然容重 (kN/m³)	K	n	R_f	K_{ur}	c（kPa）	φ_0(°)	$\Delta\varphi$	K_b	m
沥青混凝土	24	455	0.33	0.78	500	540	27.7	0	410	0.22
过渡料 I	20.6	362	0.29	0.66	434	40	37.5	0	198	0.32
过渡料 II	21.2	1388	0.25	0.76	1400	0	51.5	10.6	713	0.46
堆石料	23.0	1142	0.31	0.77	1370	0	51.0	12.2	568	0.43

混凝土垫板弹性模量和泊松比分别为 28GPa、0.167。

3.3.3 成果

变形计算成果如表 7 和图 7（最大剖面运行期竖向位移为代表）所示。从中可见：坝体竣工期最大沉降发生在最大剖面，位于坝体心墙约 1/2 坝高处，竣工期最大沉降为 0.249m，占最大坝高的 0.311%；因水的浮力存在，蓄水过程实为减载过程，蓄水期的最大沉降小于施工期，为 0.197m，由于静水压力对心墙的水平推力，蓄水期最大沉降位置后移到心墙下游侧的堆石区域，占最大坝高的 0.246%。

坝体竣工期向上游位移最大值为 0.047m，小于向下游位移的最大值 0.054m；水库蓄水至正常蓄水位后，由于水压力的作用，大部分区域向下游位移，最大值为 0.163m，位于坝顶处。

表7 最大剖面坝体变形最大值表

工况	项目	计算最大值	备注
竣工期	水平位移（m）	0.047	向上游
		0.054	向下游
	最大沉降（m）	0.249	
蓄水期	水平位移（m）	0.002	向上游
		0.163	向下游
	最大沉降（m）	0.197	

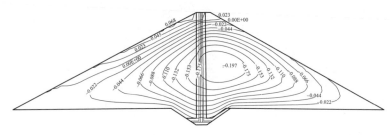

图7 最大剖面运行期竖向位移（单位：m）

竣工期坝体上游堆石区和下游堆石区的大主应力分布几乎呈对称分布，最大值位置见图8，约为1.326MPa；蓄水后由于静水压力与渗流力的作用，下游堆石区的应力水平有小幅增大（见图9），最大值约为1.374MPa；而上游堆石区的应力水平有较大幅度的减小，最大值减小到0.864MPa。可见，整个坝体剖面只有压应力，没有拉应力，且压应力是可以接受的[12]。

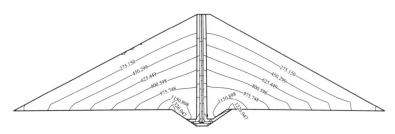

图8 最大剖面竣工期大主应力（单位：kPa）

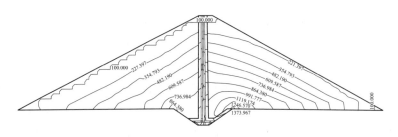

图9 最大剖面运行期大主应力（单位：kPa）

4 结语

尼日利亚宗格鲁水电站由于坝址周围 10km 范围内没有质量和储量均满足设计要求的防渗土料，故采用沥青混凝土代替土料进行心墙堆石坝的设计。根据现场自然条件，对坝体分区、心墙形式、过渡层、堆石料、护坡料以及基础处理进行了专门设计。

采用二维有限元求解拉普拉斯方程的方法对最大坝段渗流场进行了计算，采用简化 Bishop 法分析了不同工况下坝体的稳定性，采用 Duncan-Chang E-B 模型对进行了平面静力变形数值计算，研究了坝体在各工况下的渗流、坝坡稳定以及应力变形状况，计算结果表明坝体渗漏量较小且渗透稳定性满足要求；坝坡抗滑稳定安全系数均满足合同要求；坝体的水平位移、沉降和应力分布在正常范围内。

参考文献

[1] 杜雷功，王永生. 沥青混凝土心墙全断面软岩筑坝技术研究与实践 [M]. 北京：中国电力出版社，2012.

[2] DL/T 5411—2009，土石坝沥青混凝土面板和心墙设计规范 [S].

[3] 王为标，Kaare Hoeg. 沥青混凝土心墙土石坝：一种非常有竞争力的坝型 [J]. 现代堆石坝技术与进展，2009：62-67.

[4] 黄欢. 沥青混凝土心墙发展现状及其特性研究 [J]. 农村经济与科技，2016，27 (6)：19，21.

[5] 毛昶熙. 渗流计算分析与控制 [M]. 北京：中国水利水电出版社，2003.

[6] 钱家欢，殷宗泽. 土工原理与计算 [M]. 北京：水利电力出版社，1994.

[7] 何顺宾，胡永胜，刘吉祥. 冶勒水电站沥青混凝土心墙堆石坝 [J]. 水电站设计，2006，22 (2)：46-53.

[8] 关志诚，等. 水工设计手册（第 2 版），第 6 卷 土石坝 [M]. 北京：中国水利水电出版社，2014.

[9] 张宗亮，贾延安，张丙印. 复杂应力路径下堆石体本构模型比较验证 [J]. 岩土力学，2008，29 (5)：1147-1151.

[10] 张丙印，李全明. 三峡茅坪溪沥青混凝土心墙堆石坝应力变形分析 [J]. 长江科学院院报，2004，21 (2)：18-21.

[11] 张芸芸，陈尧隆. 沥青混凝土心墙坝的应力及变形特性 [J]. 水资源与水工程学报，2009，20 (3)：87-90.

[12] 张宗亮，程凯，杨再宏等. 红石岩堰塞坝应急处置与整治利用关键技术 [J]. 水电与抽水蓄能，2020，6 (2)：1-10.

作者简介

孔令学（1983—），男，高级工程师，主要从事水利水电工程设计工作。E-mail：429901640@qq.com

闫会宗（1980—），男，正高级工程师，主要从事水利水电工程设计工作。

李士杰（1989—），男，工程师，主要从事基坑支护和临时钢结构设计工作。E-mail：lsj_dut@163.com

工 程 建 设

聚脲喷涂施工技术在拱坝上的施工技术

顿 江

（中国葛洲坝集团第二工程有限公司，四川省 成都市 610091）

[摘 要] 就喷涂聚脲保护进行分析探讨，混凝土产生裂缝的原因是多方面的，为大坝工程运行的安全，对拱坝坝面上游面裂缝和拱坝横缝进行喷涂聚脲保护，喷涂 ABURE-SPUA 防腐材料是一种聚脲弹性体，该技术将新材料、新设备和新工艺有机地结合在一起，是传统施工技术的一次革命性飞跃，是目前国际上最先进的施工技术之一。同时，为减小泄洪期间动水作用对下游坝面裂缝的不利影响，对下游坝面水下裂缝进行喷涂聚脲保护，以供行业技术指挥员参考学习借鉴。

[关键词] 拱坝；聚脲喷涂；施工技术

1 工程概况

该水电站位于四川省凉山彝族自治州木里县和盐源县交界处的雅砻江大河湾干流河段上，是雅砻江下游从卡拉至河口河段水电规划梯级开发的龙头水库，距河口 358.0km，距西昌市直线距离约 75.0km。本工程采用堤坝式开发，主要任务是发电。水库正常蓄水位高程 1880.00m，死水位高程 1800.00m，正常蓄水位以下库容 77.65 亿 m^3，调节库容 49.1 亿 m^3，属年调节水库。电站装机 6 台，单机容量 600MW。混凝土双曲拱坝坝顶高程 1885.00m，最大坝高 305.0m，顶拱中心线弧长 552.23m，拱冠梁顶厚 16.0m，拱冠梁底厚 63.0m。

2 混凝土产生裂缝的原因

裂缝是混凝土常见的病害之一，混凝土产生的裂缝原因比较复杂，主要原因还是由于混凝土内部应力和外部荷载作用以及温差、干缩等因素作用下形成的。

3 选用原则

聚脲喷涂特点是固化速度快，曲面、立面、顶面连续喷涂不流挂，对湿气、温度不敏感，热稳定性好，优良的耐腐蚀性能，能经受绝大多数化学介质的侵蚀，优良的物理性能，对各类底材均具有良好的附着力，100%固含量、无 VOC、无污染绿色材料；耐候性好，不粉化，不龟裂；涂层无接缝，外表光顺，高耐磨是炭钢的 10 倍。

主要性能指标固含量 100％，凝胶时间 10s，拉伸强度 14MPa，断裂伸长 300％，撕裂强度 45kN/m，硬度（邵 A）85～90，耐磨性（阿克隆法）≤120mg，冲击强度（kg·cm）50，附着力（拉开法）≥8MPa（钢、铝等）混凝土≥3～6MPa，闪点>100℃，密度 0.95～1.1g/cm³，耐介质性能见说明书，干燥时间（25℃）1min 之内表干 10min 即可达到使用强度，厚度根据设计要求而定（一般为 1～1.5mm 厚），喷涂时间最短时间不限，最长不超过 3h。

在混凝土修补过程中，选择适合的修补材料可以预防水工混凝土在短时间内再次遭受破坏。喷涂聚脲施工技术对整体封闭式处理，聚脲喷涂在水工混凝土表面修补中的应用，喷涂聚脲防水涂料具有强度高、伸长率高、耐磨、抗冲击、附着力好、施工速度快、防水、防腐、防护性能优良等优点（其他工程的成功经验见图 1）。

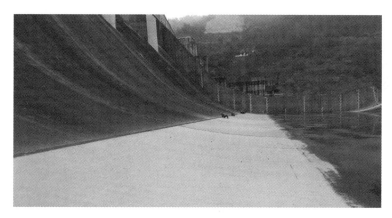

图 1　工程使用喷涂聚脲施工技术形象图

4　施工手段

4.1　施工平台

坝段 159 5～1615m 高程的裂缝及 1615m 的高程以下的横缝，使用坝前排架实施聚脲喷涂施工。1615m 高程以上坝面的裂缝及横缝，拟采用吊篮手段施工。

下游坝面 1661m 高程以下的裂缝，拟在坝后施工栈桥上安置小型施工排架进行施工，施工排架严格按照《建筑物施工扣件式钢管脚手架安全技术规范》进行搭设，架子的数量需根据裂缝的多少而制定，因下游坝面裂缝普查工作尚未结束，裂缝数目不详，故仅对施工排架绘制示意图，且数量不定，示意图见图 2。连墙件采用 ϕ10mm 膨胀螺栓，拉筋采用 ϕ10mm 圆钢，一端与膨胀螺栓焊接，另一端与立杆焊接，平台铺设承重竹跳板，作业平台外侧设计踢脚板并满挂密目网。

4.2　施工用风水电

施工用风采用移动空压机供风；施工用水、电采用系统水电网，并就近供给。风压≥0.2MPa；水压≥0.3MPa；电压 380V。

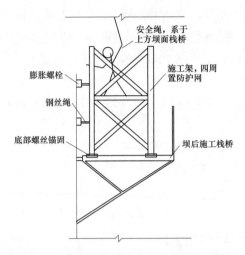

图 2　下游坝面聚脲喷涂施工排架安装示意图

5　工序流程

施工工序流程如图 3 所示。

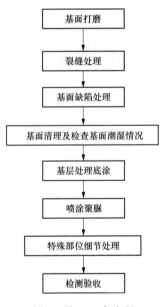

图 3　施工工序流程

6　施工工艺

6.1　基面打磨处理

施工之前必须对施工基面进行必要的处理和清洁。

6.2　缺陷修补

6.2.1　表面缺陷处理范围

混凝土表面外露钢筋头、管件头、表面蜂窝、麻面、气泡密集区、错台、挂帘，表面

缺损、表面裂缝等缺陷，均需修补和处理。

6.2.2　表面缺陷处理质量要求

混凝土强度不低于结构设计要求的强度等级。混凝土底材的剥离强度在处理后必须达到 1.5MPa 以上。混凝土表面平整度无缺陷。

6.2.3　表面缺陷检查

混凝土表面缺陷应先认真检查，查明表面缺陷的部位、类型、程度和规模，并将检查资料报送监理人，修补方案经监理人批准后才能实施。

6.2.4　混凝土表面缺陷处理的一般要求

混凝土表面蜂窝凹陷或其他损坏的混凝土缺陷应按监理人指示进行修补，并做好详细记录。修补前必须用钢丝刷或加压水冲刷清除部分，或凿除缺陷混凝土，用水冲洗干净，采用比原混凝土强度等级高一级的砂浆、混凝土或其他填料填补缺陷处，并予抹平。修整部位应加强养护，确保修补材料牢固黏结，无明显痕迹。外露钢筋头、管件头等应全部切除至混凝土表面以下 20～30mm，并采用预缩砂浆或环氧砂浆填补。

6.2.5　修补面处理

凸出于规定表面的不平整表面应当磨平。凹入表面一下的不平整表面应凿除，形成供填充和修补用的足够深的洞，对混凝土表面明显存在的缺陷使用 SP-7888 聚合物修补砂浆漆（其性能指标见表 1）进行填补，该材料为环氧体系，涂层强度高，与混凝土和聚脲的黏结强度均能达到设计要求，并且可加入填充料使用，在基面缺陷过大时可在涂料中加入 20%～50% 的石英砂以增加涂料体系的填充能力，A∶B∶C＝3∶1∶1，其中 C 组分为石英砂。

石英砂应注意控制添加量，防止过量填充导致涂层强度降低，使涂层与基材的剥离强度小于设计要求。

表 1　　　　　　　　　　**SP-7888 聚合物修补砂浆漆性能指标**

序号	项目	单位	性能指标
1	固体含量	%	≥80
2	干燥时间（表干）	h	≤4
3	干燥时间（实干）	h	≤24
4	粘结强度（标准状态）	MPa	≥3.0
5	粘结强度（浸湿后）	MPa	≥2.5
6	耐碱性，饱和 $Ca(OH)_2$ 溶液	—	168h 无异常
7	不透水性	—	0.3MPa，30min 不渗漏
8	低温施工性	—	0～5℃ 正常施工

6.3　基面清理及检查

（1）缺陷修补完毕之后对基面进行打扫和清理，清除缺陷修补时残留在混凝土表面的多余聚合物修补砂浆漆。对各修补位置进行检查看有无遗漏货修补不到位之处。必要时，对缺陷修补位置进行粘结强度测试，检测该区域强度是否达到设计要求。

（2）使用"混凝土基面含水率测定仪"准确测定基面含水率。

6.4　基层处理底涂

当基面含水率不大于7％时，使用常规 SP-7887 高固含聚氨酯基层处理剂，但基面含水率大于7％时必须使用 SP-7887 高固含聚氨酯基层处理剂（潮湿专用）。

按照 A∶B∶C＝20∶10∶6 的精确配比混合好，充分搅拌均匀，使用刮涂或辊涂的方式将涂料均匀施工于混凝土基材上，如混凝土基面平整度较差，可复涂一次。

SP-7887 高固含聚氨酯底漆性能指标见表2。

表 2　　　　　　　　　SP-7887 高固含聚氨酯底漆性能指标

序号	项目	单位	性能指标
1	固体含量	％	≥98
2	干燥时间（表干）	h	≤4
3	干燥时间（实干）	h	≤24
4	拉伸强度	MPa	≥4.0
5	耐碱性，饱和 Ca(OH)$_2$ 溶液	—	168h 无异常
6	不透水性	—	0.3MPa，120min 不渗漏
7	剥离强度（潮湿基材涂层，潮湿养护）	MPa	≥2.5
8	剥离强度（干燥基材涂层，干燥养护）	MPa	≥3
9	低温施工性	—	0～5℃正常施工

6.5　喷涂聚脲

聚脲材料采用广州秀珀·国电联合体（4mm）（喷涂工艺）材料，材料性能见表3。

表 3　　　　　　　　喷涂聚脲材料性能指标（满足国标要求）

序号	项　　目		技术指标
1	固含量（％）		≥98
2	凝胶时间（s）		≤45
3	表干时间（s）		≤120
4	拉伸强度（MPa）		≥16
5	撕裂强度（N/mm）		≥50
6	断裂伸长率（％）		≥450
7	低温弯折性（℃）		≤ 40
8	不透水性（0.4MPa，2h）		不透水
9	加热伸缩率（％）	伸长	≤1.0
		收缩	≤1.0
10	黏结强度（MPa）		≥2.5
11	吸水率（％）		≤5.0
12	耐盐雾性		无锈蚀不起泡不脱落
13	耐油性		无锈蚀不起泡不脱落
14	耐液体介质		无锈蚀不起泡不脱落

聚脲喷涂施工工序为:

对施工现场周围不作聚脲喷涂的区域进行防护,以免聚脲喷涂施工产生的漆雾造成污染。喷涂前基面应保持干燥、清洁,保证基面温度高于露点温度 3℃。采用美国聚脲专业喷涂机及喷枪进行喷涂作业。喷涂作业时,喷枪垂直于待喷涂基面,距离适中并匀速移动;按照先细部构造后整体的作业顺序,可一次或分多次喷涂至设计要求的厚度。

当两次喷涂时间间隔超过 12h,再次喷涂前应在已有涂层表面涂刷聚脲专用搭接剂,搭接宽度应不小于 150mm。喷涂过程中将喷涂机置于坝底安全稳定处,采用自上而下喷涂的方法,如喷枪与喷涂机高差过大,须将喷枪管以膨胀螺丝固定于坝面或其他可稳定固定处,以减小喷枪管自重对施工的影响。

6.6 喷涂聚脲收边处理

通过工艺性试验的探索,某拱坝坝面聚脲施工收边处理宜采用边缘逐渐减薄的方式,以便涂层能更好地应对水流冲刷和流体的阻力。边缘渐薄对喷枪手的操作技能要求比较高,当喷枪手尚未掌握这一技巧时,可以采用管径 10cm 的泡沫管进行收边,人为地让边缘涂层减薄。它是利用泡沫管的圆弧面弧度与基材之间的缝隙达到收边的效果,虽然减薄的坡度较大,收边宽度较小,但是也还是有一定的效果的(见图 4)。不喷涂区域遮护可使用聚氯乙烯塑料布或者彩条布进行防护。

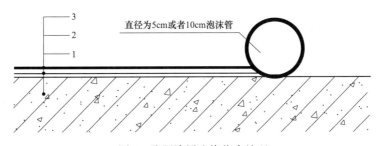

图 4　聚脲涂层边缘收头处理

1—基层;2—底漆层;3—喷涂聚脲涂层

6.7 搭接处理

当两次喷涂时间间隔超过 6h,再次喷涂前应在已有涂层表面 40cm 范围内用钢丝刷或角磨机进行轻度打磨,保证原有防水层表面清洁、干燥、无油污及其他污染物,再涂刷聚脲专用层间搭接剂,并在 4~8h 之内喷涂后续聚脲涂层,后续聚脲涂层与原有聚脲涂层搭接宽度至少 30cm。

6.8 现场检测与质量检查

涂层施工完毕,养护 7 天后应在监理的见证下对涂层随机取点进行厚度和黏结强度检测。

厚度检测:使用美国 defelsko Positector200 超声波测厚仪对涂层进行无损的厚度检测,厚度达不到设计要求的必须补喷聚脲,直至达到 4mm 设计厚度为止。

黏结强度:根据《建筑防水涂料试验方法》,使用美国 defelsko Positector AT 液压式拉拔仪对涂层随机取点进行黏结强度测试,所有测试点黏结强度必须达到 2MPa 以上或者基材拉裂，否则该涂层则视为不合格，必须进行返工处理。

7 资源配置

7.1 主要施工人员配置

根据工艺性试验的探索以及某拱坝坝面高处作业的实际情况，拟组织两套施工班组，采取施工人员轮流高空作业的形式。同一班组人员持续高空作业时间不得超过4h。具体人员岗位安排见表4。

表4 人员岗位设置

序号	工种	人数	备注
1	项目经理	1	持证上岗
2	施工队长（生产管理员）	1	持证上岗
3	喷枪手	4	持证上岗
4	打磨	6	
5	底漆	6	
6	电工	2	
7	技术员	2	
8	专职安全员	2	
9	技术质检员	2	
10	杂工	4	
11	吊篮操作员	1	

7.2 主要投入设备配置

通过工艺性试验的探索，以及各厂家对聚脲施工的经验积累，本工程聚脲防水层施工采用美国GRACO公司的H-XP3聚脲喷涂机及配套AP喷枪，该设备能够提供：①平稳的物料输送系统；②精确的物料计量系统；③均匀的物料混合系统；④良好的物料雾化系统；⑤方便的物料清洗系统。

另外，由于本工程最大施工高度近百米，无法搭建脚手架，只可选择依靠吊篮施工。机械设备置于基坑底下的地面上，使用专用管道将材料送至指定施工位置，当施工高度过高时，在坝面合适的位置对管道进行固定。施工使用主要设备见表5。

表5 主要设备情况表

序号	设备名称	规格型号	数量	国别产地	额定功率	备注
1	聚脲喷涂机	H-XP3	1	美国GRACO	22kW	备用15台
2	吊篮	6m	1	—	—	配备支撑臂
3	无气喷涂机	833	1	美国GRACO	12马力	汽油动力
4	工程车	—	1	—	2.5t	—
5	空气压缩机	—	1	—	7.5kW	—

续表

序号	设备名称	规格型号	数量	国别产地	额定功率	备注
6	聚脲专用喷枪	FUSION	1	美国 GRACO	—	—
7	油水分离器	—	1	—	—	—
8	附着力检测仪	Positector AT	1	美国 defelsko	—	—
9	超声波测厚仪	Positector200	1	美国 defelsko	—	—
10	角磨机	博世	5	德国	—	—

8　一般技术要求

所有施工材料必须在开工前两星期一次性进场，以方便进行第三方检测。进场时必须一并携带合格证和出厂检验报告。材料初步验收入库后，由监理见证抽取样品送第三方检测机构检测。

9　结语

针对 300m 级以上拱坝可能出现坝面裂缝的问题，提出了增设柔性防渗层的防渗方案。根据拱坝的受力特点，选择了以喷涂聚脲为主的复合防渗方案，并进行了试验。为了检验现场施工的可行性，进行了现场工艺性试验。试验结果表明：喷涂聚脲技术可以满足大面积快速施工的要求，弹性好，耐磨性好，耐低温，性能可调节范围广，抗腐蚀性能好，克服了混凝土开裂而聚脲变薄的缺陷，提高了聚脲的防渗效果，大大提高了坝体安全性。

采用聚脲喷涂防渗技术对高压水工混凝土的防护、防渗、降低运营成本以及施工时固化快和高水压坝体在长期安全运营具有重大意义。采用聚脲喷涂防渗技术处理后，渗水量大幅降低。喷涂聚脲弹性体技术在水利水电工程中具有广阔的推广前景。

参考文献

[1] 孙志恒，岳跃真. 聚脲弹性体喷涂技术及在水利工程中的应用 [J]. 大坝与安全，2005 (1)：64-66.

[2] 余建平，Louis，Durot，丁海涛. 单组分聚脲防水涂膜及其应用 [J]. 中国建筑防水，2006 (12)：20-22.

[3] 孙志恒，关遇时，鲍志强，王琛，冯士全. 喷涂聚脲弹性体技术在尼尔基水利工程中的应用 [J]. 水力发电，2006，32 (9)：31-33.

作者简介

顿　江 (1977—)，男，工程师，长期从事大型水电工程施工技术工作。

夹岩工程垫层料快速掺配工艺研究

刘会建，林　宏

（中国水利水电第十二工程局有限公司，浙江省杭州市　310004）

[摘　要]　针对贵州省夹岩水利枢纽工程混凝土面板堆石坝中垫层料填筑施工工期短、填筑强度大等特点，需解决高面板堆石坝垫层料快速施工等问题，通过对垫层料掺配工艺、方法等的研究，垫层料掺配改用运输皮带机进行掺配，该技术的运用实现了垫层料快速施工。

[关键词]　垫层料；快速掺配；夹岩水利枢纽工程

0　引言

根据以往混凝土面板堆石坝垫层料掺配施工经验，垫层料掺配时大多数采用人工配合机械进行掺配施工，掺配方式为碎石→砂→碎石……依次分层交叉摊铺，摊铺过程中严格控制摊铺料层厚[1]，这种掺配方式在垫层料掺配过程中受干扰因素多、机械投入大、掺配效率低下。

随着混凝土面板堆石坝填筑的不断机械化，填筑施工强度不断增加，传统垫层料掺配工艺越来越难以满足生产需求，同时也大大增加了施工成本。为此，通过对垫层料掺配工艺、方法等的研究，设计了带式输送机进行自动快速掺配，并在夹岩水利枢纽工程大坝填筑中得到了实践，较好地克服了夹岩水利枢纽工程垫层料施工工期短、填筑强度大的施工难题，实现了垫层料的快速施工。

1　工程概况

贵州省夹岩水利枢纽及黔西北供水工程（以下简称"夹岩工程"）位于贵州省毕节市及遵义市境内，由水源枢纽工程、毕大供水工程、灌区骨干输水工程三大部分组成。大坝坝型为混凝土面板堆石坝，最大坝高 154.0m，坝顶长 424.26m，最大坝宽 454.085m。混凝土面板堆石坝自上游至下游，依次由混凝土面板、垫层区、过渡区、堆石区、抛石区等组成。大坝填筑总量为 473.21 万 m^3，平均填筑强度约 33.1 万 m^3/月，高峰填筑强度 45 万 m^3/月。

垫层区作为面板混凝土直接支承体，向堆石体均匀传递水压力，并起辅助渗流控制作用[2]，本工程垫层区每层厚 40cm，水平宽 3.0m，上游迎水面坡比 1∶1.4，总填筑工程量为 17.85 万 m^3。

2　垫层料设计参数

根据设计单位提供的垫层料控制参数（详见表 1），垫层料采用 0～80mm 混合料与人工砂进行掺配，垫层料最大粒径为 80mm，级配曲线连续，小于 5mm 粒径含量为 35％～55％，小于 0.075mm 黏粒含量为 4％～8％，设计干密度 2.24g/cm³，孔隙率 17％，加水量初定为 0％～10％。

表 1　　　　　　　　　　　垫层料设计包络线

粒径 mm		800	600	400	200	100	80	60	40	20	10	5	2	1	0.5	0.25	0.1	0.075
设计值	上包线	—	—	—	—	100	100	100	95	74	65	55	40	28	21	16	9	8
	下包线	—	—	—	—	100	93	84	70	55	45	35	16.1	9.8	6.7	5.1	4.2	4

3　垫层料掺配试验

3.1　原材料检测情况

在垫层料进行掺配前，首先对半成品料仓的 0～80mm 混合料和成品仓的人工砂进行取样检测，试验结果见表 2。

表 2　　　　　　　0～80mm 混合料与人工砂颗粒级配分析结果

筛孔尺寸（mm）	各料分计筛余百分率（%）		各料小于某粒径的百分率（%）	
	0～80mm 混合料（mm）	人工砂	0～80mm 混合料（mm）	人工砂
100	0	—	—	—
80	0.0	—	100.0	—
60	3.6	—	100.0	—
40	11.5	—	96.4	—
20	32.2	—	84.9	—
10	17.6	—	52.7	—
5	14.3	0.0	35.1	100
2	9.1	43.1	20.8	100
1	1.8	11.9	11.7	56.9
0.5	3.6	20.7	9.9	45
0.25	2.1	9.2	6.3	24.3
0.1	1.4	5.0	4.2	15.1
0.075	0.4	1.4	2.8	10.1
<0.075	2.4	8.7	2.4	8.7

3.2　垫层料掺配比例初步选定

根据 0～80mm 混合料和人工砂检测结果及垫层料设计包络线要求，由试验室根据不同比例进行室内模拟掺配设计，其中 0～80mm 混合料与人工砂重量比分别按照 8：2、7：3、6：4 进行掺配的成品料，其颗粒级配满足或基本满足设计包络线要求。

3.3　垫层料掺配比例选定

根据试验室模拟掺配比例取得的试验成果进行现场掺配试验，试验结果如下：按照

8∶2 进行掺配的成品料，≤0.075 颗粒含量仅为 3.7%，不能满足设计包络线要求；按照7∶3 进行掺配的成品料，≤0.075 颗粒含量为 4.3%，满足设计要求，且颗分曲线处于包络线正中心；按照 6∶4 进行掺配的成品料，≤0.075 颗粒含量为 4.9%，满足设计要求，但颗分曲线处于贴近上包络线，在掺配施工时颗粒级配曲线易超出设计包络线。经过对比分析，最终采用 0～80mm 混合料与人工砂重量比按照 7∶3 比例进行现场掺配。

4 垫层料现场快速掺配工艺

4.1 垫层料掺配工艺流程

夹岩工程垫层料生产采用粗碎开路、中细碎与第一筛分系统构成闭路生产小于 80mm 垫层料，并通过超细碎（制砂）车间补充部分粗骨料和成品砂的工艺设计流程。

垫层料掺拌采用带式输送机自动掺拌，0～80mm 混合料从半成品料仓通过带式输送机进入混合带式输送机，人工砂从制砂车间出来后通过另一条带式输送机运输至混合带式输送机，两档料在混合带式输送机进行自动掺拌，并通过混合带式输送机运输至垫层料仓，在入仓过程中完成二次掺拌。垫层料成品料仓容积 6.1 万 m³。

4.2 垫层料现场快速掺配论证

为了实现带式输送机快速自动掺配，经现场试验论证：超细碎（制砂）机经带式输送机运输能力为 100t/h；半成品料带式输送机运输能力为 300t/h，因此必须采取人工砂和 0～80mm 混合料同时进行混合带式输送机生产一段时间后，再由超细碎（制砂）机继续供料一段时间才能满足掺配比例要求。

为便于现场施工质量控制，通过现场多次论证，最终决定采用待半成品经给料机与超细碎（制砂）机同步经带式输送机混合供料 7h 后，由超细碎（制砂）机继续供料 2h 进入垫层料成品料仓，达到 0～80mm 混合料与人工砂 7∶3 掺配比例，实现了垫层料快速掺配效果，且经试验室取样检测及跟踪监测检测，颗粒级配均能满足设计包络线要求。

5 垫层料碾压试验与分析

5.1 垫层料设计技术参数及碾压试验应达到的目的

垫层料填筑料的设计技术参数见表 3。

表3　　　　　　　　　　　　　垫层料技术参数表

最大粒径（mm）	D<5mm（%）	D<0.075mm（%）	设计干容重（g/cm³）	孔隙率（%）	渗透系数（cm/s）
80	35～55	4～8	2.24	17	10^{-4}～10^{-3}

碾压试验设计要求应达到的目标：

（1）优先拟定的垫层料铺层厚度及相应的最优岩石遍数。

（2）测定压实前后垫层料的颗粒级配，要求压实后级配满足设计要求。

（3）找出起始测定遍数至最终遍数过程中遍数与干容重之间的对应关系。

（4）压实后垫层料的透水性满足设计要求。

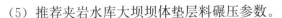

（5）推荐夹岩水库大坝坝体垫层料碾压参数。

5.2 碾压试验过程

垫层料试验场每个小场碾压试验有效面积为长（8m）×宽（4m），每个小场内按 1m×1m 方格网布置，每小场布置 32 个沉降点，沉降点布置采用 8cm×8cm 铁板作为观测点，小场间为 0.5m 过渡带，铺料厚度控制在 40±4cm，按 5％、10％洒水量进行碾压试验，采用"三一"SSR260 碾压机，将垫层料压实为 40cm。

5.3 碾压试验结果

本次碾压试验分别采用不同的洒水量和碾压遍数共进行了 6 小场碾压试验，试验检测结果见表 4。

表 4 垫层料碾压试验成果统计表

| | 原位密度试验（灌水法） | | | 其他及渗透试验检测数据 | | | |
场次	洒水量（％）	碾压遍数	干密度（g/cm³）	孔隙率（％）	曲率系数 C_c	不均匀系数 C_u	渗透系数（cm/s）
质量要求			≥2.24	≤17.0	1～3	≥5	$10^{-4}\sim10^{-3}$ cm/s
1	5	6	2.27	16.6	1.3	43.3	5.6×10^{-3}
2	5	8	2.27	16.7	1.2	44.8	3.5×10^{-3}
3	5	10	2.27	16.5	1.2	42.8	2.4×10^{-3}
4	10	6	2.27	16.6	1.1	41.6	7.3×10^{-3}
5	10	8	2.28	16.3	1.2	52	2.6×10^{-3}
6	10	10	2.27	16.8	1.3	54.2	1.2×10^{-3}

5.4 碾压参数适应性分析和最佳碾压参数选定

通过对检测结果分析，0～80mm 混合料与人工砂按照 7：3 进行掺配的垫层料，洒水量为 5％、10％对垫层料碾压试验各个参数检测结果影响不大；碾压 6 遍时，垫层料干密度、孔隙率、渗透系数、颗粒级配等技术指标均满足设计及规范技术要求。且增加碾压遍数对干密度和孔隙率等指标影响不大。

从施工进度和生产成本进行比较，采取碾压 6 遍、洒水量 5％作为现场质量控制参数，不但能节约生产成本，利于大坝垫层料快速施工，且施工质量能得到保证。

将碾压 6 遍、洒水量 5％的碾压试验结果与设计碾压试验技术参数，设计要求达到的试验目的进行比较，详见表 5。

表 5 推荐碾压参数与设计控制参数对比情况分析表

控制参数	干密度（g/cm³）	孔隙率（％）	洒水率（％）	渗透系数（％）	碾压遍数（遍）
设计值	≥2.24	≤17.0	0～10	$10^{-4}\sim10^{-3}$	8
试验推荐值	≥2.27	≤16.6	5	5.6×10^{-3}	6
是否满足设计要求	是	是	是	是	否

通过对比分析，最终推荐垫层料现场碾压参数施工控制指标为：铺料厚度为 440mm，采用 26t 自行式振动碾碾压遍数为 6 遍（2 遍低频高振＋3 遍高频低振＋1 遍低频高振），加水量 5％，控制振动碾行车速度在 2km/h，孔隙率≤16.6％，干密度≥2.27。

6 垫层料快速施工实施效果

为了保证垫层料快速施工，除了改进垫层料掺配方法、垫层料掺配比例优化、生产工艺调整、碾压最佳参数选择外，夹岩工程在垫层料填筑过程中采用以下改进措施：

（1）挤压边墙成型速度直接制约着垫层料施工速度，为了保证垫层料快速施工，由原来挤压边墙施工完成后进行摊铺施工，改为同步进行垫层料摊铺施工。

（2）垫层料碾压施工受天气情况影响较大，含水量过大时，容易出现弹簧土现象，对垫层料摊铺完成后未及时进行碾压的部位，做好防雨措施处理。

（3）在垫层料岸坡设置层高、分区标识等，为垫层料摊铺提供有力的参照物。

通过对改进垫层料掺配方法、生产工艺调整及施工措施调整，2018 年 4 月 19 至 2018 年 11 月 4 日，夹岩工程大坝垫层料由 1174.00 高程填筑至 1266.00m 高程，2019 年 5 月 1 日至 2019 年 8 月 28 日大坝垫层料填筑至 1324.61m 高程，历时 11.5 个月，共完成垫层填筑 377 层，填筑总方量为 15.23 万 m³，最大单月填筑方量约 2.5 万 m³，坝体最大沉降 308.21mm，达到了垫层料快速填筑要求。

7 结语

通过工程实践，为改良垫层料掺配工艺，解决传统机械掺配耗时耗力及占用施工场地等缺点，采用带式输送机掺配垫层料，不仅实现快速生产，满足填筑强度和现场施工工艺及设计要求，同时节省了大量资源，具有显著的经济效益。

参考文献

[1] 岑丛定，严大顺. 溧阳抽水蓄能电站垫层料加工工艺 [J]. 中国高新技术企业，2012（27）：87-90.
[2] SL 228—2013，混凝土面板堆石坝设计规范 [S].
[3] 凤炜，高强，李晓庆. 混凝土面板堆石坝垫料的设计准则 [J]. 水利规划与设计，2013（2）：55-59.

作者简介

刘会建，男，工程师，本科，主要从事水利水电工程施工工作。E-mail：25649189@qq.com

面板防裂技术在夹岩高面板堆石坝中的应用研究

马现军，李威威，杨岁明

（中国水利水电第十二工程局有限公司，浙江省杭州市　310004）

[摘　要]　混凝土面板堆石坝因其安全性好、适应性强、工期短、造价低等特点，在近二三十年获得了高速的发展，但混凝土面板防裂问题仍是混凝土面板堆石坝的重要研究课题之一。夹岩水利枢纽工程混凝土面板堆石坝在面板防裂技术方面进行了一系列的探索与实践，为相关高面板防裂研究提供了借鉴和经验。

[关键词]　混凝土面板；防裂措施；高面板堆石坝；夹岩水利枢纽工程

0　引言

从 20 世纪 80 年代中期起，我国开始采用现代技术修建混凝土面板堆石坝[1]，至今已走过了 30 多年的历程，虽然混凝土面板堆石坝工程得到了高速的发展，但混凝土面板防裂问题仍是混凝土面板堆石坝的重要研究课题之一。

混凝土面板产生裂缝的原因主要有结构性裂缝和非结构性裂缝两类[2]。夹岩水利枢纽工程为尽量避免以上两类裂缝的产生，主要从控制面板和垫层之间脱空、减少因混凝土施工不当或混凝土收缩造成的裂缝等方面着手，以期达到面板混凝土防裂的目的。

夹岩水利枢纽工程混凝土面板堆石坝最大坝高 154.00m，坝顶高程为 1328.00m，坝顶长 424.26m、宽 10.00m。大坝面板为 C30W12F100 钢筋混凝土防渗面板，厚度按公式 $t=0.4+0.003\,5H$ 线性变化，底部最厚为 923mm，顶部厚为 400mm，最大斜长为 259.12m，面板内布置双层双向钢筋。

1　设计措施

1.1　采用挤压边墙技术

大坝上游坡面与混凝土面板之间采用挤压边墙进行固坡，挤压边墙标准断面为顶宽 100mm，底宽 660mm，层高 400mm，上游坡比为 1∶1.4 的直角梯形。通过不断的优化调整，挤压边墙快速施工技术得到了良好的运用[3]。

在面板混凝土施工前，人工沿面板垂直缝将止水铜片底部的挤压边墙凿断，以减少挤压边墙对面板混凝土的约束；然后采用 M5 砂浆对坡面进行整修，整修完毕后喷涂"三油两砂"乳化沥青，进一步减少挤压边墙对面板混凝土的约束。

1.2　合理分缝

为适应坝体变形，大坝面板共分为 46 块，其中大坝河床受压区 6 块，每块宽 12.0m，缝间设置 7 条垂直压性缝；两岸岸坡受拉区 40 块，每块宽 8.0m，缝间设置 38 条垂直张性缝。因最大坝高超过 150m，通过面板应力变形三维有限元分析，结合大坝坝体填筑强度、混凝土面板浇筑强度等多种因素，在1254.00m高程将面板分成两期进行施工，缝间设置水平施工缝辅助止水系统[4]。

1.3 增加坝体荷载

坝体填筑至1254m高程（一期面板顶高程）后，继续将坝体全断面填筑至1266m高程；坝体填筑至1324.61m高程（二期面板顶高程）后，采用挤压边墙＋过渡料回填的方式对坝顶进行加高处理，加高40cm，以上两种措施均通过增加坝体顶部荷载，便于后期坝体沉降。

1.4 使用掺和料

大坝面板混凝土中掺入20％～30％的Ⅱ级粉煤灰和1.0kg/m³的聚丙烯纤维。混凝土中掺入粉煤灰有利于降低混凝土温升，推迟最大温度峰值出现的时间，对大体积混凝土结构抗裂防渗较为有利；掺入聚丙烯纤维不仅有利于提高面板混凝土的抗裂、限裂性能，而且可以提高混凝土的整体性、耐久性[5]。

2 混凝土配合比设计

混凝土配合比设计的好坏直接影响混凝土质量和裂缝的发生，夹岩水利枢纽工程大坝面板依托中国水利水电第十二工程有限公司，在面板混凝土配合比设计时选取了水化热较低的水泥和优质混凝土减水剂，并选取优质的粉煤灰作为混凝土掺和料，依据《水工混凝土配合比设计规程》[6]并通过一元二次线性回归方程计算，在满足设计强度的前提下尽量降低混凝土胶凝材料的用量。

2.1 大坝一期面板混凝土配合比设计

夹岩水利枢纽工程于2018年3月28日开始，并于2018年10月3日完成大坝一期面板施工配合比设计工作，最终形成了3个面板混凝土推荐配合比，防裂剂掺量均为8％，坍落度分别为70～90mm、50～70mm、30～50mm，均通过了第三方试验室复核，混凝土抗压强度、抗冻、抗渗性能满足设计技术要求。最后通过对比分析现场施工运距等情况，大坝一期面板采用坍落度为50～70mm的混凝土配合比。大坝一期面板混凝土配合比见表1。

表1　　　　　　　　　　　大坝一期面板混凝土配合比表

强度等级	级配	设计坍落度（mm）	水胶比	砂率（%）	1m³ 混凝土材料用量（kg/m³）								
					水泥	粉煤灰	聚丙烯纤维	砂	小石	中石	高效减水剂	引气剂	水	防裂剂
C30W12 F100	二	50～70	0.39	35	288	56	1	661	553	676	2.99	0.011 2	146	30

2.2 面板模拟试验

大坝一期面板浇筑完成后，在混凝土养护期间发现了较多的裂缝，主要集中在大坝中部。为进一步分析大坝一期面板裂缝产生原因，决定按一定比例复制面板模型，模拟面板四周受约束条件下面板变形和裂缝的发生情况，以此为基础分析面板Ⅰ序、Ⅱ序在不同约束条件下裂缝的发生情况，判断大坝一期面板裂缝产生的原因，以便在大坝二期面板施工时采取有效的应对措施。大坝面板试验区混凝土配合比见表 2。

表 2 　　　　　　　　　大坝面板试验区混凝土配佤比统计表

试验序号	强度等级	级配	设计坍落度(mm)	1m³ 混凝土材料用量（kg/m³）									
				水泥	粉煤灰	聚丙烯纤维	砂	小石	中石	液态高效减水剂	引气剂	水	防裂剂
1	C30W12F100	二	50-70	288	56	1	661	553	676	2.99	0.018 7	146	30
2	C30W12F100	二	50-70	288	56	1	661	553	676	2.99	0.018 7	146	30
3	C30W12F100	二	50-70	288	56	1	661	553	676	2.99	0.018 7	146	30
4	C30W12F100	二	50-70	318	56	1	658	550	672	2.99	0.011 22	146	—
5	C30W12F100	二	50-70	318	56	1	658	550	672	2.99	0.011 22	146	—

初步分析：根据试验区混凝土未出现裂缝，结合大坝一期面板裂缝均为小于 0.2mm 表观裂缝，本次试验与大坝一期面板Ⅰ序混凝土施工时气温明显小于出现裂缝的 7 块Ⅱ序块施工平均气温。初步断定大坝一期面板裂缝为温度表观裂缝，裂缝产生原因为浇筑时环境气温较高、昼夜温差较大导致。

2.3 大坝二期面板混凝土配合比设计

根据一期面板混凝土施工经验，施工过程中采用坍落度为 50～70mm 混凝土配合比较为理想；同时对比面板模拟试验情况，大坝面板试验区的 5 块试验混凝土均未发现裂缝，因此决定大坝二期面板混凝土取消 VF 防裂剂掺入，并对混凝土配合比进行优化调整。大坝二期面板混凝土配合比见表 3。

表 3 　　　　　　　　　大坝二期面板混凝土配合比表

强度等级	级配	设计坍落度(mm)	水胶比	砂率(%)	1m³ 混凝土材料用量（kg/m³）								
					水泥	粉煤灰	聚丙烯纤维	砂	小石	中石	高效减水剂	引气剂	水	防裂剂
C30W12F100	二	50～70	0.41	35	303	53	1	664	555	679	2.85	0.010 7	146	—

3　施工措施

3.1　施工时机选择

2018 年 9 月 29 日大坝坝体纵上 0＋050.000 至上游挤压边墙已填筑至 1254m 高程（一期面板顶高程），坝体总体预沉降时间约为 5.3 个月；且根据坝体沉降观测成果，一期面板附近坝体沉降速率为 4.53mm/月，小于 5mm/月，满足规范要求，具备一期面板浇筑条件。

2019 年 8 月 28 日大坝坝体全断面填筑至 1324.61m 高程（二期面板顶高程），坝体总体预沉降时间约为 6.1 个月；且根据坝体沉降观测成果，一期面板附近坝体沉降速率为

4.45mm/月，小于 5mm/月，满足规范要求，具备二期面板浇筑条件。

3.2 坝顶拌和系统布置

基于面板裂缝发生机理，为减少混凝土的塑形收缩量，要求面板混凝土拌和物在满足强度和施工度的前提下，尽量减少胶凝材料的用量。同时由于面板混凝土对入溜槽、入仓混凝土拌合物的坍落度、和易性等要求较高，为有效降低混凝土运输过程中的坍落度损失，使得入仓坍落度可以精准控制，在大坝坝顶 1266、1325.0m 高程预留平台布置一座混凝土拌和系统，用于大坝面板一、二期面板混凝土的拌制。生产能力根据面板浇筑强度确定，其运输距离基本在 50～500m，从而最大限度地减少了运输中坍落度损失，使拌和系统拌制混凝土时可采用较低坍落度的设计配合比。

3.3 无轨滑模设计

（1）大坝单块面板设计为 12m 宽和 8m 宽 2 种，为方便现场施工，故将滑模设计成可拆卸滑模，每台滑模长 14m，宽 1.2m，其中滑模主体部分长 10m，两端可拆卸部分各长 2m，施工时根据面板宽度进行现场拼装。

（2）在滑模主体内设置集水箱，通过冲、放水来调整滑模整体自重，在施工中可根据现场混凝土浮托力变化及时调整自重，以保证滑模在滑升过程中不出现"抬模"现象。

（3）为配合面板的二次抹面工艺，在滑模主体下方设置可调二次抹面平台，平台通过两台手拉葫芦与滑模主体连接，可根据脱模后混凝土初凝时间调整抹面平台与滑模主体间的距离，以便控制二次抹面时间。同时在抹面平台两端布置钢丝绳作为保险装置。

3.4 其他施工措施

（1）选择低温时段施工：环境气温较高时混凝土浇筑时间选择在温度较低的天气或夜间进行，避开高温时段浇筑。

（2）施工期间从拌和系统配合比、搅拌时间、等待时间等方面严格控制入仓混凝土坍落度，并加大坍落度和温度的检测频次，入仓坍落度控制在 5cm 以内。

（3）高温天气浇筑混凝土时，安排专人与拌和站进行沟通协调，随要随拌，尽量减少运输过程中的等待间隙时间及混凝土料"压车"现象，缩短混凝土从拌和站到入模的运输时间及浇筑时间。

（4）利用其他拌和系统的水泥罐和粉煤灰罐用于水泥的备用预存，在混凝土浇筑期间采用水泥罐车进行倒运，尽可能地降低水泥温度。

（5）拌和系统的砂石骨料仓设置遮阳棚，避免因日照骨料温度升高。

（6）在混凝土浇筑过程中，在溜槽上部采用彩条布进行覆盖遮挡、滑模及抹面台车设置遮阳篷，避免因日照混凝土温度升高。

3.5 养护

在混凝土脱模后终凝前，及时采用塑料薄膜覆盖保湿，初凝后揭除薄膜并采用土工布覆盖，通过预埋铁丝将土工布固定在面板混凝土上。

采用移动式胶管人工洒水，整块面板浇筑完成后，采用花管长流水养护，并采取人工局部补洒。养护钢管通过右岸高位水池供水。一期面板混凝土养护不少于 90 天，二期面板混凝土养护至下闸蓄水。

3.6　二期面板施工增加控制措施

（1）在坝顶高位水池处采用遮阳网对该水池进行覆盖，避免因日照水温升高。

（2）为防止高温天气时混凝土温度升高，在中石、小石仓布置喷淋水管，采取喷淋降温，降低骨料温度[7]。

（3）增加水泥冷却时间和转存能力。

4　结语

根据《水工混凝土建筑物缺陷检测和评估技术规程》（DL/T 5251—2010）中"5.2.2 混凝土裂缝分类"可知，A 类裂缝特征为：缝宽 $\delta < 0.2mm$、缝深 $h \leqslant 300mm$；B 类裂缝特征为：缝宽 $0.2mm \leqslant \delta < 0.3mm$、缝深 $300mm < h \leqslant 1000mm$；C 类裂缝特征为：缝宽 $0.3mm \leqslant \delta < 0.5mm$、缝深 $1000mm < h \leqslant 5000mm$；D 类裂缝特征为：缝宽 $\delta \geqslant 0.5mm$、缝深 $h > 5000mm$[8]。

截至目前，夹岩水利枢纽工程混凝土面板堆石坝面板已于 2020 年 5 月 12 日全部浇筑完成，大坝一期面板共发现 58 条裂缝，最大缝宽 0.14mm（缝长 8m），所有裂缝均为：缝宽 $\delta < 0.2mm$、缝深 $h \leqslant 300mm$，属 A 类裂缝，面板底部尚无脱空现象；大坝二期面板尚未发现裂缝。

参考文献

[1] 蒋国澄. 混凝土面板堆石坝的回顾与展望 [C]//中国水电 100 年（1910-2010）. 中国水力发电工程学会，2010：203-209.

[2] 阙进彬，惠世前，马社堂. 泗南江水电站堆石坝混凝土面板防裂技术 [J]. 云南水力发电，2009，25 (S1)：21-25.

[3] 冯友文，谭其志，刘少东. 挤压边墙快速施工技术在高面板堆石坝中的应用研究 [J]. 水利水电快报，2019，40 (6)：48-51.

[4] 管志保，鲁思远，任庆钰，陈勇. 夹岩水利枢纽工程高面板堆石坝面板应力分析及施工分期 [J]. 水利水电快报，2019，40 (6)：58-62.

[5] 康文龙. 混凝土面板堆石坝的面板防裂与聚丙烯纤维混凝土 [J]. 水利技术监督，2002 (3)：34-36.

[6] DL/T 5330—2015，水工混凝土配合比设计规程 [S].

[7] 任小朝，闫晓云. 高面板坝面板混凝土防裂质量控制要点 [J]. 陕西水利，2009 (S1)：37-38.

[8] DL/T 5251—2010，水工混凝土建筑物缺陷检测和评估技术规程 [S].

作者简介

马现军，男，工程师，本科，主要从事水利水电工程施工技术管理工作；E-mail：278940232@qq.com

李威威，男，助理工程师，本科，主要从事水利水电工程施工技术管理工作。E-mail：540473163@qq.com

两河口水电站尾水洞出口
混凝土围堰设计与施工技术

应慧能

（中国水利水电第十二工程局有限公司，浙江省杭州市　310004）

[摘　要]　雅砻江两河口水电站尾水洞兼初期导流工程采用"枯期围堰挡水、汛期围堰过水淹没基坑，洞内预留岩塞安全度汛"的施工导流方案、挡水围堰采用混凝土结构。导流洞出口围堰设计与施工对整个工程的顺利实施起到关键性作用。本文对导流洞出口围堰设计与施工技术进行阐述，类似工程可进行借鉴。

[关键词]　围堰；设计；施工；技术

1　工程概况

两河口水电站位于四川省甘孜藏族自治州雅江县境内的雅砻江干流上，为雅砻江中、下游梯级电站的控制性水库电站工程，枢纽工程为一等大（1）型工程。大坝施工采用全年围堰挡水、隧洞过流的导流方式，布置两条初期导流洞，初期导流洞尾部与尾水洞结合，出口处设有尾水闸门及启闭设备。

挡水围堰采用重力式混凝土结构，混凝土强度为 C20。1、2 号初期导流洞出口挡水围堰分别独立布置，1 号围堰长约 101m，2 号围堰长约 112m，见图 1。

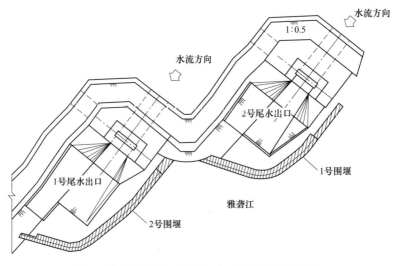

图 1　初期导流洞（尾水）出口围堰平面布置图

2 尾水出口围堰结构设计

2.1 设计依据

（1）《水利水电工程施工组织设计手册》（第一卷　施工规划）、《防洪标准》（GB 50201—2014）及业主、设计提供的水文气象及工程地质资料。

（2）雅砻江两河口水电站初期导流洞工程施工组织设计优化咨询会议的精神。

2.2 围堰挡水设计标准

尾水出口枯水期挡水围堰按 10 年一遇洪水标准进行设计，根据招标文件提供的水文资料，导流洞出口处雅砻江 10 年一遇全年分期洪水流量、水位情况如表 1 所示。

表 1　　　　　　　　　　　10 年一遇分期设计洪水成果表

时段	流量 $Q_p = 10\%$（m³/s）	水位（m）	备注
1 月	246	2602.37	
2 月	215	2602.23	
3 月	361	2602.90	
4 月	792	2604.66	
5 月	1250	2606.33	洪水成果使用期：5.1～5.25
6～9 月	4140	2614.04	洪水成果使用期：5.26～10.5
10 月	1780	2608.01	洪水成果使用期：10.6～10.31
11 月	750	2604.50	
12 月	406	2602.17	

根据上述水文条件及雅砻江两河口水电站初期导流洞工程施工组织设计优化咨询会议的精神，出口枯水期施工时段延长至 5 月，按照 5 月 10 年一遇洪水标准设计，设计流量 $Q = 1250\text{m}^3/\text{s}$，相应最高洪水位 2606.33m，依据此洪水位标准加安全超高及河床束窄后造成的水位壅高，确定围堰堰顶高程为 2607.50m。

2.3 围堰结构设计

（1）围堰型式。出口围堰采用混凝土围堰。

（2）堰顶高程。根据 10 年一遇分期设计洪水成果表，在流量 $Q_p = 10\%$ 取值 1250m³/s 时洪水位为 2606.33m，经计算，加上河床束窄后造成的水位壅高及安全超高，确定围堰顶高程为 2607.50m。

（3）堰顶宽度。依据雅砻江两河口水电站初期导流洞工程施工组织设计优化咨询会议精神，不考虑围堰作交通运输通道，围堰堰顶宽度设计为 0.5m。

（4）堰体结构设计。尾水出口围堰顶高程为 2607.5m，分水上、水下两期设计及施工。第一期为 2603.5 高程以下大方脚部分（即水下混凝土浇筑部分），两侧均为垂直面，宽度 5.0m；第二期为 2603.5m 高程以上部分（即水上混凝土浇筑部分），采用直角梯形断面，高 4m，顶宽 0.5m，迎水面为直坡面，背水面为 1∶0.6 斜坡，围堰顶高程为 2607.5m。第一期与第二期围堰混凝土之间设置插筋连接。围堰结构剖面图见图 2。

2.4 围堰抗滑稳定验算

取 1m 单宽堰体,作用于围堰上的荷载包括:自重、水压力、基底上浮力(扬压力)。按抗剪强度公式验算抗滑稳定,抗滑稳定系数计算公式为:

$$K_c = \frac{f \sum W}{\sum P} \tag{1}$$

式中 K_c——抗滑稳定安全系数,按《混凝土重力坝设计规范》(SL 319—2018)的规定,K_c 不小于 1.05;

f——堰体混凝土与基岩接触面的抗剪摩擦系数,取 $f = 0.65$[取值依据《水利水电工程施工组织设计手册》(第一卷 施工规划)];

$\sum W$——作用于基础滑动面上的总垂直力;

$\sum P$——作用于基础滑动面方向上的总合力。

经验算,围堰体抗滑稳定性满足抗滑稳定安全要求。

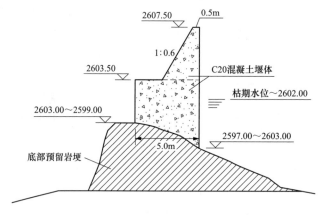

图 2 围堰结构剖面图(单位:m)

2.5 围堰基础防渗设计

防渗处理采用帷幕灌浆,防渗轴线与围堰轴线重合,灌浆孔进入基岩 5m,灌浆孔布置双排孔呈梅花型布设,孔距为 1.5m、排距 0.75m,共布置帷幕孔 280 个,防渗处理在 2603.50 高程以下围堰混凝土浇筑完成后进行。

帷幕灌浆采用阻塞自上而下的方式,灌浆分两排两次序,先迎水面灌浆,再后排灌浆。单孔分 2 段次施工,1 段次是基岩和混凝土底部接触带灌浆(进入基岩 1m),余下为第 2 段次(进入基岩 1~5m)施工。

3 尾水出口围堰施工技术

3.1 水下混凝土浇筑

水下混凝土工艺程序包括:测量放样、水下清基、立模就位、清仓堵漏、水下混凝土浇筑及模板拆除。

(1)测量放样及基础开挖清理。

测量放样定出围堰大致位置后，由潜水员配合进行围堰基础水下地形测量，依据实测的地形情况，对围堰的轴线做适当的调整。围堰施工前先进行围堰基础清理施工。

围堰基础清基工作主要采用 $1.2m^3$ 长臂反铲进行土方及松石的挖除清理，考虑存在挖机清理不彻底的情形，必要时由潜水员水下配合清基，所有清理弃渣吊出水面转运至指定位置堆放。

（2）模板组装沉放。

水下混凝土单仓长度按 6.0m 控制。模板围枋采用 20 号槽钢，围枋内侧焊有模板插槽，模板围枋水上拼装，利用 35t 汽车吊沉放。端头围枋与里外侧围枋采用 $\phi 20$ 高强螺栓连接。围枋外侧采用双排钢管排架固定，防止浇筑过程跑模。

围枋就位后，沿插槽插入模板，水下混凝土浇筑时，模板露出水面以上 1.0m。

（3）清仓堵缝。

模板就位后，由潜水员进行清仓堵缝，清除仓面残留物，采用模袋混凝土堵塞模板与基岩间不密合缝隙。

（4）混凝土浇筑。

采用 C20 二级配混凝土，最大骨料粒径 40mm。水下混凝土浇筑采用泵送＋导管法，混凝土由罐车运送至混凝土输送泵，经泵压送入导管的承料漏斗中。导管及承料漏斗事先加工制作，导管内径 25cm，每节管长 1～2m，法兰加橡皮垫圈密封连接，承料斗用钢管架搭架固定在离仓面水位 3.5m 处，承料斗容积不小于 $3.0m^3$。

混凝土开浇时，导管底部离基岩面 10cm，混凝土浇筑连续进行，浇筑时导管埋入混凝土的深度 1.2～1.5m，为保证导管提升速度的准确度，导管标上刻度尺。每个仓内布置一根导管浇筑，导管按仓面居中布置，遇地形变化较大时专门增设一导管浇筑最低处。

（5）模板拆除。

拆模时现场钻孔取样混凝土试件抗压强度不低于 3.5MPa，或试验室标养试件强度不低于 7.0MPa。

围堰水下部位混凝土浇筑见图 3。

图 3　围堰水下混凝土浇筑

3.2 水上部位混凝土浇筑

水上混凝土浇筑采用标准模板立模，采用脚手架进行固定，采用 HB30 泵直接压送入仓方式进行浇筑，浇筑仓位长度为 12m，两浇筑块间施工缝作凿毛处理。

水上部分混凝土浇筑在围堰基础防渗结束后进行，浇筑前清除原混凝土结合面的浮浆、疏松层、松动的骨料。

围堰水上部位混凝土浇筑见图 4。

图 4　围堰水上混凝土浇筑

4 结语

该混凝土围堰施工完成后，经检查围堰体渗流量满足基坑建筑物安全施工要求，围堰体混凝土强度、稳定性满足度汛要求。实践表明，在峡谷河道上布置纵向混凝土围堰是安全可靠、切实可行的。出口混凝土围堰的安全运行，有效保证了初期导流洞（尾水洞）出口开挖和闸室混凝土浇筑按节点工期目标完成。

参考文献

［1］康世荣，陈东山．水利水电工程施工组织设计手册　第一卷　施工规划［M］．北京：中国水利水电出版社，1996．

［2］GB 50201—2014，防洪标准［S］．

作者简介

应慧能（1985—），男，高级工程师，主要从事水电工程技术管理工作。

浅谈池潭水电厂扩建工程进水口岩塞施工

梅花雪，沈文丰

（中国水利水电第十二工程局有限公司，浙江省杭州市　310004）

[摘　要]　池潭水电站改扩建工程——芦庵滩水电站，利用现有大坝在水库内取水，进水口施工场地狭窄、交叉作业多、材料运输难且工期短，一个枯水期内难以实现进水口全部施工。本文主要介绍利用预留岩塞，实现枯水期度汛，并在第二个枯水期内完成岩塞、260m 高程以下开挖及拦污栅施工。池潭扩建工程主要利用预留岩塞及闸门轮转度汛，其中岩塞施工对类似工程具有借鉴意义。

[关键词]　进水口；岩塞；度汛；闸门井

1　工程概况

芦庵滩水电站（池潭水电厂扩建工程）工程位于福建省西北部泰宁县境内的富屯溪支流——金溪上，距泰宁县城 33km。芦庵滩水电站属梯级电站的龙头水电站，以发电为主，兼顾防洪等综合利用。芦庵滩水电站利用原有的大坝挡水发电，新建进水口、引水隧洞及地面发电厂房和开关站等。

进水口布置在大坝上游约 130m 的左岸山体，为岸坡竖井式，拦污栅和闸门井分开布置，两者中心线相距 41.6m。闸门井布置在靠上坝公路内侧的山体中，拦污栅竖直布置在水库左岸，底槛结构高程 244.0m。

2　度汛要求及安排

本工程枯水期为 11 月至次年 3 月，且施工时间横跨春节，工期压力及施工组织安排难度较大。水库上游为大金湖旅游景区，持续低水位难以保障旅游收入。为协调水库水位，工程进水口施工需利用好两个枯水期施工时间，克服春节影响、交叉作业多、混凝土施工强度大等的难点。整个进水口施工需实现从岩塞到闸门轮转度汛的计划安排，即一枯利用岩塞度汛，汛期完成闸门沉放及进水口库水位以上施工，二枯完成岩塞及进水口剩余部分施工。二枯期间，利用闸门进行防护，以防止出现水库水倒灌进入流道及厂房的风险。

3　岩塞长度设计

因进水口施工时水位尚未确定下降时间，且进水口水位具有不确定性，初步岩塞长度按照水下爆破设计考虑。根据国内外施工经验，岩塞的几何尺寸，就厚度（H）与直径之比，有的小于 1.0，有的大于 1.0~2.0。因本工程与水下岩塞爆破情况不同，且老水库蓄水期间，引水隧洞和厂房还需施工，前期地质勘探孔透水率较高。结合整体情况，在参照国内外水下岩塞相同经验基础上，按照保守方式预留岩塞，最后经过讨论，预留 18m 岩塞。表 1 为国内外部分岩塞（含水下）工程简要综合表。

表 1　　　　　　　　国内外部分岩塞（含水下）工程简要综合表

序号	工程名称	工程类别	爆破日期	爆破水深（m）	工程地质	岩塞尺寸（m）			岩塞方量实方（m³）	总药量（kg）	单耗（kg/m³）	备注
						直径	厚度	H/D				
1	丰满250泄水工程	泄水	1979.5	19.8	变质砾石	11	15	1.36	3794	4075.6	1.07	水下
2	密云水库	防洪	1980.7	34.2	片麻岩、灰绿岩	5.5	5.8	0.91	769	738.9	1.04	水下
3	横锦水库	防洪	1984.9	21.8	流纹岩	6	9	1.5	764.3	627.1	0.82	水下
4	温州发电二期	发电	2002	13	凝灰岩	5.2	6.1	1.17	102	183.32	1.80	水下
5	长甸改造工程	发电	2014.6	35		10～14.4	12.5	～1	1417	2967.39		水下
6	古田溪改扩建工程	发电	2014.12	—	凝灰岩	9.3	25.5	2.7	1938	2326.8	1.20	度汛

4　岩塞施工难点及应对措施

难点：距离混凝土及闸门仅 10.317m。

对策：岩塞开挖时，距离混凝土及闸门仅 10.317m，具体位置详见图 1 预留岩塞示意图。开挖时，需保证已经成形闸门井混凝土及闸门的安全，经过充分讨论，主要通过控制震动产生、传播、保护对象三方面进行岩塞控制爆破施工。

4.1　震动源控制

为了减小单响药量，减小爆破震动对厂房及闸门井的影响，岩塞开挖分为上、下半洞进行开挖施工，上半洞施工使用短进尺进行爆破施工，单次进尺不超过 1m，上半洞开挖时，尽量使用较多段位，以保证单响药量不超标。下半洞因自由面变多，且使用预留爆破，进尺适当加长至 2m。

4.2　传爆控制

在岩塞及闸门井之间设置两排梅花形布置的 $\phi90$、$L=6m@40cm$ 空孔，孔洞在方平段周边均匀布置，通过空孔，削弱爆破传爆能量，以减小震动速度。

4.3　闸门及混凝土防护

为防止混凝土及闸门井在爆破时受影响，在引 0+13.683 至引 0+24 之间搭设满堂脚手架，脚手架外侧使用木模板满铺，内侧及混凝土表面设置柔性垫层，以减小震动冲击波对已经成形的混凝土及闸门的影响。

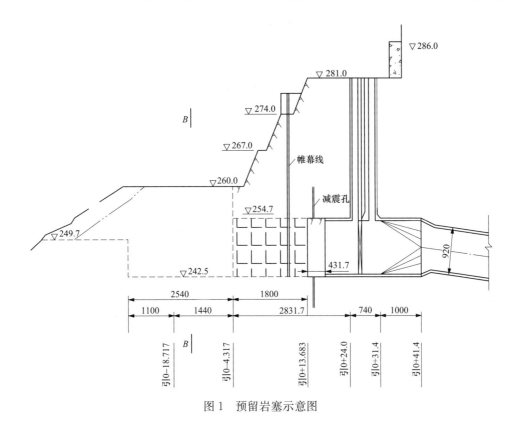

图 1　预留岩塞示意图

5　岩塞爆破效果及施工

5.1　岩塞施工程序

基本程序：进水口岩塞开挖分为上下半洞进行施工，结合进水口基坑开挖进行分层。进水口第三层上部开挖的完成时，进行岩塞上半洞的开挖，第三层下部开挖完成后，再进行岩塞下半洞开挖。

为保证已经成形的闸门井及进水口隧洞段施工安全，上半洞开挖时，单循环进尺不超过 1m（进洞口导洞先行，后续跟进扩挖），开挖后立即进行钢拱架、锚喷支护，确保围岩稳定及作业安全。

开挖方法：YT28 手风钻造孔，毫秒微差网络爆破，半洞全断面一次性爆破成型方式开挖。钻孔时，采用脚手架搭设作业平台。爆破后 PC220 挖掘机、ZL50 装载机翻渣装车，20t 自卸汽车运渣至指定弃渣场。

支护方法：采用装载机配合人工安装钢拱架，利用已经按照好的锚杆与拱架进行焊接，喷锚支护与明挖支护方法相同。

为了抓紧施工进度，综合考虑岩塞下半洞使用先预裂，后进行梯段爆破的施工方法进行施工。

5.2　爆破布孔及装药

如图 2 所示为岩塞上半洞炮孔布置图。表 2～表 4 分别为岩塞上半洞爆破参数表、成果表（进洞口 2m 除外以及岩塞下半洞爆破表）。

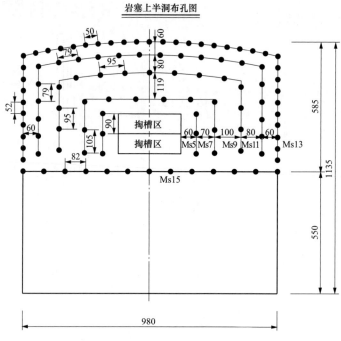

图 2　岩塞上半洞炮孔布置图

表 2　　　　　　　　　岩塞上半洞爆破参数表（进洞口 2m 除外）

部位		钻孔参数				装药参数		
	类别	孔径 （mm）	孔深 （m）	间距 （cm）	孔数 （个）	药卷直径 （mm）	单孔药量 （kg）	总药量 （kg）
上半洞全 断面开挖	掏槽孔	42	0.5	20	8	32	0.4	3.2
		42	0.9	20	8	32	0.4	3.2
		42	1.3	20	8	32	0.6	4.8
	崩落孔	42	1.6~1.8	105~90	31	32	0.6	18.6
	辅助孔	42	1.4	79	22	32	0.4	8.8
	光爆孔	50	1.15	50~52	39	25	0.3	11.7
	底孔	50	1.2	82	13	25	0.8	10.4
	合计				129			60.7

表 3　　　　　　　　　岩塞上半洞爆破成果表（进洞口 2m 除外）

参数成果	岩塞（上半洞）
断面面积（m²）	55.22
孔数（个）	129
炮孔密度（个/m²）	2.3

续表

参数成果	岩塞（上半洞）
爆破方量（m³）	55.22
掏槽孔单耗（kg/m³）	10.92
爆破方量（m³）	55.22
总装药量（kg）	60.7
光爆孔线密度（g/m）	250
单耗（kg/m³）	1.1
爆破效率	87%
实际进尺（m）	1.0

表 4　　　　　　　　　　岩塞下半洞爆破成果表

部位	预裂线密度（g/m）	炮孔间距（m）	总装药量（kg）	爆破方量（m³）	综合单耗（kg/m³）
岩塞下半洞	291	1.4	96＋297＋189	970.2	0.60

　　岩塞上半洞进洞口开挖使用导洞先行，跟进扩挖的方式进行，根据新奥法原理，进洞口使用短进尺，若爆破，开挖完成以后，随后进行钢拱架安装施工。为尽快完成岩塞下半洞开挖施工，根据前期开挖成果及震动监测成果，离超标尚有一定限度，且配送炸药难度越来越大，综合考虑岩塞下半洞主要使用先预裂后梯段爆破的施工方法进行施工。下半洞开挖施工主要使用潜孔钻进行钻孔。根据段位限制，分两次进行爆破。

5.3　控制爆破成果

　　如表 5 所示为岩塞开挖爆破震动统计表。

表 5　　　　　　　　岩塞开挖爆破震动统计表（震动速度，cm/s）

日期	部位	最大段位药量（kg）	总药量（kg）	闸门井	中控室	开关站
2017 年 11 月 4 日	岩塞上半洞先导洞	6.4	18	1.2	—	—
2017 年 11 月 5 日	岩塞上半洞扩挖	18	40	3.5	—	—
2017 年 11 月 7～18 日	岩塞上半洞开挖	18.6	60.7	0.217～3.67	—	—
2017 年 11 月 21 日	下半洞预裂	24	96	4.76	—	—
2017 年 11 月 22 日、2017 年 11 月 24 日	下半洞梯段爆破	27	297、189	0.96、4.56	—	—

注　—表示未触发。

6 结语

池潭扩建工程岩塞按照计划工期提前开挖完成,闸门井混凝土、止水铜片、闸门保护完好,未见裂缝,震动监测及锚杆应力计监测数据正常,未见异常变化。

从 2018 年 11 月 1 日岩塞开挖至 2018 年 2 月 13 日基本具备下闸蓄水条件,进水口二枯施工历时 104 天,完成进水口 262m 高程以下的全部施工,为池潭水电厂扩建工程下闸蓄水提供先决条件。本工程采用岩塞及闸门轮转度汛的成功案例为同类工程提供施工经验。

三角高程测量替代高等级水准测量分析研究

李　忠，周　洋

（中国水利水电第十二工程局有限公司，浙江省杭州市　310004）

[摘　要]　传统测量中高精度高程点位只能通过精密水准测量的方法获取，在特定情况下采用特殊观测方法和技术处理才会允许利用三角高程测量代替二等水准测量。随着高精度全站仪的出现，自动目标识别（ATR）技术的成熟运用，三角高程的测量精度有了较大的突破。目前三角高程替代Ⅱ等水准一直在研究和实践中，三角高程代替Ⅱ等水准测量从规范层面确定的时间不会很远。

[关键词]　精密水准测量；三角高程测量；精度

1　概述

传统的精密水准测量虽然精度高，但受环境、气象、地形等因素的制约太大，且存在灵活度低、耗时长等不可忽略的缺点。三角高程测量受环境、地形的制约相对较小，且存在灵活度高，效率高等特点。随着高精度全站仪的出现，ATR 技术的成熟运用，全站仪的测距误差、测角误差、照准误差越来越小，三角高程测量的精度越来越高，三角高程测量替代三、四等水准测量早已实现和应用，替代Ⅱ等水准测量也一直在研究和实践中。

本文以尚义抽水蓄能电站高程控制网布设为例，分析对比两种测量方法取得的成果精度。

2　项目简介

尚义抽水蓄能电站主要建筑物由上水库、水道系统、下水库、地下厂房系统和地面开关站等组成。电站位于群山之间，上下库之间道路崎岖，坡度大。且该地区受东亚季风的影响，常年劲风不断，特别是冬春季节风力更大。本次控制网布设水准点 32 座，其中有 22 座水准点位于平面标墩底座（大方脚）上，平面标墩基本布设在山顶或山腰处以便控制更大的施工区域，这使水准测量测量难度和任务加大。

本工程控制网的布设框架采用Ⅱ等 GNSS 网连接，区域采用Ⅱ等边角网观测，布设Ⅱ等水准总路线长度约 50km。在观测边角网时同时观测垂直角，且将水准高程引测至平面标表盘。

边角网观测使用 Leica TS50(0.5″，0.6＋1ppm) 仪器，TS50 使用 ATR 技术并具配置自动对焦望远镜，内加载全自动观测软件，可同时获得水平角、垂直角、斜距等观测信息，避免了人为照准和观测误差的出现。

Ⅱ等水准测量采用 DNA03 精密数字水准仪（标称精度 0.3mm/km）。

通过不同方法的交叉测量，一部分平面标墩具有两个高程成果，一个为水准测量成果，另一个为三角高程测量成果。

3 数据观测方法

3.1 观测要求

Ⅱ等水准测量技术要求如表1所示。

表1　　　　　　　　　　　　　Ⅱ等水准测量技术要求

视线长度 （m）	前后视距差 （m）	前后视距差 累积（m）	视线高度 （m）	观测顺序	往返较差 （mm）
≥3且≤50	≤1.5	≤6	≥2.80且 ≤0.55	奇数站：后前前后 偶数站：前后后前	平丘地：$\pm4\sqrt{L}$ 山地：$\pm0.6\sqrt{L}$

三角高程测量技术要求如表2所示。

表2　　　　　　　　　　　　　三角高程测量技术要求

斜距测 回数	天顶距指标差 较差（″）	天顶距 测回差（″）	仪器高、棱镜高 量测精度（mm）	对向观测高差 较差（mm）	附合或环线 闭合差（mm）
6	8	5	±2	$\pm35\sqrt{S}$	$\pm12\sqrt{S}$

3.2 对比数据的获取

水准数据采用闭合水准线路往返观测，观测墩底座水准点高程引测至墩面高程采用往返观测，水准数据采用科傻软件平差。

区域三角高程采用观测斜距，垂直角、温度、气压的方法计算两点高差，所有观测边经气象、加、乘常数改正、垂直角计算高差，计算过程编辑 Excel 表计算。

气象改正公式为：

$$\Delta S_1 = [(28.2 - 0.029P/(1 + 0.0037t)]S \tag{1}$$

加乘常数改正公式为：

$$\Delta S_2 = a + bS \tag{2}$$

地球曲率和大气折光对高差的改正计算为：

$$\Delta h = (1 - K)D^2/(2R) \tag{3}$$

$$D = S'\sin(Z - f) \tag{4}$$

斜距归算公式为：

$$f = [(1 - K)S/2R]\rho \tag{5}$$

式中　　S——观测斜距；

　　　　K——折光系数；

　　　　D——平距；

　　　　Z——天顶距；

　　　　R——地球曲率半径。

求得改正高差值后，以其中一个高墩墩面水准测量成果作为起算数据，该区域所有高差，边长数据输入科傻软件平差求得本区域其他高墩的三角高程成果。

注意以上改正公式中，折光系数、地球曲率严格上说是不确定的数值，其中折光系数现规范为0.08～0.14，测定方法没有定型。很多研究都表明，折光系数在不同时间、不

同地点都不一样，这为精密三角测量造成很大困难。

3.3 三角高程误差来源及精度分析

三角高程高差计算公式为：

$$h_{AB} = S\sin(\alpha) + i - v + (1-k)D^2/2R \tag{6}$$

由误差传播定律可得高差中误差公式为：

$$\sigma^2 = [\tan^2\alpha + (1+k)^2 S^2/R^2]\sigma_s^2 + (S^2\sec^2\alpha)^2(m_\alpha/\rho)^2 + m_i^2 + m_v^2 \tag{7}$$

（1）测边中误差 σ_s 取决于仪器的选，TS50 全站仪 $\sigma_标 = \pm(0.6 + 1\times10^{-6}s)$mm。测边取 6 测回，即 $\sigma_s = \sigma_标/\sqrt{6}$，垂直角中误差 $m_标 = \pm0.5''$，测角 6 测回，则 $m_\alpha = m_标/\sqrt{6}$。

（2）仪器棱镜高在基座的 3 个方向量取，并测前测后二次量测，取 $m_i = m_v = 0.5$mm。

（3）大气折光系数 K 取值 0.14。

根据误差方程，以不同测距、不同垂直角带入求得高差中误差推算值如表 3 所示。

表 3   高差中误差推算

测距 \ 误差 角度	1°	3°	5°	7°
200m	0.708 2	0.708 3	0.708 6	0.708 9
500m	0.749 2	0.749 4	0.750 1	0.750 9
700m	0.857 5	0.858 2	0.859 8	0.862 1
1000m	1.216 5	1.218 6	1.222 6	1.228 8

由表 3 可以看出，高差中误差随垂直角增大而增大，但变化量很小，说明垂直角的大小对高差的精度影响很小。高差中误差随边长的增大而增大，变化量较大，说明边长对高差的精度影响较大。所以，三角高程不论代替几等水准测量，都要控制测距边长。

尚义抽水蓄能电站水准高程成果和三角高程成果的对比如表 4 所示。

表 4   尚义抽水蓄能电站水准高程成果和三角高程成果的对比表

点号	水准高程 H_1(m)	三角高程 H_2(m)	H_1-H_2(mm)	备注
ⅡJ01	1427.901 9	1427.904 4	−2.5	低墩
Ⅱ15	1016.607 5	1016.607 8	−0.3	高墩
Ⅱ17	971.097 9	971.098 0	−0.1	高墩
Ⅱ18	983.437 6	983.437 8	−0.2	高墩
Ⅱ19	963.881 9	963.882 4	−0.5	高墩
Ⅱ23	940.725 9	940.726 2	−0.3	高墩
Ⅱ25	957.610 0	957.611 1	−1.1	高墩
Ⅱ26	963.031 8	963.031 5	0.3	高墩
Ⅱ30	944.230 9	944.229 5	1.4	高墩

由表 4 可以发现，水准成果和三角高程差值很小，其中差值最大的控制点为ⅡJ01，差值为 2.5mm，其主要原因为该点为低墩控制点，由高差中误差公式可以明显看出，仪

器高和棱镜高的量取误差也是影响高差中误差的重要因素。对于高墩控制点，仪器和棱镜均为强制对中，仪高和棱镜高更容易精确量取，所以高墩的水准成果与三角高程成果差值很小。

二角高程替代高等级水准就经济效益而言显而易见的，三角高程能解决水准无法实现的高程传递。尽管有些行业不认可三角高程，但在水电行业三角高程替代Ⅲ等及以下水准早已实现，相信三角高程替代Ⅱ等水准不久即可实现。

总体来讲，随着仪器越来越先进，在相同环境、控制网网型确定情况下，现场可以人为干预的因素只有仪高镜高量取精度。但对于导线网，不可能每一个点都做高墩，对于长线路，大范围区域控制点不通视的情况下，水准测量还是精确控制高程精度的最佳方法。三角高程代替Ⅱ等水准也只局限于小范围区域内相互通视的高墩之间的观测。

4   三角高程的其他观测方法简介

三角高程测量除了采用对向观测法，还可以将全站仪像水准仪一样任意设站，而不是将它放置在已知高程点上，同时不需量取仪器高和棱镜高，利用三角高程测量原理测出待测点的高程。

4.1   基本原理

使用两台同精度全站仪并编号1、2，同时对仪器进行改造，在全站仪上方加两个固定棱镜，两棱镜为竖直排放（一上一下）。假设A点高程已知，B点高程未知，AB两点间距离较长，中间需多次转站。

如图1所示，在A、B两点间选取n（奇数）个转点，选点应注意以下事项：

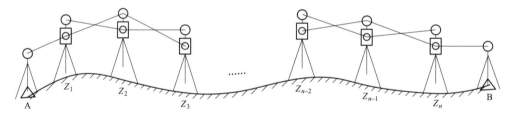

图1   基本原理示意

（1）转点之间间距大致相等，间距最大不超过800m，间距差不超过10m。

（2）在A点和B点上使用同一强制对中杆对中（保持两次杆高相同，避免两次量取镜高产生误差）。中间转点只架设全站仪且不量取仪器高。

4.2   操作步骤

（1）在A点架设对中杆，1号仪器架设在Z_1点，2号仪器架设在Z_2点。

（2）1号仪器观测A点上棱镜和2号仪器上的棱镜，观测斜距S，竖直角α，求得高差h_{1A}和h_{12}。

（3）2号仪器观测1号仪器上的棱镜，得到高差h_{21}。

（4）把1号仪器搬到Z_3转点上，同上一步骤，求得高差h_{23}和h_{32}。

（5）在Z_n点用仪器1对B点进行三角高程测量（B点用同一对中杆，与A点杆高相同），求得 h_{nB} 。

4.3 公式推导

$$h_{1A} = S_{1A} \sin\alpha_{1A} + i_1 - v_A \tag{8}$$

$$h_{21} = S_{21} \sin\alpha_{21} + i_2 - v_1 \tag{9}$$

$$h_{12} = S_{12} \sin\alpha_{12} + i_1 - v_2 \tag{10}$$

以此类推得到：

$$h_{(n-1)n} = S_{(n-1)n} \sin\alpha_{(n-1)n} + i_{(n-1)n} - v_n \tag{11}$$

$$h_{n(n-1)} = S_{n(n-1)} \sin\alpha_{n(n-1)} + i_n - v_{(n-1)} \tag{12}$$

$$h_{nB} = S_{nB} \sin\alpha_{nB} + i_n - v_B \tag{13}$$

$$h_{AB} = -h_{1A} + h_{12} + h_{21} + \cdots + h_{(n-1)n} + h_{n(n-1)} + h_{nB} \tag{14}$$

且 $v_A = v_B$ ，且仪器上的棱镜高度固定，则可推算：

$$h_{AB} = -S_{1A} \sin\alpha_{1A} + (S_{12} \sin\alpha_{12} - S_{21} \sin\alpha_{21})/2 + \cdots +$$
$$[S_{(n-1)n} \sin\alpha_{(n-1)n} - S_{n(n-1)} \sin\alpha_{n(n-1)}]/2 + S_{nB} \sin\alpha_{nB} \tag{15}$$

由最终公式可知，此方法有以下优点：

（1）高差与仪器高和棱镜高无关，从而消除了量高带来的误差。

（2）仪器同时对向观测，地球曲率对高程的影响可以抵消。

（3）仪器上固定两个棱镜，可得到两个高差，相当于往返观测，高差可取平均值，提高观测精度。

5　结语

随着测量仪器的精度不断提高，测量方法越来越科学严谨，三角高程的精度也越来越高，三角高程在一定条件下的测量精度已经满足Ⅱ等水准测量精度要求，但需要解决的问题依然很多，比如规范层面，比如改正公式中折光系统测定、测点间条件等局限性也同样非常大。

参考文献

［1］ DL/T 5173—2012，水电水利施工测量规范［S］.

［2］ 赵天鹏. 山区测距三角高程代替二等水准测量精度分析［J］. 江苏水利，2017（2）：21-24.

［3］ 杜文举，张恒，景淑媛. 精密三角高程代替二等水准测量的研究［J］. 铁道勘察，2020（4）：1-4.

作者简介

李　忠，男，高级工程师，本科，主要从事水利水电工程施工测量工作。E-mail：574350362@qq.com

周　洋，男，工程师，本科，主要从事水利水电工程施工测量工作。E-mail：642323618@qq.com

敦化抽水蓄能电站下库沥青混凝土心墙施工技术

潘福营[1]，温学军[2]，渠守尚[1]

（1. 国网新源控股有限公司，北京市　100052；

2. 吉林敦化抽水蓄能有限公司，吉林省敦化市　133700）

[摘　要]　敦化抽水蓄能电站下水库为沥青混凝土心墙堆石坝，本文就大坝沥青混凝土心墙的设计参数、配合比、施工工艺、质量控制与检测等进行了总结和介绍，以供类似工程参考与借鉴。

[关键词]　敦化抽水蓄能电站；沥青混凝土心墙；施工技术；质量控制

1　工程概况

敦化抽水蓄能电站位于吉林省敦化市北部，电站由上水库、输水系统、地下厂房系统、开关站和下水库等建筑物组成。

下水库大坝为沥青混凝土心墙堆石坝，坝顶高程 720m，坝顶宽度 8m，坝轴线长 410m，最大坝高 75m，上、下游坝坡均为 1∶2。沥青混凝土心墙堆石坝筑坝材料分区从上游到下游分为：上游抛石护坡＋垫层、堆石Ⅰ区、上游过渡层、沥青混凝土心墙（厚 0.5～0.8m）、下游过渡层、堆石Ⅰ区、坝基排水层、排水棱体、下游干砌石护坡。

2　沥青混凝土心墙设计和主要技术指标

2.1　沥青混凝土心墙断面设计

敦化抽水蓄能电站采用碾压式沥青混凝土心墙，沥青混凝土心墙顶高程 719.0m，底板高程 653.0m，顶部水平部分厚 50cm，垂直段厚 80cm，心墙底端两侧设放大脚，心墙底部厚度逐渐加厚，心墙的上、下游坡比均为 1∶0.002 326。心墙底部置于混凝土基座上，在心墙上、下游侧各设置两层过渡层，上、下游过渡层厚度分别为 2、3m。

2.2　沥青混凝土心墙与坝基心墙基座的连接设计

沥青混凝土心墙坝坝基防渗采用帷幕灌浆，心墙通过混凝土基座与周边地基连成一体，形成封闭的防渗系统。混凝土基座采用 C25W8F50 混凝土，底宽 3m、厚 2m、10m 一段，分缝处设 1 道铜止水，向上与心墙和混凝土基座间的纵向铜止水相接。

沥青混凝土心墙与混凝土基座的接头部位，设置扩大接头，扩大接头的高度为 1.5m。沥青混凝土心墙与混凝土基座接触面采用弧面，圆弧半径为 1.405m，弧形槽深度 0.25m，槽宽 1.6m。

沥青混凝土心墙与基座结合部位混凝土表面凿毛后再冲刷干净，涂刷 0.15～0.20kg/m² 阳离子乳化沥青或稀释沥青，待充分干燥后，再涂刷一层厚度为 2cm 的沥青砂浆。

2.3 沥青混凝土心墙主要设计技术指标

沥青混凝土心墙主要设计技术指标见表1。

表 1   沥青混凝土心墙主要设计技术指标

序号	项目	单位	指标	说明
1	孔隙率	%	≤3	芯样
			≤2.3	马歇尔试件
2	渗透系数	cm/s	≤1×10⁻⁸	
3	水稳定系数		≥0.90	
4	弯曲强度	kPa	≥400	
5	弯曲应变	%	≥1	
6	内摩擦角	(°)	≥25	
7	黏结力	kPa	≥300	
8	抗拉、抗压、变形模量等力学性能		抗拉强度>1MPa；抗压强度>6MPa	

3 沥青混凝土配合比和施工控制参数

根据室内配合比试验和现场摊铺碾压试验成果，最终确定沥青混凝土施工配合比见表2，施工控制参数见表3。

表 2   沥青混凝土配合比（重量比）

粗骨料（19～2.36mm）（%）	细骨料（2.36～0.075mm）（%）	填料（小于0.075mm）（%）	油石比（%）
54.75	32.25	13	6.8
玄武岩	玄武岩	石灰岩	SG90号水工沥青

表 3   沥青混凝土施工控制参数

摊铺方式	出机口温度（℃）	机械碾压遍数	人工夯实	初碾温度（℃）	初碾温度（℃）	表面温度（℃）	铺料厚度（cm）	碾压机行驶速度（m/min）
人工摊铺	155～175	静2+动8+静2	以表面返油为准	140±5	不低于130	—	30	20～30
机械摊铺						—		
连续摊铺						100		

4 沥青混凝土心墙施工

4.1 沥青混合料制备

沥青混凝土采用全自动双轴强制式搅拌机拌制，整个拌制过程由微机自动控制。将热骨料与矿粉（矿粉不需加热）干拌15s，再加入热沥青湿拌45s。当环境气温高于20℃时，出机口温度宜控制在150～170℃之间；在连续摊铺时，出机口温度控制在140～160℃之间，表面温度按照下限控制，防止温度过高而导致碾压不密实和黏碾轮现象。

4.2 沥青混合料运输

沥青混合料的运输采用经过改造的 5t 自卸汽车由拌和站运至作业面，运距 500m，然后使用 LG850F 装载机接料入仓或给摊铺机上料。

4.3 混凝土基础面处理

混凝土基础面采用高压毛面冲刷机进行毛面处理，并用高压风吹净，保证混凝土面平整、干燥。

4.4 涂刷稀释沥青和沥青玛蹄脂

涂刷稀释沥青前将铜止水表面清理干净，保持干燥。稀释沥青采用 40∶60（沥青∶汽油），涂刷后的混凝土表面为棕色。

涂刷沥青玛蹄脂：沥青玛蹄脂铺设厚度为 2cm。在施工现场采用人工拌和，对人工砂和矿粉分别加热，温度控制在 150～170℃，然后再加入到热沥青（140～160℃）中一起搅拌均匀，加热温度与沥青混凝土拌制一样根据环境温度进行调整，沥青砂浆配合比为沥青∶矿粉∶砂子＝1∶2∶2。

4.5 沥青混合料摊铺

心墙沥青混凝土施工以机械摊铺为主，当摊铺宽度＞80cm 时或与两岸岸坡心墙混凝土结合处扩大段部分采用人工立模摊铺，人工采用手持振动夯进行夯实。

机械摊铺程序：基础结合面处理（使表面干净、干燥）→测量放线并固定定位金属丝→摊铺机摊铺沥青混合料和过渡料→人工摊铺两侧岸坡扩大段沥青混合料→过渡料碾压→沥青混合料碾压→施工质量检测。

（1）结合面要清理干净，摊铺前用红外线加热器（局部采用煤气喷灯）使接合面加热到 70℃以上。当面层为沥青玛蹄脂时不需要加热。

（2）测放中线：心墙中线在机械摊铺时尤为重要。采用全站仪每隔 5～10m 测放并用铁钉标记中点用墨斗在心墙上弹出白线控制中线。

（3）混合料摊铺。

沥青混合料用 5t 自卸汽车至摊铺现场后使用 LG936L 装载机给 LT3500 自行式摊铺机上料，摊铺机行进速度按 1～3m/min 控制。摊铺厚度 30cm，其允许误差±2cm，摊铺温度为 140～170℃。

（4）过渡料铺筑。

①填筑顺序：心墙沥青混凝土与过渡料的铺筑超前坝壳料 1～2 层，不高于 80cm。

②混合料摊铺前在心墙两侧准备好过渡料。摊铺机行进路线上的过渡料要人工二次整平，防止摊铺机行进过程中心偏移。

③紧贴心墙两边 150cm 宽度过渡料采用机械上上料，沥青混凝土摊铺机布料，其他过渡料紧随摊铺机后人工配合机械铺筑，整平。每摊铺段采用毡布遮盖心墙，然后整平碾压。

对靠近两岸坡部位采用人工立模摊铺沥青混合料，其施工次序为：人工支模、摊铺两侧过渡料并初压、摊铺沥青心墙料、抽出模板、对心墙料及过渡料进行碾压

4.6 沥青混合料摊铺混合料与过渡料碾压

（1）心墙与过渡料"品"字碾压：采用 2 台 3.0t 自行式振动碾同时静压心墙两侧过渡料 2 遍后再动压 8 遍，采用 1 台 2.0t 自行式振动碾沥青混凝土混合料碾压参数为：静 2＋动 8＋静 2。振动碾行进速度按 20～30m/min 控制。沥青混合料摊铺完成后，用毡布将沥青混合料表面覆盖，其宽度为盖住上下游过渡料各 20cm，然后振动碾在毡布上碾压。当摊铺长度达到 8～10m 时，用振动碾集中碾压，其压实标准以沥青表面"返油"为准。对于振动碾碾压不到的边角部位，采用手持振动夯人工夯实，直至表面"返油"为止。

（2）碾压温度：初碾温度 140±5℃，终碾温度不低于 130℃。

（3）振动碾在心墙上不得急刹车，心墙两侧 2m 范围内，禁止大型机械进入及横跨心墙。

对于连续上升、层面干净且已压实好的沥青混凝土，表面温度大于 70℃即可铺筑上层沥青混合料，当下层沥青混凝土表面温度低于 70℃时，要进行加热，但加热时间不宜过长，以防止沥青混凝土老化。

4.7 沥青混凝土心墙接缝处理

沥青混凝土铺筑应与过渡料平起施工，沥青混凝土心墙铺筑应均衡上升，心墙基面尽可能保持同一高程，避免或减少横缝，当由于客观原因出现横缝，其结合面坡度应缓于或等于 1：3，同时上、下层横缝应相互错开 2m 以上，横缝处应重叠碾压 30～50cm，用振动夯夯至表面返油为止。

4.8 低温季节施工

（1）气温在 5℃以下即进入低温施工，需采取相应的低温施工措施；气温在 -5℃以下即停止沥青混凝土心墙的施工。

（2）低温施工时，骨料加热、沥青混合料的拌和、入仓温度等均采取规范规定的上限值进行控制。

（3）沥青混合料入仓后，及时采用毡布进行表面覆盖，以防止表面冷却过快形成硬壳，及碾压后出现龟裂等现象。

（4）适当提高沥青混合料的初碾温度，并根据现场实际通过试验选定为 155～150℃，温度过高容易出现"陷碾"

（5）建立施工现场气象信息预报发布机制，当预报有降温、降雪或大风时，提前做好停工安排和防护工作。

4.9 雨季施工

（1）气象预报有连续降雨时不安排施工，遇中到大雨停止施工，短时小雨时采取全封闭的方式组织施工。

（2）对骨料储存、拌和、沥青混合料运输、摊铺等设备架装防雨设施，两侧岸坡设置挡水埂，防止雨水流入心墙施工部位。

（3）碾压后的沥青混凝土，遇下雨时及时覆盖；未经压实而受雨浸水的沥青混合料，应彻底铲除。

（4）雨后恢复生产时，清除仓面积水，并对沥青混凝土表面加热，保证层面干燥。

5 质量控制

沥青心墙原材检测项目主要包括填料、沥青、粗细骨料。沥青混凝土施工控制主要包括沥青混合料制备原材、制备温度、沥青混合料质量检测、铺筑温度、心墙无损检测（采用核子密度仪）、渗透系数检测、沥青芯样检测等。按照规范和设计要求的频率进行取样检测，沥青混凝土心墙施工质量均满足规范和设计要求。沥青混凝土心墙现场检测成果见表4，沥青混凝土心墙芯样检测成果见表5。

表4 沥青混凝土心墙密度、孔隙率、渗透系数检测成果统计表

检测项目	密度（g/cm³）	孔隙率（%）	渗透系数（×10^{-8}cm/s）
规定值	—	≤3	≤1
检测组数	10 415	10 415	2093
最小值	2.510	1.2	0
最大值	2.540	3.0	0.9
平均值	2.526	2.3	0.6
合格率（%）	—	100	100

表5 沥青混凝土芯样检测成果统计表

检测项目	密度 （g/cm³）	孔隙率 （%）	最大密度 （g/cm³）	渗透系数 （×10^{-8}cm/s）	稳定度 （kN）	流值 （mm）
规定值	实测	≤3	—	—	—	—
检测组数	55	55	16	32	20	20
最小值	2.498	1.1	2.562	0	5.72	7.6
最大值	2.558	3.0	2.612	0.9	9.51	13.7
平均值	2.527	2.1	2.583	0.6	7.42	10.0
合格率（%）	100	100	—	100	—	—

6 结语

敦化抽水蓄能电站地处严寒地区，每年的10月至第二年的5月沥青混凝土心墙无法施工，在大坝施工期间，参建各方合理组织，充分利用有效的施工工期，严格过程控制，历时18个月，完成了大坝填筑施工，各项指标满足设计要求，施工质量良好，类似工程可以参考借鉴。

参考文献

[1] 郭建军. 浅析沥青混凝土心墙施工过程质量控制管理 [J]. 四川水利，2020，41（5）：71-73.
[2] DL/T 5363—2016，水工碾压式沥青混凝土施工规范 [S].
[3] 张志. 大坝填筑和沥青心墙的施工技术分析 [J]. 珠江水运，2017（5）：88-89.
[4] 孙德刚. 大坝填筑和沥青心墙的施工技术探讨 [J]. 陕西水利，2015（S1）：68-69.

作者简介

潘福营（1971—），男，硕士，教授级高级工程师，从事工程项目管理工作。E-mail：183983936@qq.com

温学军（1970—），本科，高级工程师，主要研究方向：抽水蓄能电站工程项目管理工作。E-mail：103819122@qq.com

渠守尚（1964—），男，硕士，教授级高级工程师，从事水利水电工程建设管理工作。E-mail：bqpqu@163.com

丰宁抽水蓄能电站下水库面板堆石坝加宽加高施工技术

潘福营[1]，温学军[2]，渠守尚[1]

（1. 国网新源控股有限公司基建部，北京市　100761；

2. 吉林敦化抽水蓄能有限公司，吉林省敦化市　133700）

[摘　要]　丰宁抽水蓄能电站下水库拦河坝在原钢筋混凝土面板堆石坝的基础上进行了加宽加高处理，上下游坡度与原坝坡一致。施工时先拆除原坝顶结构，新老面板间设置了结构缝，施工过程中细化施工措施，减少拆除对原铜止水的破损，填筑施工时加强加宽坝体与原坝体的结合部位处理和碾压质量。本文就坝体加宽加高施工技术进行总结，类似工程可以参考借鉴。

[关键词]　新老面板堆石坝；拆除；加宽加高；施工

1　工程概况

丰宁抽水蓄能电站位于河北省丰宁满族自治县境内，总装机容量 3600MW，共计装机 12 台、单机容量 300MW，为目前世界上最大装机容量的抽水蓄能电站。主要建筑物包括上水库、输水系统、地下厂房系统、下水库、拦沙坝。

原已建成的丰宁水电站水库拦河坝为面板堆石坝，坝顶高程 1054.50m，坝顶宽度 8m，最大坝高 39.8m。坝体填筑于 1999 年 5 月 14 日开始施工，混凝土面板于 2000 年 9 月 20 日完成，2000 年 11 月开始下闸蓄水，2001 年 12 月 2 台机组投产发电。

新建丰宁抽水蓄能电站下水库拦河坝是在原已建成的丰宁水电站水库拦河坝的基础上进行加宽、加高扩建而成，总体建设方案是拆除原拦河坝坝顶结构、下游侧干砌石护坡及排水沟，先沿下游进行坝体填筑加宽，与原拦河坝顶平齐后再平起加高填筑到设计高程，沉降期和沉降速率满足设计要求后进行上游加高部分面板施工，最后进行坝顶结构施工，最终坝顶高程 1065.0m，坝顶宽度 8m，最大坝高 50.3m，上下游坡度为 1∶1.6。拦河坝坝体断面结构典型剖面见图 1。

2　坝体填筑设计技术指标和碾压施工参数

拦河坝扩建总的填筑工程量约 48.6 万 m³。拦河坝加宽、加高部分填筑料自上游向下游依次为：垫层料、过渡料、堆石区料及下游干砌石护坡，从坝基至原大坝排水棱体顶部高程范围内为棱体排水区，垫层料和特殊垫层料由砂石加工系统生产，过渡料和堆石区料为现场料场爆破开采的石料，排水棱体区挑选新鲜开挖岩石料，填筑要求同堆石区料。设计坝料填筑质量要求及碾压控制参数见表 1。

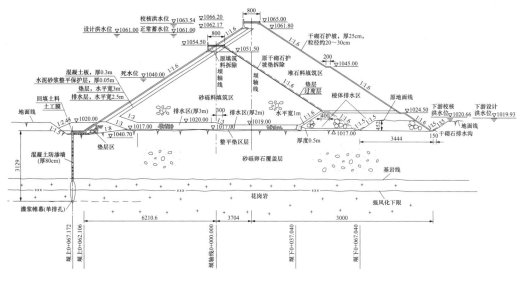

图 1 拦河坝典型剖面图

表 1   设计坝料填筑质量要求及碾压控制参数表

填筑料分区名称	特殊垫层料	垫层料	过渡料	堆石区料
干密度（g/cm³）	≥2.155	≥2.155	≥2.101	≥2.048
孔隙率（%）	≤19	≤19	≤21	≤23
渗透系数（cm/s）	>10⁻²	>10⁻²	>10⁻²	>10⁻¹
最大粒径（mm）	40	80	300	800
<5mm 颗粒含量（%）	30～45	20～35	20～30	<20
<0.1mm 颗粒含量（%）	≤5	≤5	≤5	≤5
填筑层厚（cm）	20	44	44	88
加水量（%）	5	5	10	10
振动碾	平板夯	22t 自行式	22t 自行式	22t 自行式
行车速度（km/h）	—	2～3	2～3	2～3
碾压遍数	静碾 2 遍+振碾 8 遍	静碾 2 遍+振碾 6 遍	静碾 2 遍+振碾 8 遍	静碾 2 遍+振碾 8 遍

3 下水库拦河坝坝顶结构拆除施工

3.1 防浪墙和路面结构拆除施工

防浪墙钢筋混凝土拆除首先利用混凝土切割机对防浪墙进行切割分块，竖向缝之间间隔 6m，防浪墙切割分块见图 2。

根据原拦河坝图纸对坝顶防浪墙与面板接触位置止水进行测量放样，标记后距离止水向防浪墙方向偏移 30cm 处进行切割，根据原图纸计算，由面板止水往防浪墙侧 30cm 处混凝土厚度为 68.75cm，采用有效切割厚度为 75cm 的钢筋混凝土切割机垂直面板进行切割①号缝，切割操作平台采用钢管搭设脚手架平台。①号缝切割完成后，进行防浪墙竖向缝切割施工。

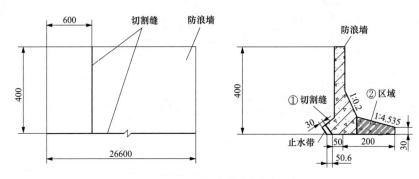

图 2　防浪墙切割分块示意图（单位：cm）

防浪墙竖向缝切割完成后利用破碎锤对坝顶路面混凝土、电缆管、排水沟等进行凿除，凿除渣料由反铲装自卸汽车运至弃渣场。坝顶路面结构开挖完成后使用破碎锤对防浪墙底部②号区域进行混凝土凿除施工，破碎锤凿除防浪墙底部时，每块防浪墙两侧利用钢丝绳向下游拉住，防止防浪墙倒向坝体面板侧，破碎锤凿除防浪墙底部②号区域混凝土后，利用反铲配合破碎锤将防浪墙向坝顶侧推到，再用破碎锤将防浪墙混凝土分解，破碎料利用反铲装自卸车运至弃渣场。

3.2　防浪墙与面板止水部位拆除施工

在防浪墙底部与混凝土面板接触位置有止水带，在拆除防浪墙混凝土前，采用双层土工布平铺在面板与防浪墙止水接缝处并洒水湿润固定，防止拆除混凝土过程中有碎块儿砸落损坏止水，拆除该部分防浪墙混凝土后，人工使用电镐、铁锤和钢钎手工对靠近止水部位混凝土进行凿除，凿除时安排专人进行监督，保证止水带的安全。

4　坝体填筑施工

4.1　总体施工安排

拦河坝整个坝体填筑仅为下游加宽和坝顶加高，底部加宽约40m、坝顶加高约12m，填筑时先进行下游的坝体加宽，再进行坝体加高，坝体填筑面平起上升。填筑施工前，坝基按照设计要求全面处理完成并验收合格，然后对填筑区进行放线测量，各种填筑材料分区采用白灰画线标识明晰，设置方向标志和层厚高度杆。填筑施工时，结合 GPS 大坝填筑控制系统，对填筑层厚进行校核。坝体上升 3~4.5m 用反铲进行一次上下游坝面削坡和人工整平，原拦河坝坝后干砌石护坡每填筑 3m 高用反铲拆除一次，拆除料用于坝后干砌石砌筑或者均匀混在坝体填筑料中。

4.2　填筑施工方法

4.2.1　填筑料卸料、铺料

垫层料和反滤料由砂石加工系统集中供应，过渡料和堆石料在料场爆破开采，由 10t、20t 自卸车运输上坝。

填筑时先填主堆石，再填过渡层，最后填垫层。1 层主堆石、2 层过渡层和 2 层垫层平起作业。

堆石料采用进占法卸料方式，采用 SD22 推土机摊铺。起层时先按 2～3m 梅花型间距采用后退法卸料，推土机平层，当填筑面积足够后，车辆在填筑层上采用进占法卸料，这样有利于提高填筑料的均匀性，提高填筑质量。过渡料、垫层料采用后退法卸料，反铲摊铺。

各种填筑料的铺料厚度按监理批准的参数严格进行控制。为准确控制填筑层厚，在已填筑的坝面上不同部位设置层厚控制标杆，在平料的过程中，质检员随时检查其铺筑厚度。堆石料施工过程中下游面超填 50cm，坝顶加高垫层料铺料时每层往上游水平方向超填 20～30cm，上游坡面设临时挡渣板。在过渡料、垫层料与基础和岸边的接触处填料时，不允许因颗粒分离而造成粗料集中和架空现象，严禁大粒径料占用小粒径料区。

4.2.2　填筑料洒水

为了保证洒水的均匀性和加水量，堆石料和过渡料采取坝外加水和坝面洒水相结合的方法。坝外加水站用门架式喷水花管制成，专人值班，自动控制加水量；坝面洒水采用人工手持水管洒水和洒水车洒水相结合的方式。垫层料、特殊垫层料及反滤料等，在碾压前，仅对其表面进行洒水处理。

4.2.3　碾压

坝面碾压采用进退错距法碾压，碾压行走方向主要以平行坝轴线为主，边角部位局部采用垂直坝轴线的方向碾压，相邻两段交接带碾迹彼此搭接，新老坝体结合部位增加 2 遍碾压遍数，混凝土结构附近小区及沟槽部位采用液压振动夯板夯实。

在堆石料与岸坡结合处，沿坝轴线碾压后，再沿岸坡碾压相同遍数，在趾板附近的小区料和垫层料，采用液压振动夯板夯实。振动碾水平碾压坝体加高部位垫层料时，外侧距上边缘预留不小于 30cm 的安全距离，水平碾压完成后，采用液压振动夯板进行补压。

4.2.4　上游坡面碾压砂浆施工

由于大坝加高高度只有 12m，上游坝面碾压砂浆护坡一次完成。先进行垫层料坡面修整碾压，修坡前先在坡面上按 6m×6m 网格布点，人工从上至下一次修整完成，坡面雾状喷水湿润。安装、定位振动碾，保证振动碾在斜面碾压过程中钢丝绳始终与斜坡面平行，而不破坏碎石垫层坡面。先静碾 2 遍，再振动碾压 6 遍。

砂浆摊铺前，先清理垫层表面，保持其清洁、潮湿。砂浆采用干塑性砂浆，自卸汽车运料到坝顶利用坝面坡度自重辅助人工下料，人工自下而上进行摊铺，每区摊铺时间控制在 2h 内，每块摊铺完成即进行砂浆碾压，采用 10t 斜坡碾静压 2 遍，找平后再静压 1 遍。碾压砂浆终凝后进行洒水养护，保持湿润状态不少于 14 天。坡面禁止人员及机械行走。

斜坡碾压时需要对原面板外漏的铜止水及混凝土面板进行保护，一是在新老坝面结合处，设置临时的挡板，防止在碾压时坡面的块石等滚落破坏铜止水及面板；二是对斜坡碾的牵引绳长度进行计算，精确控制，坝面的推土机行止位置进行标记，碾压时，专人指挥，保证推土机行止位置不超出标记，从而控制斜坡碾的碾压范围，对铜止水及混凝土面板进行保护。

4.2.5 坝后护坡砌石施工

下游坡面块石护坡随坝体上升逐层砌筑，块石从原坝后干砌石、堆石区或者料场挑选。

5 面板混凝土施工

5.1 面板设计说明

拦河坝面板共分 23 条块，面板分缝宽度分别为 16m、8.5m、8.1m 三种，面板斜长 21.7m，厚度均为 30cm，采取双层双向配筋，混凝土标号为 C30W12F400。坝顶上游侧设置"L"形混凝土防浪墙，防浪墙底部与混凝土面板相接。面板垂直缝、新老面板接缝、防浪墙底缝和周边缝均设置两道止水，在底部设置铜止水，缝顶设柔性填料止水，现有水面以上新老面板表层做聚脲防渗处理。

5.2 新老面板结合部位处理

新老面板结合部位设置结构缝，老面板与原防浪墙结合部位的铜止水，在拆除后没有损坏部位经检测合格后不再处理；局部破损的止水进行焊接修补，对于破损严重或者被拉出的止水，将破损部位止水周边一定范围内的老面板混凝土凿除，凿除时不能破坏老面板钢筋，凿除面按照施工缝处理，以面板厚度 1/2 为界，上部缝面垂直于面板表面，下部缝面呈水平面。在新老面板结构缝处底部埋设铜止水，且左右与老面板和防浪墙底部铜止水焊接。在施工缝中间部位设置一圈膨胀条，施工缝处面板顶部设置一道双组分手刮聚脲表层止水，与新老面板结构缝表面止水封闭连接。具体布置见图 3。

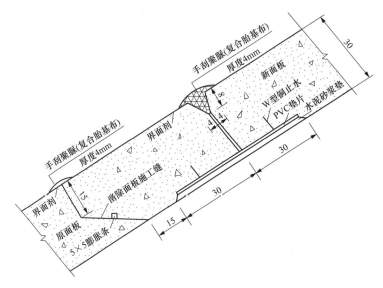

图 3 新老面板结合部位处理结构图（单位：cm）

5.3 面板混凝土施工

拦河坝面板混凝土采用无轨滑模一次浇筑成形，每一结构块为一施工单元，跳仓浇筑施工。滑模设计长度分别为 18m、10m，滑模的宽度为 1.5m，每套滑模利用布置在坝顶的 2 台 10t 的卷扬机牵引，卷扬机配置配重块保证安全稳定。侧模共配置 2 套，单侧模板长约 21.7m。溜槽采用 2mm 厚钢板制作，每节长 2.0m，溜槽上采用轻型保温卷材作盖板，溜槽内每隔 10～15m 设置 1 道橡胶软挡板，每块面板布置 2 道溜槽，每条溜槽均需串联 1 条 φ10mm 的钢丝绳作为保险。面板混凝土配合比见表 2。

表 2　　　　　　　　　　　　　面板混凝土配合比

混凝土强度等级	坍落度(mm)	水胶比	粉煤灰掺量(%)	砂率(%)	每立方米混凝土材料用量(kg)						减水剂掺量(%)	引气剂掺量(/万)	膨胀剂掺量(/万)	减水剂(kg)	引气剂(kg)	膨胀剂(kg)	纤维(kg)
					水	水泥	粉煤灰	砂	5～20mm	20～40mm							
C30W12F400 纤维混凝土	70～90	0.36	20	34	130	289	72	607	650	532	0.7	11	—	2.528	0.04	—	0.9

注　出机口坍落度 70～90mm，纤维为 PVA 纤维，骨料石粉含量控制在 8%～10%。

面板混凝土由 90 拌和楼集中拌制，6m³ 混凝土搅拌车水平运输，集料斗受料，溜槽垂直运输，人工摆动溜槽水平布料，保证铺料均匀。

操作人员站在滑模前沿的振捣平台上进行平仓、振捣。止水片部位人工喂料，φ30mm 小型软管振捣器振捣密实，其余部位采用 φ70mm 振捣棒，振捣器插入方向与混凝土面垂直。每次滑升的幅度控制在 25～30cm 内，平均滑升速度控制在 1.5～2.5m/h。滑模滑升后，对面板进行 2 次人工抹面，浇筑二序块时，用 2m 靠尺检查控制两块相邻面板高差控制在 5mm 以内。混凝土拆模后安排专人进行洒水和长流水养护，冬季来临前停止洒水，面板表面粘贴 10cm 厚度的挤塑苯板保温。

6　质量控制

建立严格的质量保证体系，在施工过程中配置专职质检员 24h 轮流值班，全程跟踪，做好过程施工记录，发现问题及时处理。

填筑过程中充分利用数字化大坝监控系统"高精度、实时、自动、连续、可靠"的特性，对大坝碾压（包括碾压机行走速度、碾压遍数、激振力输出状态、压实厚度、碾压轨迹）进行实时监控，系统发现存在超速、漏碾等施工不规范情况时会自动发出报警，因此填筑施工质量检测以控制碾压参数为主，以试坑注水法抽样检测为辅的"双检"措施；用参数控制记录值、试检验结果以及外观检查三个方面对填筑单元质量进行评定。

混凝土施工前进行了大量的混凝土配合比试验，结合上水库面板施工经验确定了最佳面板混凝土施工配合比，施工时严格按照批复的混凝土配合比进行拌制；仓面每上升 3m 检测一次坍落度、浇筑温度、含气量，气温每 2h 至少检测 1 次，面板混凝土仓面坍落度控制在设计要求之内。特别对新老面板结合部位拆除和修补后的铜止水，由业主、监理、施工单位组成联合检查组共同检查检测，确保质量满足要求后才能开仓浇筑。

所有施工项目严格按照规范和设计要求进行取样检测，试验取样检测均在监理见证下由独立的第三方试验室进行，各项检测指标全部满足设计要求。

7 结语

丰宁抽水蓄能电站下库坝根据现场实际情况，设计单位进行优化设计，对原面板堆石坝进行了加宽、加高扩建，在国内面板堆石坝施工中应用较少，施工单位精心组织施工，加强原有铜止水的保护和新老坝体坡结合部位施工管理，该工程于 2016 年 6 月 18 日开始填筑施工，2020 年 8 月 15 日全部施工完成，施工质量优良，类似工程可以参考借鉴。

参考文献

[1] 关志成．混凝土面板堆石坝填筑技术与研究 [M]．北京：中国水利水电出版社，2005.

[2] 李萌，张秀梅，张毅．十三陵抽水蓄能电站运行期混凝土面板裂缝成因分析及处理 [J]．大坝与安全，2016，(4)：44-47.

[3] 韩丹芳．水布垭面板堆石坝混凝土面板施工 [J]．四川水利，2011，32 (3)：34-36.

作者简介

潘福营 (1971—)，男，硕士，教授级高级工程师，从事工程项目管理工作。E-mail：183983936@qq.com

温学军 (1970—)，本科，高级工程师，主要研究方向：抽水蓄能电站工程项目管理工作。E-mail：103819122@qq.com

渠守尚 (1964—)，男，硕士，教授级高级工程师，从事水利水电工程建设管理工作。E-mail：bqpqu@163.com

蓼叶水库混凝土面板堆石坝水下加固技术

王秘学[1,2]，田金章[1,2]，周晓明[1,2]

（1. 国家大坝安全工程技术研究中心，湖北省武汉市　430010；

2. 长江勘测规划设计研究院，湖北省武汉市　430010）

[摘　要]　蓼叶水库于 2011 年 12 月底开始蓄水，运行的几年中，水库各项监测数据基本正常；2015 年 12 月，大坝开始出现渗漏，且逐渐增大，最大渗漏量达到 381L/s，严重威胁大坝的安全及主要功能的发挥。通过采用混凝土面板堆石坝渗漏水下综合检测技术，顺利查清大坝面板破坏部位，并采用水下加固方案进行处理，处理后的大坝渗漏量降至 2L/s 以内，大坝渗漏加固处理效果明显。

[关键词]　混凝土面板堆石坝；水下加固；蓼叶水库

0　引言

我国自 20 世纪 80 年代中期开始引进现代筑坝技术建设混凝土面板堆石坝。据不完全统计，我国已经建成和正在建设的坝高 30m 以上面板堆石坝约 330 座，占世界面板坝数量的一半；其中坝高超过 70m 的混凝土面板堆石坝达 140 余座，占比 40% 以上，发展势头迅猛。经过引进消化与自主创新，几十年的大力发展积累了大量的工程经验，逐步形成了中国特色的混凝土面板堆石坝筑坝技术。

我国混凝土面板堆石坝筑坝技术在取得巨大成就的同时，也出现了一些病害，突出表现为多座大坝产生较大渗漏甚而威胁坝体安全，渗漏源的查找与处理已成为当前坝工技术亟待解决的技术难题[1]。国家大坝安全工程技术研究中心根据混凝土面板堆石坝渗漏检测及加固处理经验[2-5]，通过水下检查、灌注淤堵料、水下嵌缝找平、水下灌浆、表面覆盖防渗体等一系列水下加固处理技术，对面板破坏渗漏进行系统处理，在重庆蓼叶面板坝工程成功应用，为消除大坝安全威胁、发挥水库工程效益提供有力的技术支撑。

1　工程简况

蓼叶水库位于重庆市梁平县境内，是"泽渝"工程的重要组成部分。水库正常蓄水位 500.0m，总库容 1629 万 m³，为中型水库工程。大坝为混凝土面板堆石坝，最大坝高 66.2m，坝顶高程 502.2m，坝顶长度 372.7m（不含溢洪道），坝顶宽度 7.0m，上、下游坝坡均为 1∶1.4。大坝坝体采用常规分区，包括垫层区、过渡区、主堆石区、下游次堆石区，在上游坝脚有盖重区和上游铺盖区。垫层区和过渡区为灰岩制备的级配料，主堆石区和下游次堆石区为硬质砂岩石料，盖重区填料为开挖弃渣，上游铺盖区采用黏土填筑。

蓼叶水库自 2011 年 12 月下闸蓄水，运行以来，高水位时大坝渗漏量基本维持在

30～40L/s，坝体各项渗流监测仪器基本正常。2015年12月8日，库水位493.88m时，下游坝脚沿线出现多处渗水点，渗漏量增大至84.4L/s，经降低库水位后，渗漏量略有降低。2016年5月6日坝址区降雨74.5mm，库水位迅速抬升，坝后渗漏量再次突然增大，2016年6月初强降雨，库水位再度升至492.78m，6月1日坝后渗漏量超过量水堰量程（120L/s），坝后渠道中估测漏量最大测值381L/s，之后基本维持在330L/s左右。图1为2015年12月～2016年7月库水位与渗漏量变化过程线。

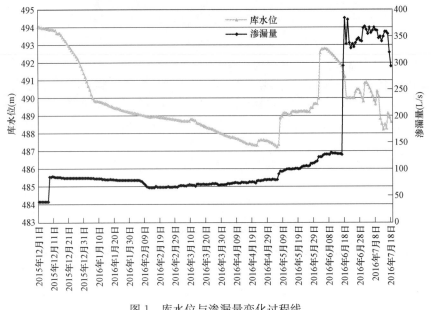

图1　库水位与渗漏量变化过程线

经采用新型水下微渗漏检测声纳普查、水下机器人详查、潜水员重点摸排、连通试验验证等水下渗漏综合方法与检测手段，查明混凝土面板存在集中渗漏区，位于右岸面板MB33、高程466～460m范围，存在错台裂缝、局部混凝土面板塌陷，最大渗漏流速达0.82m/s，为大坝集中渗漏入口。

2　渗漏加固处理

混凝土面板堆石坝大坝渗漏处理方式一般分为放空干地处理、水上抛投处理和水下修补处理。蓼叶水库大坝渗漏主要是由于混凝土面板错台裂缝造成，水下处理对象明确，可有针对性地进行水下修补处理。考虑到县城供水、放空条件和水上抛投处理的效果等，加固处理选择水下修补处理。首先对混凝土面板破损区进行清理检查，然后沿裂缝灌注淤堵料，采用水下封堵材料进行嵌缝、填平破损面板，并对垫层料灌注水泥粉煤灰浆材，最后对破损混凝土面板区域粘贴防渗盖片，并覆盖水下速凝柔性材料，确保破损混凝土面板区域封堵严实。

2.1　水下清理检查

由潜水员用高压水对破损部分混凝土面板周围一定范围进行清理，后携带水下摄像机对混凝土面板破损情况及裂缝情况做仔细检查。检查发现：

（1）面板 MB33 上高程 463.7～466.1m 存在一条长约 4.0m 的 1 号裂缝，裂缝缝宽 2～3mm，喷墨检查有吸入，吸入速度较小。

（2）面板 MB33 底部、周边缝止水内侧混凝土面板上存在一条长约 5.3m、宽 3～5cm 的 2 号错台裂缝（高程 461.5～464.1m），裂缝周围混凝土破损、脱落，该处为大坝渗漏的主要入口，喷墨和淤堵料吸入速度较快。裂缝分布见图 2。

2.2 水下灌注淤堵料

蓼叶水库渗漏点流速较大，沿裂缝通过导管灌注粉煤灰与粉细砂混合淤堵料，利用淤堵料颗粒细、易被水流带动的特点，使淤堵料带入面板下的垫层料内起到淤堵作用，降低面板裂缝缝口水流流速。施工时先灌注一定量的淤堵料，观察缝口流速变化情况，如有明显降低，继续灌注该种淤堵料至不能继续吸入为止。如果缝口流速未有明显变化，则适量掺入中粗砂，至不再吸入为止。淤堵料被吸入裂缝见图 3。

图 2　面板破损区裂缝分布图

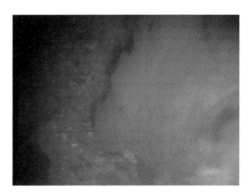

图 3　淤堵料被吸入裂缝

2.3 水下嵌缝找平

水下灌注淤堵料完成，沿缝长方向埋设灌浆花管，再对裂缝进行嵌缝并对缝周不平整面板找平，一是对裂缝进行封闭，方便垫层料水下灌浆，二是便于对破损部分面板表面粘贴防渗盖片。

2.4 水下灌浆

水下灌浆处理包括水泥粉煤灰浆液灌浆和化学灌浆。处理范围为两条裂缝下部的垫层料（挤压边墙）和错台裂缝。水泥粉煤灰浆液灌浆主要起密实面板底部垫层料、充填挤压边墙的作用，化学灌浆主要起充填裂缝和挤压边墙与面板间空隙、提高面板防渗性能的作用。

2.5 表面粘贴防渗盖片

水下灌浆完成后，在破损区混凝土面板粘贴防渗盖片，并向周边适当延伸。防渗盖片施工时由潜水员进行水下冷黏结，两盖片间搭接宽度不小于 5cm，防渗盖片用膨胀螺栓固定。水下钻孔见图4,水下盖片压条固定见图5。

图4　水下钻孔　　　　　　　　　　　图5　水下盖片压条固定

3　加固效果

2016年8月中旬开始加固,随着各种水下处理措施的逐步实施,下游渗漏量逐渐减小。在水下淤堵料施工结束量水堰观测数据降至7L/s;待灌浆工艺施工完成后,量水堰观测数据降至2.5L/s;9月中旬防渗盖片施工结束后,量水堰观测数据下降至1.8L/s;目前一直在3L/s以内(库水位约490m)。

通过应急处理,大坝渗漏量明显降低,应急处理成效显著,保障了大坝的安全运行。水下处理施工前与施工后的量水堰见图6。

图6　水下处理施工前与施工后的量水堰

4　结语

我国混凝土面板堆石坝建设成果显著,发展快、数量多,在取得巨大成就的同时也有部分面板堆石坝出现了病险情,发生较大渗漏的情况还较多,其渗漏的查找与加固已成为当前坝工技术亟待解决的技术问题。针对蓼叶水库渗漏,通过新型声纳、水下机器人等水下渗漏综合性检测手段,顺利查明了混凝土面板集中渗漏区,并采用灌注淤堵料、灌浆、粘贴防渗盖片等一系列加固措施,在短时间内成功封堵了大坝的渗漏通道,大大减小了渗

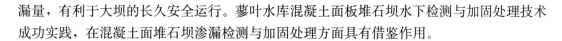

漏量，有利于大坝的长久安全运行。蓼叶水库混凝土面板堆石坝水下检测与加固处理技术成功实践，在混凝土面堆石坝渗漏检测与加固处理方面具有借鉴作用。

参考文献

[1] 谭界雄，高大水，周和清，等．水库大坝加固技术［M］.北京：中国水利水电出版社，2011.

[2] 钮新强，徐麟祥，廖仁强，等．株树桥混凝土面板堆石坝渗漏处理设计［J］.人民长江，2002，33（1）：1-3.

[3] 谭界雄，杜国平，高大水，等．声纳探测白云水电站大坝渗漏点的应用研究［J］.人民长江，2012，43（1）：36-37.

[4] 谭界雄，高大水，王秘学．白云水电站混凝土面板堆石坝渗漏处理技术［J］.人民长江，2016，47（2）：62-66.

[5] 谭界雄，王秘学，周晓明．株树桥水库面板堆石坝加固实践与体会［J］.人民长江，2011，42（12）：85-88.

作者简介

王秘学（1973—），男，教授高级工程师，主要从事水利水电工程建筑物结构渗漏检测与技术管理工作。E-mail：wangmixue@cjwsjy.com.cn

堆石混凝土坝在柳林泉补水项目中的应用

魏本精，季化猛，燕新峰

（江苏赛富项目管理有限公司，江苏省苏州市 215000）

[摘 要] 堆石混凝土坝是一种利用混凝土自流充填堆石空隙的新坝型，堆石混凝土技术不仅在降低水化热、取消简化温控和提升材料抗裂性能等方面具有明显优势，而且施工简单、便捷、适用性强。通过堆石混凝土坝在柳林泉补水项目中应用的成功案例，简述了适合山区和半山区中小型水库堆石混凝土坝在坝址选择、坝型设计、工程施工等方面的应用方法和效果。

[关键词] 堆石混凝土技术；山区和半山区；中小型水库；重力坝

1 概述

柳林泉是吕梁市最大的岩溶泉水，也是山西省十大泉之一。由于近年来气候变化及泉域内矿产开采渗漏、岩溶地下水超采、地表水补给减少，导致柳林泉出流量逐年大幅度减少的趋势，已严重危及泉域内六县区人民生活用水保障和生态环境的可持续发展，因此，修建水坝工程拦蓄洪水径流，进行地下水补给成为必要。

柳林泉补水项目工程位于吕梁市柳林县于家沟，产流地类为灰岩灌丛山地，共新建 4 座坝，最大坝高 23.3m，最大库容 23.98 万 m^3，总库容 67.17 万 m^3。从上游至下游分别为 1 号坝、2 号坝、3 号坝和 4 号坝。库区沟谷地貌开阔，沟谷呈上下部明显为叠加形态，下部多为 "U" 字形，上部为 "V" 字形，沟谷平面多有 "S" 形分布型迹。河谷底部多数宽 10m 左右，"U" 字形多数深达 15~25m，"U" 字形沟谷东西两侧灰岩层层重叠，层理明显，单层薄但间夹多层细小溶孔，沿沟棱角迹象显特，节理发育。库区构造简单，没有发现断层，地层向西倾，但倾角不大。库区除灰岩外，没有其他基岩存在，也没有被列为矿产勘探和文物保护显示的资料，库区不存在淹没问题。

工程区地震基本烈度定为Ⅵ度，属于相对稳定地区，可不作抗震设防。

2 工程总体布置

1~4 号坝型均为堆石混凝土重力坝，上游面坡度 1：0.1，下游面 1：0.5。坝顶宽 3.0m，中间开设 6m 宽溢流槽，溢流段表层为厚 20cm 的 C25 混凝土溢流面，由 WES 曲线段、直线段和反弧段组成。

根据地质资料，坝址断面基岩出露，岩体完整，其承载力和渗透系数均能满足建坝条件。结合地质情况和实地地形，4 座坝座于基岩上。

1 号坝坝顶高程 1045.59m，坝高 23.30m，坝长 79.5m，死水位 1036.30m，汛限水位 1036.30m，设计洪水位 1044.04m，校核洪水位 1045.59m。

2 号坝坝顶高程 1020.71m，坝高 21.82m，坝长 58.4m，死水位 1005.1m，汛限水位 1018.0m，设计洪水位 1018.94m，校核洪水位 1020.71m。

3 号坝坝顶高程 999.42m，坝高 22.32m，坝长 74.4m，死水位 980.50m，汛限水位 997.00m，设计洪水位 997.80m，校核洪水位 999.42m。

4 号坝坝顶高程 975.49m，坝高 13.49m，坝长 28.9m，死水位 969.50m，汛限水位 973.00m，设计洪水位 1044.04m，校核洪水位 1045.59m。

3 坝址方案比选

泥沙和洪水主要由 1 号坝拦截调蓄，经实地踏勘，本次对 1 号坝选择了两处坝址，经方案比选，推荐采用库容较大的方案二，坝址位置和比选情况见图 1、图 2 和表 1。

图 1 1 号坝方案一坝址位置　　　　图 2 1 号坝方案二坝址位置（推荐方案）

表 1　　　　　　　　　　　　1 号坝坝址方案比选表

序号	项目		方案一	方案二
1	库容		19 万 m³	23.98 万 m³
2	占地面积		1.68 亩	1.7 亩
3	移民		没有移民	没有移民
4	主要建筑物	坝型	重力坝	重力坝
5		坝高	21.2m	23.3m
6		坝长	68.5km	69.7km
7		其他	溢洪道、冲沙孔、放水孔	溢洪道、冲沙孔、放水孔
8	工期		5 个月	5 个月
9	施工条件		交通条件便利；原材料就近充足；施工场地比较开阔易于布置。基岩出露，岩石完整	交通条件便利；原材料就近充足；施工场地比较开阔易于布置。基岩出露，岩石完整
10	工程投资		255 万元	260 万元
推选方案			—	推荐方案

另外，通过对土坝和重力坝坝型比选：由于沟道底部为"V"字形沟道，较窄，两侧山体布置溢洪道较困难，而且投资较大，综合考虑流域大小和坝高情况，因而本次坝型选择重力坝，坝顶开设溢洪道的方案。

4 堆石混凝土坝设计

4.1 坝顶高程确定

依据《混凝土重力坝设计规范》（SL 319—2005），坝顶高程应高于校核洪水位，坝顶上游防浪墙顶的高程应高于波浪顶高程，其与正常蓄水位或校核洪水位的高差，其值可由式（1）计算，应选择两者中防浪墙顶的高者作为选定高程。

$$\Delta h = h_{1\%} + h_z + h_c \tag{1}$$

式中 Δh——防浪墙顶至正常蓄水位或校核洪水位的高差，m；

$h_{1\%}$——波高，m；

h_z——波浪中心线至正常或校核洪水位的高差，m；

h_c——安全超高，m。

5 级坝可参照 SL 319—2005 表 8.1.1 中 3 级坝，正常蓄水位时，$h_c = 0.4$m；校核洪水位时，$h_c = 0.3$m。

4.1.1 波高计算

波浪的平均波高和平均波周期宜采用莆田试验站公式，按式（2）计算：

$$\frac{g h_m}{v_0^2} = 0.13 \mathrm{th}\left[0.7\left(\frac{g H_m}{v_0^2}\right)^{0.7}\right] \mathrm{th}\left\{\frac{0.0018\left(\frac{g D}{v_0^2}\right)^{0.45}}{0.13\mathrm{th}\left[0.7\left(\frac{g H_m}{v_0^2}\right)^{0.7}\right]}\right\}$$

$$\frac{g T_m}{v_0} = 13.9 \times \left(\frac{g h_m}{v_0^2}\right)^{0.5} \tag{2}$$

式中 h_m——平均波高，m；

T_m——平均波周期，s；

v_0——计算风速，m/s；

D——风区长度，m；

H_m——水域平均水深，m；

g——重力加速度，取 9.81m/s²。

平均波长可按式（3）计算：

$$L_m = \frac{g T_m^2}{2\pi} \mathrm{th}\left(\frac{2\pi H}{L_m}\right) \tag{3}$$

式中 L_m——平均波长，m。

累计频率为 $P(\%)$ 的波高 h_p 与平均波高的关系可按 SL 319—2005 中表 B.6.3 进行换算。

4.1.2 高差 h_z 计算

$$h_z = \frac{\pi h_{1\%}^2}{L_m} \mathrm{cth} \frac{2\pi H}{L_m} \tag{4}$$

式中　H——挡水建筑物迎水面前的水深，m。

其他符号意义同前。

表 2 为防浪墙顶高程计算成果表。

表 2　　　　　　　　　防浪墙顶高程计算成果表

名称	序号	运行条件	$h_{1\%}$	h_z	h_c	Δh（m）	水位（m）	防浪墙顶高程（m）
1 号渗漏坝工程	1	工况一	0.239	0.059	0.40	0.70	1036.3	1037.00
	2	工况二	0.240	0.059	0.30	0.60	1045.59	1046.19
2 号渗漏坝工程	1	工况一	0.211	0.052	0.40	0.66	1018	1018.66
	2	工况二	0.211	0.052	0.30	0.56	1020.71	1021.27
3 号渗漏坝工程	1	工况一	0.238	0.059	0.40	0.70	997	997.70
	2	工况二	0.238	0.059	0.30	0.60	999.42	1000.02
4 号渗漏坝工程	1	工况一	0.161	0.040	0.40	0.60	973	973.60
	2	工况二	0.161	0.040	0.30	0.50	975.49	975.99

注　工况一指的是正常蓄水位时，工况二指的是校核洪水位时。

根据表 2 成果，1 号坝、2 号坝、3 号坝和 4 号坝防浪墙顶高程分别为 1046.19、1021.27、1000.02、975.99m，高度分别为 60、56、60、50cm。

4.2　坝体设计

4 座坝均采用堆石混凝土重力坝，坝顶宽 3.0m。上游坝坡 1：0.1，下游坝坡 1：0.5。溢流坝段采用挑流消能方式，沟道下游底部为基岩，不需要进行防护。

4.3　大坝坝基的防渗处理

根据勘测结果，将坝底风化基岩全开挖，大坝全部座在新鲜基岩上，为减少坝基渗漏量，本工程采用上游水平铺盖防渗措施。

4.4　大坝坝肩的绕渗处理

坝址坝肩基岩裸露，岩性较硬，岩石较完整。坝肩座于新鲜基岩上，不存在绕坝渗漏问题。

4.5　溢流段设计

溢流段上游面坡度 1：0.1，水平段长 2.0m，下游曲面采用 W.E.S 型剖面，中间为 1：0.5 的直线段，直线的下部与反弧段相切。

4.5.1　堰顶 O 点下游曲线

采用 W.E.S 型剖面，其曲线方程为：

$$y = \frac{x^n}{kH_d^{n-1}} \tag{5}$$

式中 H_d——不包括行进流速水头在内的设计水头；

x，y——以堰顶为圆点的坐标；

k，n——与上游迎水面坡度有关的参数。

按上游坡 3∶0，查《水利计算手册》中表 3-2-1 得：$k=2.000$，$n=1.850$。4 座坝 W.E.S 曲线见表 3～表 6。

表 3　　　　　　　　　　　　1 号坝下游段（W.E.S）曲线坐标

x	0	0.2	0.4	0.6	0.8	1	1.2	1.4	1.6	1.8	2
y	0.00	0.01	0.04	0.09	0.15	0.22	0.31	0.42	0.53	0.66	0.80
x	2.2	2.4	2.6	2.8	3	3.2	3.40	3.60	3.80	4.00	4.20
y	0.96	1.12	1.30	1.50	1.70	1.92	2.14	2.38	2.63	2.89	3.17
x	4.40	4.60	4.80	5.00	5.20	5.40	5.570 5	5.80	6.00	6.20	6.40
y	3.45	3.75	4.06	4.37	4.70	5.04	5.34	5.76	6.13	6.51	6.90
备注	W.E.S 曲线段					$y=0.222\ 7x^{1.85}$					

表 4　　　　　　　　　　　　2 号坝下游段（W.E.S）曲线坐标

x	0	0.2	0.4	0.6	0.8	1	1.2	1.4	1.6	1.8	2
y	0.00	0.01	0.04	0.08	0.14	0.21	0.30	0.40	0.51	0.64	0.77
x	2.2	2.4	2.6	2.8	3	3.2	3.40	3.60	3.80	4.00	4.20
y	0.92	1.08	1.26	1.44	1.64	1.84	2.06	2.29	2.53	2.79	3.05
x	4.40	4.60	4.80	5.00	5.20	5.40	5.570 5	5.80	6.00	6.20	6.40
y	3.32	3.61	3.90	4.21	4.53	4.85	5.14	5.54	5.90	6.27	6.64
备注	W.E.S 曲线段					$y=0.214\ 3x^{1.85}$					

表 5　　　　　　　　　　　　3 号坝下游段（W.E.S）曲线坐标

x	0	0.2	0.4	0.6	0.8	1	1.2	1.4	1.6	1.8	2
y	0.00	0.01	0.04	0.09	0.16	0.24	0.33	0.44	0.56	0.70	0.85
x	2.2	2.4	2.6	2.8	3	3.2	3.40	3.60	3.80	4.00	4.20
y	1.01	1.19	1.38	1.58	1.80	2.03	2.27	2.52	2.79	3.07	3.36
x	4.40	4.60	4.80	5.00	5.20	5.40	5.570 5	5.80	6.00	6.20	6.40
y	3.66	3.97	4.30	4.63	4.98	5.34	5.66	6.10	6.49	6.90	7.31
备注	W.E.S 曲线段					$y=0.235\ 9x^{1.85}$					

表 6   **4 号坝下游段（W. E. S）曲线坐标**

x	0	0.2	0.4	0.6	0.8	1	1.2	1.4	1.6	1.8	2
y	0.00	0.01	0.04	0.09	0.15	0.23	0.32	0.43	0.55	0.68	0.83
x	2.2	2.4	2.6	2.8	3	3.2	3.40	3.60	3.80	4.00	4.20
y	0.99	1.16	1.35	1.55	1.76	1.98	2.22	2.46	2.72	2.99	3.28
x	4.40	4.60	4.80	5.00	5.20	5.40	5.570 5	5.80	6.00	6.20	6.40
y	3.57	3.88	4.19	4.52	4.86	5.21	5.52	5.95	6.34	6.73	7.14
备注	W. E. S 曲线段					$y = 0.230\ 3x^{1.85}$					

4.5.2 坝顶下游曲线与直接段交点（切点）坐标的计算

因为坝顶曲线方程为：

$$y = ax^{1.85} \tag{6}$$

直线段方程斜率为：

$$k = \frac{1}{0.5} = 2.0 \tag{7}$$

对方程（6）求倒数 y'，令 $y' = k$ 解之方程（7），即：4 座坝曲线与直线的交点坐标分别为（4.86，3.83）、（5.05，3.96）、（4.58，3.65）、（4.70，3.72）。

4.5.3 反弧半径 R 和圆心坐标的计算

由于反弧段上部与直线段相切，下游与地面相切。在图上分别作两条与直线段和与地面垂直的直线，反弧半径 R 为 7.00m。坝体基础和坝身采用自密式堆石混凝土结构，溢流面采用厚 40cm 的 C25 钢筋混凝土结构。

4.5.4 挑流计算

挑距计算可按 SL 319—2005 中附录 A.4.1 计算。

水舌抛距可按式（8）计算：

$$L = \frac{1}{g}\left[v_1^2 \sin\theta\cos\theta + v_1\cos\theta\sqrt{v_1^2 \sin^2\theta + 2g(h_1 + h_2)}\right] \tag{8}$$

式中 L——水舌抛距，m，如有水流向心集中影响者，则抛距还应乘以 0.90～0.95 的
折减系数；

        v_1——坎顶水面流速，m/s，按鼻坎处平均流速 v 的 1.1 倍计，即 $v_1 = 1.1v = 1.1\varphi\sqrt{2gH_0}$（$H_0$ 为水库水位至坎顶的落差，m）；

        θ——鼻坎的挑角，（°）；

        h_1——坎顶垂直方向水深，m，$h_1 = h/\cos\theta$（h 为坎顶平均水深，m）；

        h_2——坎顶至河床面高差，m，如冲坑已经形成，可算至坑底；

        φ——堰面流速系数；

        g——重力加速度，m/s²。

1～4 号坝的挑距计算见表 7。

表7　1～4号坝挑距计算表

坝址名称	频率	库水位(m)	流量Q(m³/s)	鼻坎顶高程(m)	坝底高程(m)	H_0(m)	B(m)	下游水位(m)	单宽流量q[m³/(s·m)]	上下游水位差Z(m)	流能比K_1
		φ	v(m/s)	v_1(m/s)	h(m)	h_1(m)	h_2(m)	θ(°)	$\sin\theta$	$\cos\theta$	水舌抛距L(m)
1号坝	3.33%	1044.04	38.42	1024.76	1022.3	19.28	6	1025.23	6.40	18.81	0.03
		0.88	17.15	18.88	0.37	0.44	2.47	33	0.54	0.84	33.49
	0.50%	1045.59	84.62	1024.76	1022.3	20.83	6	1027.06	14.10	18.53	0.05
		0.91	18.34	20.17	0.77	0.92	2.47	33	0.54	0.84	38.29
2号坝	3.33%	1018.94	11.03	1002.45	998.86	16.49	6	1000.46	1.84	18.48	0.02
		0.83	14.99	16.49	0.12	0.14	3.59	31	0.52	0.86	26.65
	0.50%	1020.71	44.67	1002.45	998.86	18.26	6	1002.64	7.45	18.07	0.04
		0.89	16.87	18.56	0.44	0.51	3.59	31	0.52	0.86	33.09

续表

坝址名称	频率	库水位 (m)	流量 Q (m³/s)	鼻坎顶高程 (m)	坝底高程 (m)	H_0 (m)	B (m)	下游水位 (m)	单宽流量 q [m³/(s·m)]	上下游水位差 Z (m)	流能比 K_1
		ϕ	v (m/s)	v_1 (m/s)	h (m)	h_1 (m)	h_2 (m)	$\theta(°)$	$\sin\theta$	$\cos\theta$	水舌抛距 L (m)
3号坝	3.33%	997.8	9.67	979.4	977.1	18.4	6	978.58	1.61	19.22	0.02
		0.82	15.58	17.14	0.10	0.12	2.30	32.00	0.53	0.85	27.33
	0.50%	999.42	46.35	979.4	977.1	20.02	6	980.97	7.73	18.45	0.04
		0.89	17.65	19.42	0.44	0.52	2.30	32.00	0.53	0.85	34.71
4号坝	3.33%	974.12	15.2	961.84	959.51	12.28	6	961.46	2.53	12.66	0.04
		0.89	13.83	15.21	0.18	0.24	2.33	39.00	0.63	0.78	23.31
	0.50%	975.49	40.56	961.84	959.51	13.65	6	963.08	6.76	12.41	0.06
		0.92	15.03	16.53	0.45	0.58	2.33	39	0.63	0.78	27.42

4.6 大坝稳定计算

大坝受力如图 3 所示，大坝受自身重力、水压力、饱和土压力、扬压力和冰压力。水压力按静水总压力计算；本次坝基未设防渗帷幕和上游排水孔，坝底处的扬压力和饱和土压力为梯形分布；冰压力按静冰压力计算，冰层厚度按 80cm 计算，查 SL 319—2005 中表 B.4.1 为 215kN/m，将表中值乘以 0.87 后按 187.05kN/m 计算冰压力。

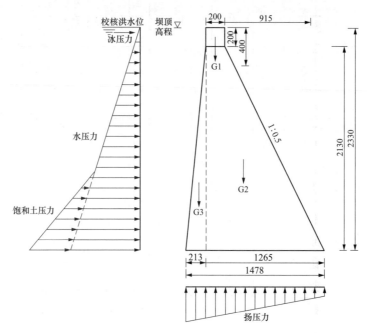

图 3 大坝受力情况

4.6.1 偏心距计算

$$e = \frac{B}{2} - \frac{\sum M}{\sum G} \tag{9}$$

式中 e——偏心距，m；

$\sum G$——作用在河坝上全部垂直于水平面的荷载，kN；

$\sum M$——作用于河坝上各力对前趾矩力矩之和，kN·m；

4.6.2 地基承载力验算

基底应力计算采用式（10）计算：

$$P_{\max}^{\min} = \frac{\sum G}{A} \pm \frac{\sum M}{W} \tag{10}$$

式中 $P_{\max}^{\min}$——河坝基底应力的最大值或最小值，kPa；

$\sum G$——作用在河坝上全部垂直于水平面的荷载，kN；

$\sum M$——作用于河坝上全部垂直于水平面平行前墙墙面方向形心轴的力矩之和，kN·m；

A——河坝基底面的面积，m^2；

W——河坝基底面对于基底面平行前墙墙面方向形心轴的截面矩，m^3，$W = \frac{1}{6}LB^2$。

4.6.3 抗滑稳定验算

沿基底面的抗滑稳定安全系数，采用下式计算：

$$K_c = \frac{f \sum G}{\sum H} \tag{11}$$

式中　K_c——挡土墙沿基底面的抗滑稳定安全系数；

f——挡土墙基底面与地基之间的摩擦系数，取 0.4；

$\sum G$——同上；

$\sum H$——作用于挡土墙上全部平行于基底面的荷载，kN。

4.6.4 抗倾稳定验算

抗倾稳定采用式（12）计算：

$$K_0 = \frac{\sum M_V}{\sum M_H} \tag{12}$$

式中　K_0——河堤抗倾覆稳定安全系数；

$\sum M_V$——对河堤基底前趾的抗倾覆力矩，kN·m；

$\sum M_H$——对河堤基地前趾的倾覆力矩，kN·m。

1～4 号坝稳定计算结构见表 8～表 11。

表 8　　　　　　　　　　1 号坝稳定计算成果表

序号	名称	计算值	允许值	结论
①	地基承载力验算	$P_{max} = 563\text{kN/m}^2$	地基允许承载力 1000kN/m²	满足地基承载力要求
		$P_{min} = 286\text{kN/m}^2$		
②	抗滑稳定验算	$K_c = 1.330$	$K_{c允许} = 1.05$	抗滑稳定满足要求
③	抗倾稳定验算	$K_0 = 2.27$	$K_{0允许} = 1.40$	抗倾稳定满足要求

表 9　　　　　　　　　　2 号坝稳定计算成果表

序号	名称	计算值	允许值	结论
①	地基承载力验算	$P_{max} = 545\text{kN/m}^2$	地基允许承载力 1000kN/m²	满足地基承载力要求
		$P_{min} = 263\text{kN/m}^2$		
②	抗滑稳定验算	$K_c = 1.332$	$K_{c允许} = 1.05$	抗滑稳定满足要求
③	抗倾稳定验算	$K_0 = 2.21$	$K_{0允许} = 1.40$	抗倾稳定满足要求

表 10　　　　　　　　　　3 号坝稳定计算成果表

序号	名称	计算值	允许值	结论
①	地基承载力验算	$P_{max} = 549\text{kN/m}^2$	地基允许承载力 1000kN/m²	满足地基承载力要求
		$P_{min} = 276\text{kN/m}^2$		
②	抗滑稳定验算	$K_c = 1.32$	$K_{c允许} = 1.05$	抗滑稳定满足要求
③	抗倾稳定验算	$K_0 = 2.23$	$K_{0允许} = 1.40$	抗倾稳定满足要求

表11   4号坝稳定计算成果表

序号	名称	计算值	允许值	结论
①	地基承载力验算	$P_{max}=329kN/m^2$	地基允许承载力	满足地基承载力要求
		$P_{min}=126kN/m^2$	$1000kN/m^2$	
②	抗滑稳定验算	$K_c=1.245$	$K_{c允许}=1.05$	抗滑稳定满足要求
③	抗倾稳定验算	$K_0=2.06$	$K_{0允许}=1.40$	抗倾稳定满足要求

5 堆石坝工程施工

5.1 坝基开挖

开挖采用1m³挖掘机挖装，8～15t自卸汽车运输，开挖砂砾石料中部分用于填筑围堰，其余运至弃渣场。

坝基石方开挖采用风钻造孔，浅眼微差控制爆破，周边孔预裂，接近基岩面1.5m采用保护层一次性开挖，石渣运输机械同土方。

5.2 大坝堆石混凝土施工

坝基开挖到新鲜基岩后，进行基岩面的清理，用水冲洗干净，不能有浮渣等杂物。然后放线立模，每层立模高度不超过2m。

模板立好后，进行堆石填装，可用装载机和挖掘机进行堆石的入仓，人工辅助平仓。堆石填装时严禁把杂物带进仓面内。堆石高度基本与模板顶部齐平。堆石入仓前要冲洗干净。

堆石入仓就绪后，进行自密实混凝土的浇筑，可用泵送混凝土，也可用装载机装用混凝土直接浇入仓内，一直浇到顶部，并预留堆石顶10cm厚不浇注，作为第二仓的接茬。以此类推，直至浇注到设计坝顶高程。在浇筑分层的上层浇筑前，应对下层的施工缝面，进行冲毛或凿毛处理。

5.3 溢洪道混凝土施工

溢洪道混凝土可就近购买商品混凝土。运输采用专用预拌混凝土的卡车，混凝土运输、浇筑及间歇的全部时间不应超过混凝土的初凝时间。

模板应保证结构有足够的强度和刚度，能承受混凝土浇筑和振捣的侧向压力和振动力，防止产生移位，确保混凝土结构外形尺寸准确，并应有足够的密封性，以避免漏浆。钢模面板厚应不小于3mm，钢板面应尽可能光滑，不允许有凹坑、皱折或其他表面缺陷。模板安装过程中，应设置足够的临时固定设施，以防变形和倾覆。钢模板在每次使用前应清洗干净，为防锈和拆模方便，钢模面板应涂刷矿物油类的防锈保护涂料，不得采用污染混凝土的油剂，不得影响混凝土或钢筋混凝土的质量。

钢筋制安采用人工，钢筋的表面应洁净无损伤，油漆污染和铁锈等应在使用前清除干净。带有颗粒状或片状老锈的钢筋不得使用。钢筋应平直，无局部弯折。

凡适宜饮用的水均可使用，未经处理工业废水不得使用。拌和用水所含物质不应影响混凝土的和易性和混凝土强度的增长，以及引起钢筋和混凝土的腐蚀。

不同粒径的骨料应分别堆存，严禁相互混杂和混入泥土；装卸时，粒径大于 40mm 的粗骨料的净自由落差不应大于 3m，应避免造成骨料的严重破碎。砂料应质地坚硬、清洁、级配良好；使用山砂、特细砂应经过试验论证。

用于混凝土中的外加剂（包括减水剂、加气剂、缓凝剂、速凝剂和早强剂等），其质量应符合 SD 108—1983《水工混凝土外加剂技术标准》第 2.0.1 条至 2.0.4 条的规定。

混凝土配合比应在施工前通过配比试验确定。因混凝土拌和及配料不当，或因拌和时间过长而报废的混凝土应弃置在指定的场地。混凝土出拌和机后，应迅速运达浇筑地点，运输中不应有分离、漏浆和严重泌水现象。混凝土入仓时，应防止离析，垂直落距不应大于 2m。在浇筑分层的上层混凝土层浇筑前，应对下层混凝土的施工缝面，进行冲毛或凿毛处理。

5.4 坝体止水

伸缩缝采用上游不锈钢和橡胶两道止水，并用水泥封口。

6 结语

在柳林泉补水项目工程中，采用堆石混凝土施工技术，将大粒径的块石直接堆放入仓，然后利用专用自密实混凝土高流动性、高穿透性的特点，从堆石体的表面浇筑无需任何振捣的专用自密实混凝土，依靠自重完全填充堆石的空隙，形成密实、完整、水化热低、层间抗剪能力强，易于满足设计强度要求的大体积混凝土。堆石混凝土坝施工工艺简单快捷，施工效率高，工期短，水化温升小，易于现场质量控制，施工时就地取材，减少混凝土的用量，综合单价低。在水利工程领域的大体积混凝土工程中具有广阔的发展前景，尤其在山区和半山区中小型水库工程值得选择和运用。

CK-水工高性能抗冲磨材料在毛尔盖水电站
泄洪洞缺陷修复中的应用

徐中浩[1]，吴　凤[2]，李黄敏[1]，杨代六[1]，田先忠[1]

(1. 中国电建集团成都勘测设计研究院有限公司，四川省成都市　610072；

2. 四川省大数据中心，四川省成都市　610041)

[摘　要]　将 CK-水工高性能抗冲磨材料应用到毛尔盖水电站泄洪洞缺陷修复中，修复后的泄洪洞运行良好。CK-水工高性能抗冲磨材料的性能、施工方法及工艺、质量控制与检测满足设计和技术规程要求。

[关键词]　泄洪洞；缺陷修复；高性能抗冲磨材料

0　引言

毛尔盖水电站位于四川省阿坝藏族羌族自治州黑水县境内，是黑水河干流水电规划"二库五级"开发方案的第 3 级电站，首部枢纽距茂县县城约 90km。工程开发任务为发电，兼顾有与紫坪铺水利枢纽一道向成都、都江堰灌区供水的作用，电站总装机容量426MW(3×140MW+6MW)。枢纽工程主要由挡水坝、溢洪道、泄洪放空洞、引水建筑物和厂区建筑物组成，为二等大（2）型工程；大坝按 1 级建筑物设计，溢洪道、泄洪放空洞等主要水工建筑物为 2 级建筑物。工程区域地震基本烈度Ⅷ度。拦河坝为砾石土直心墙堆石坝，坝顶高程 2138.00m，最大坝高 147.00m，坝顶长 458.47m、宽 12.00m。泄洪设施由 1 孔岸边开敞式溢洪道和 1 孔泄洪放空洞组成。泄洪放空洞进口底高程为2040.00m，出口底高程 2001.59m；设平板事故门 1 道，孔口尺寸 4.5m×5.0m（宽×高），由 1600kN 固定卷扬式启闭机启闭；设弧形工作门 1 道，孔口尺寸为 4.3m×4.1m（宽×高），由 2000kN/1000kN 摇摆式液压启闭机启闭；最大泄量 496.6m³/s，出口采用挑流消能。泄洪放空洞全长 1070.5m，在 K0+155m 处布置事故检修闸门，在K0+404m 处布置工作闸门。

自毛尔盖水电站建成投产以来，其泄洪放空洞已多次投入运行。2018 年汛后现场踏勘发现，泄洪放空洞底板、边墙冲蚀破坏部位混凝土，桩号约为工作闸门门槽后桩号（放）0+409.5m～（放)1+070.50m，严重影响电站的安全运行，因此需要对破坏部位进行修复。

1　泄洪放空洞混凝土缺陷修复方案

1.1　修复设计原则

根据毛尔盖水电站泄洪放空洞近年运行工况和修复处理情况，结合国内类似工程的经验，考虑到流道内空间狭窄，施工环境复杂性，施工难度较大，且施工质量不易保证，修复方案原则应符合以下要求：

（1）尽量与原混凝土结合成为均质体，其强度、弹性模量、变形能力等尽量趋于一致。在较高流速和推移质较严重的水道结构设计中保证结构受力的条件下，尽可能提高钢筋保护层厚度，有利于提高钢筋层之上的混凝土的抗冲击能力。

（2）一定的修复厚度，确保高频率冲击能量的传递。修复厚度是保证构筑物结构稳定和发挥其力学和变形性能的基础，一定的修复厚度是结构体均匀承受推移质冲击的保障。

（3）较好的抗冲磨蚀的能力。在结构体运行复杂受力环境下，材料本体承受推移质、悬移质、空蚀等破坏的能力要强。

1.2 修复设计方案

结合毛尔盖水电站泄洪放空洞近年运行及修复情况，经分析研究，采用中国电建集团成都勘测设计研究院有限公司国家发明专利 CK-水工高性能抗冲磨材料进行修复，具体方案如下：

（1）门槽后桩号（放）0+409.5m～（放）0+439.87m 范围内的钢筋进一步进行全面检查，清除被撕裂及脱落、松动的钢筋，并进行置换，按照原规格进行钢筋焊接修补。

（2）基岩破损部位应应清除松动块，出露新鲜基面，确保基础面干净；混凝土表面破损部位均应清除松动块并凿毛，出露新鲜混凝土基面，确保基础面干净、无浮渣、油污等杂质。

（3）基岩破损部位布置 $\phi 28 L = 6m@1.5m$ 锚杆，外露 50cm，与表面钢筋焊接成整体；采用水工高性能抗冲磨材料配制混凝土。

（4）混凝土表面均应清除松动块并凿毛，出露新鲜混凝土基面，确保基础面干净、无浮渣、油污等杂质。

（5）对大于 15cm 深度、面积大于 $0.5m^2$ 的冲坑，采用水工高性能抗冲磨材料配制混凝土。需设置 $\phi 25@50cm$ 插筋（间排距可根据现场实际情况调整）。插筋为"L"形，采用梅花形布置，锚入老混凝土或岩体 30cm，外露段"L"形弯折长度为 30cm，钢筋保护层厚度 10cm，插筋总长度根据实际情况确定。

（6）在原混凝土基面涂刷一层厚度为 1～3mm 的界面处理剂，根据现场风、阳光、温度等环境条件，在 0.5～8h 内施工水工高性能抗冲磨材料。

（7）桩号（放）0+480.00m～（放）0+512.00m 底板原环氧修复面已整体破坏，采用水工高性能抗冲磨材料进行修复，平均厚度 30mm。

（8）桩号（放）0+522.332m 变坡段后底板整体较完整，可加强汛后检查，发现冲蚀破坏有趋严重时应适时进行整体修复。本次对局部冲蚀坑采用修补水工高性能抗冲磨材料进行修复，修复至与周边底板齐平，应注意与周边区域按施工工艺进行切口搭接。

（9）桩号（放）0+522.332m～（放）1+070.50m 左右侧墙，自底板约 40cm 范围沿施工缝面形成冲蚀槽，局部区域钢筋出露，采用修补水工高性能抗冲磨材料进行修复，应注意与周边区域按施工工艺进行切口搭接。

（10）水工高性能抗冲磨材料修复流道恢复到平整状态。

（11）填补冲坑完成后，修补水工高性能抗冲磨材料养护时间不低于 7 天。

2 CK-水工高性能抗冲磨材料主要技术指标

本次混凝土冲磨蚀破坏修复材料主要采用 CK-水工高性能抗冲磨材料和 CK-混凝土界面剂。水工高性能抗冲磨材料是混凝土冲磨蚀破坏的主要材料，是一种特制水泥、石英砂或玄武岩等高品质砂和其他减水、抗裂、抗冲磨等功能性材料组成的复合材料体。CK-水工高性能抗冲磨材料具有以下特点：

（1）高强致密，掺入了非晶态材料具有一定的活性，在反应达到一定程度，孔隙液碱性达到含硅非晶材料的阈值，引发反应，含硅非晶材料和水化产物氢氧化钙发生反应也生成 CSH 凝胶，主要发生反应的区域为初次 SCH 凝胶产生的孔隙之中。

（2）低弹模抗疲劳，高性能成膜聚合物可以在砂浆颗粒表面形成聚合物膜，膜上部分表面有气孔，而气孔表面被砂浆填充，使应力集中降低，使砂浆胶体颗粒之间产生润滑效应，使砂浆的组分能够单独流动并在外力的作用下会产生松弛而不破坏。

（3）低收缩抗开裂，采用空间成膜技术、毛细孔自由水凝胶化技术、吸水材料内保水技术起到低收缩抗开裂的作用。

除了以上特点外，此材料还具有弹性模量和线胀系数与混凝土接近，不会从基材上脱开、施工方便、操作时间可调、黏附性好等优异性能。其技术指标见表 1～表 2。

缺陷部位修补质量的好坏，除了修补材料的优异性能外，提高新老混凝土界面的黏结力也尤为重要，因此在本工程中采用专门针对新老混凝土结合而研发的混凝土界面处理剂，确保修复体与老混凝土完美黏结，不易脱落。CK-混凝土界面剂含有"黏结"组分、"渗透结晶"的组分、"减少收缩"的组分，并以微米—纳米尺寸维度来改善混凝土的结合面，界面剂的技术指标见表 3。

表 1 　　　抗冲磨混凝土（由水工高性能抗冲磨材料配制）技术指标要求

序号	项目	计量单位	C50
1	设计龄期（天）		28
2	级配		一或二
3	试件抗压强度标准值	MPa	$\geqslant 50$
4	极限拉伸	1×10^{-6}	$\geqslant 100$
5	抗冻等级	F	$\geqslant$ F300
6	抗渗等级	W	$\geqslant$ W10
7	自生体变	1×10^{-6}	$\geqslant 5$
8	抗冲磨强度	$h/(g/cm^2)$	$\geqslant 12$
9	弹性模量	GPa	< 40

表 2   水工高性能抗冲磨材料指标要求

序号	项目		性能要求
1	凝结时间	min	240～900min 可根据需要调节
2	抗压强度（MPa）	7 天	≥20
		28 天	≥50
3	抗折强度（MPa）	7 天	≥4.0
		28 天	≥8.0
4	新老混凝土黏结强度（MPa）	28 天	≥3.0
5	抗渗性	28 天	＞W14
6	抗冻性	28 天	＞F300
7	线膨胀系数（℃）	28 天	$(8～18)×10^{-6}$

表 3   界面处理剂指标要求

序号	项目		性能要求
1	凝结时间	h	9～13
2	抗压强度（MPa）	7 天	≥30
		28 天	≥60
3	抗折强度（MPa）	7 天	≥4.0
		28 天	≥8.0
4	新老混凝土黏结强度（MPa）	28 天	≥5.0
5	抗渗性	28 天	＞W14
6	抗冻性	28 天	＞F300
7	线膨胀系数（℃）	28 天	$(8～18)×10^{-6}$

3 施工方法及工程流程

施工工艺流程主要有 8 个步骤，包括：混凝土表面清理→浇筑高程标识→设置齿槽→立模→涂刷界面剂→浇筑水工高性能抗冲磨材料→养护→质量检查。

3.1 混凝土表面清理

对凿毛后的混凝土基面进行清理，清除松动的混凝土。用角磨机对混凝土表面进行打磨，清除混凝土表面污渍；用高压水清洗混凝土表面及坑凹内部的浮尘和残渣，至表面及内部清洁干净。

3.2 浇筑高程标识

在施工区域标识高程控制刻度线，用于控制施工高程。对于仓面面积较大的仓次，应分区设置高程控制点。

3.3 设置齿槽

修复体与老混凝土搭接处，应设置齿槽。设置的齿槽深度为 45°或 90°切口形式，增强修复块体与基层的粘接能力，避免出现薄壁状结构。

3.4 立模

根据现场情况，分仓浇筑时可采用立模浇筑的方式进行施工。

3.5 涂刷界面剂

界面剂采用搅拌机在现场进行拌制，人工用桶搬运至工作面。界面剂的拌和配比按水料比 0.30～0.35 人工称量加水量，并确保搅拌均匀无凝块无分层，静置超过 15min 后才可使用。待基面表面清理干净后，对其表面进行界面剂喷涂，厚度控制在 1～2mm 内。根据环境温度、湿度、风力等情况，界面剂涂刷完毕 0.5～8h 内可进行水工抗冲磨材料施工。

3.6 浇筑水工高性能抗冲磨材料

材料拌和采用强制式拌和机，严格按照水料比 0.12～0.13 进行配比拌和，拌和时间不低于 120s，拌和物应均匀，无夹生料，颜色一致。拌和后砂浆通过机械垂直运输和人工水平运输送入仓面。拌和物自流平，辅以人工平仓和收面。

3.7 养护

施工结束后，3 天拆模，即可洒水或流水养护，养护时间不低于 7 天。混凝土浇筑后 24h 内严禁在相邻工作面施工避免对混凝土的损坏。

3.8 质量检查

对用于修补的抗冲磨材料现场拌和取样成型，在室内标准条件下养护 28 天后进行抗压强度试验，每 10～50m³ 取样一组。修补后表面目测应光滑、平整、无开裂。平整度小于 3mm/1.5m，确保表面光滑。现场施工时需用靠尺顺水流和垂直水流双向控制过流面平整度。

4 施工质量检测

根据合同条款、设计要求和《混凝土强度检验评定标准》（GB/T 50107—2010）、《水利水电建设工程验收规程》（SL 223—2008）、《水工混凝土建筑物缺陷检测和评估技术规程》（DL/T 5251—2010）、《水工建筑物抗冲磨防空蚀混凝土技术规范》（DL/T 5207—2005）规定及要求，重点对原材料和施工现场浇筑混凝土的 28 天抗压强度以及平整度进行试验检测。

抗压强度的检测：施工期间对到场的每批次 CK-水工高性能抗冲磨材料和界面剂进行抗压强度试验。共抽检 25 组，28 天抗压强度均值到达 59.0MPa。施工过程中对不同泄洪洞修复部位取相应的混凝土试件，测定试件的强度，试验结果表明，混凝土 28 天的抗压强度均值达到 58.5MPa。平整度小于 3mm/1.5m，表面光滑，满足要求。

5 结语

毛尔盖水电站泄洪放空洞缺陷修复工程于 2019 年 12 月 21 日开工，2019 年 3 月 10 日完工。合同工期 101 天，在建设单位的指导和支持下，项目部利用一切可利用的条件，提前 10 天完工，实际工期为 80 天。2019 年 3 月 15 日，建设各方完成了泄洪放空洞缺陷修复联合验收，质量评定合格。从外观质量、施工工序、试验检测情况来看，本工程的修复

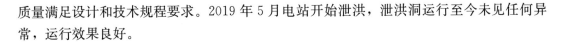

质量满足设计和技术规程要求。2019 年 5 月电站开始泄洪，泄洪洞运行至今未见任何异常，运行效果良好。

作者简介

徐中浩（1989—），男，工程师，主要从事水利水电工程新材料的研发与应用、市场经营工作。E-mail：297364386@qq.com

吴　凤（1988—），女，工程师，主要从事数字管理工作。E-mail：277382138@qq.com

李黄敏（1987—），女，工程师，主要从事水利水电工程新材料的研发与应用。E-mail：751797977@qq.com

杨代六（1974—），男，正高级工程师，主要从事水利水电工程新材料的研发与应用。E-mail：24237303@qq.com

田先忠（1969—），男，高级工程师，主要从事水利水电工程新材料的研发与应用。E-mail：415723660@qq.com

严寒地区混凝土面板堆石坝若干技术问题的探讨

何无产

（中国水利水电第十一工程局有限公司，河南省郑州市　450007）

[摘　要]　从严寒地区面板坝设计与施工角度，分析了严寒地区面板坝的施工特点。结合我国已建的部分严寒地区面板坝的实际，并结合先行施工（设计）规范，阐述水位变化区垫层料、面板混凝土的配筋、表层止水的独特做法，以及面板混凝土低水灰比的要求，并从堆石坝碾压、反渗排水、冬季施工机械快速启动等，不同常规的施工细节及做法着手，就上述技术问题进行分析，初步探索并总结出严寒地区面板坝施工（设计）的规律来。

[关键词]　严寒地区；水位变化区；施工设计；技术问题；探索

1　概述

面板堆石坝因其具有的断面小、安全性好、施工方便，造价低等特点，日益受到工程界的重视。我国自 1985 年起开始修建混凝土面板堆石坝，已建成 30m 高的面板堆石坝约 230 多座，基本遍布全国各个省区，面板坝的数量和规模位于世界前列，在发电、防洪及供水方面发挥了显著的效益。

在我国面板堆石坝的建设中，在高纬度严寒地区、高原严寒地区也兴建了一批面板堆石坝，如辽宁本溪的关门山（坝高 58.5m）、黑龙江省的海林市三道河子乡的莲花坝（坝高 71.8m）、西藏自治区那曲县的查龙坝（工程所在地海拔 4388m，坝高 39m）、青海省格尔木市的小干沟坝（坝高 55m）、新疆 JLBLK 坝（纬度坝高 140.6m）以及辽宁丹东市宽甸县的蒲石河坝（坝高 78.5m）等。经过与温和地区的堆石坝对比分析，严寒地区面板堆石坝在设计、施工及运行管理有其固有的特点。

2　设计方面严寒地区面板堆石坝几个不同点技术问题的探讨

2.1　垫层料的要求不同

《面板堆石坝设计规范》（DL/T 5016—2011）中 6.2.1 规定"垫层料应有良好的级配、内部结构稳定或自反滤稳定要求。最大粒径 80～100mm，小于 5mm 的颗粒含量宜为 35%～55%，小于 0.075mm 的颗粒含量宜为 4%～8%；压实后具有低压缩，高抗剪的强度，渗透系数宜为 $i\times(10^{-4}\sim10^{-3})$cm/s；并具有良好的施工特性。中低坝可降低对垫层料的要求。严寒地区及抽水蓄能电站的垫层料的渗透系数宜为 $1\times10^{-3}\sim1\times10^{-2}$ cm/s，"从该规范上述规定可以看出，严寒地区的面板坝的垫层料不但要具备低压缩高抗剪，级配连续、满足反渗准则的要求外，还要满足排水的需要。其要求渗透系数大，以排水为主。面板坝渗漏与一般土石坝有所不同，其渗漏原因是面板裂缝或接缝止水遭到破坏所致，属于局部渗漏。渗水如不能及时排出，在严寒条件下就可能产生局部冻涨，使面板产生局部挤压，产生裂缝。在严寒地区的抽水蓄能电站库水位反复升降，此问题将更加突出。我国在严寒地区已建的几座面板堆石坝垫层料特性见表 1。

表 1 我国在严寒地区已建的几座面板堆石坝垫层料特性

序号	项目	坝高（m）	最大粒径（mm）	小于 5mm 颗粒含量	小于 5mm 颗粒含量（平均）	小于 0.075mm 含量	渗透系数 K（cm/s）
1	关门山	58.5	150	14%～40%	27%	≤5%	不小于 1×10^{-3}
2	莲花	71.8	80～150	20%～40%	30%	≤5%	3.57×10^{-3}
3	查龙坝	39	80	15%～35%	25%	≤5%	$i\times(10^{-2}\sim10^{-3})$
4	蒲石河	78.5	100	20%～35%	27.5%	≤5%	$\geq i\times10^{-2}$
5	小干沟	55.0	150	30%～50%	40%	≤5%	$i\times(10^{-2}\sim10^{-3})$
6	JLBLK	140.6	80～100	35%～45%	40%	≤5%	$i\times(10^{-3}\sim10^{-4})$
7	规范规定	—	80～100	35%～55%	45%	4%～8%	$i\times(10^{-2}\sim10^{-3})$

注 以上项目的垫层料均要求级配连续。

从表 1 我国在严寒地区已建的面板坝垫层料的特性分析得出以下结论：

（1）只有莲花坝和小干沟坝，最大粒径为 150mm，其余的与温和地区相同都在 80～100mm 之间。

（2）小于 5mm 颗粒含量多少在 20%～40% 之间，只有小干沟坝和 JLBLK 坝的在 30%～50% 之间，整体平均含量为 25%～30%。

（3）且渗透系数多在 $i\times(10^{-2}-10^{-3})$cm/s，只有 JLBLK 为 $i\times(10^{-4}-10^{-3})$cm/s，渗透系数偏小。

由此可得出结论：严寒地区面板坝，增大水位变化区面板下游部位垫层区的渗透系数，在满足反渗准则的前提下，减少垫层料内水分，减小冰胀压力对混凝土面板的影响。

2.2 冰压力及表层止水型式问题

在我国北方严寒地区，库水表面在冬季结成冰盖，形成冰荷载。冰荷载对面板的作用，一种是静冰压力，另一种是冻冰压力。静冰压力主要是气温增高时，冰层发生膨胀，当膨胀受到约束时，冰层对约束产生的挤压力，该挤压力还包括对面板表层起到的摩擦力。动冰压力是指流动的冰块在水流或者风的作用下对面板的撞击力。如在 JLBLK 项目就多次发生过，河中冻冰，冰在水流的作用下，涌入河岸道路堵塞交通。有不少水库由于冰层的活动使得大坝护坡被推移或者隆起。

从理论上讲，面板与静冰压力的大小无关，只要坝体是稳定的，压实后的堆石体能够承受各种压力，静冰压力起不到决定性的作用，而且混凝土面板在冰压力的作用下，是随着压实体的堆石体同时变位的。但是面板堆石坝面板底部的垫层料有可能存在脱空，那就不一样了。表 2 是松辽委科学研究院根据东北地区特点计算的静冰压力值。

表 2 不同冰层厚度静冰压力

冰厚（cm）	40	60	80	100	120
静冰压力（MPa）	0.11	0.228	0.268	0.308	0.348

按照表 2 数值，取 1m 厚的冰层计算，得出每平方米的面板受力为 30.8t，若遇面板脱空，一定会损坏。

另外严寒地区的表层止水固定也有其特殊性。

严寒地区的面板堆石坝冬季运行条件严酷，在冰拔、冰胀等因素作用下，止水结构受损情况尤为突出，我国严寒地区已建的多座常规电站的面板堆石坝止水结构均不同程度出现破坏，影响大坝正常运行。因此，需要提高止水结构的抗冻性能，降低冰胀力、冰推力和冰拔力对表面止水结构的破坏作用。

中国水利水电科学技术研究院专门对表层止水与冰冻相关参数做了研究，并得到以下结论：对于旋有螺母的 M10 的膨胀螺栓，30mm 长度冻结。冰膨胀最大拉拔力值为 1.02kN。螺栓与冰的冻结拉拔破坏力最大为 3.39kN；扁钢与冰冻结强度最大为 0.314MPa；橡胶盖板与冰冻结强度最大为 0.021MPa。

基于以上状况，针对冰压力及表层止水破坏问题，采取以下措施：

（1）严寒地区针对静冰压力的问题。

通过对水位变化区的面板表面，涂憎水憎冰涂料，增加热交换，维持冰面与面板有一层不冻水；目前有三种憎水憎冰涂料可供选择，包括弹性聚氨酯、聚脲以及环氧三种材料。必要时在水位变化区的混凝土面板中预埋暖水管，通过锅炉通暖气，使得冰面与混凝土面板之间形成不冻层，来消除静冰压力堆面板的影响。该项技术已获得专发明专利，即《一种用于高寒地区通水保温的操作方法》（专利号：ZL 2014 1 0308522.8）。

（2）改善止水结构抗冻性能和降低冰的冻结强度的措施。

1）紧固件的改进：采用预埋的沉头螺栓和镀锌扁钢取代角铁和膨胀螺栓。

2）在面板混凝土表面，止水结构范围内设置 3～5cm 卧槽。

3）止水盖板采用表面复合三元乙丙橡胶复合层的加筋板，具有耐老化、耐冻融、耐腐蚀、耐撕裂、耐冲击及憎水性能。

常规的表层止水固定型式及严寒地区的分别如图 1、图 2 所示。

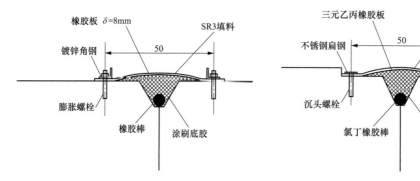

图 1 常规的表层止水固定型式   图 2 严寒地区的表层止水固定型式

2.3 面板钢筋配置

在严寒地区修建面板堆石坝，可适当提高面板的含筋率，加密钢筋间距，如莲花、查龙坝、JLBLK 面板坝，冻融循环次数多，年正负气温交替变化几十次，孔隙水冻结充分。

尤其在水位变化区的混凝土易受冻融、冻涨破坏，加上库水位下降时，冰层坍塌，大冰块对水位变化区的面板撞击，该部位混凝土最易破坏。故此需要在水位变化区增设钢筋，尤其是增设温度钢筋。如图 3 所示为某严寒地区面板堆石坝水位变化区面板破坏情况。

图 3　某严寒地区面板堆石坝水位变化区面板破坏情况

3　施工方面严寒地区面板堆石坝几个不同点技术问题的探讨

3.1　堆石料碾压施工方面

《混凝土面板堆石坝施工规范》（SL 49—2015）中 5.3.14 规定"负温下填筑时，各种坝料内不能有冰块，应减薄铺筑厚度，增加碾压遍数，不加水的方法进行"。5.3.3 条文说明"堆石坝需要加水碾压，目的是块石表面浸水软化、润滑、降低抗压强度，减少颗粒间相对位移摩阻力、咬合力，在激振力的作用下提高压实密度，减少坝体运行期沉降量"。

根据上述规范要求，严寒地区面板坝施工，从碾压试验规划开始，必须考虑各种填料不加水、薄层碾压时，薄层厚度的确定。

根据我国已施工的严寒地区面板堆石坝工程来看，一般情况下低于−15℃都停止施工了。严寒施工时的坝料，由暖天爆破开采堆存。

3.2　面板混凝土配合比的问题

《混凝土面板堆石坝施工规范》（SL 49—2015）中 6.1.4 规定"水胶比应通过试验确定，可根据施工条件、当地气候特点选用，温和地区宜小于 0.50，严寒和严寒地区宜小于 0.45，坍落度应根据运输条件、浇筑方法和气候条件决定。当采用溜槽运输时，溜槽入口处坍落度宜为 30～70mm，视气候条件选用。"

水灰比是控制混凝土面板堆石坝的抗渗性和耐久性的主要指标。选择水灰比时应考虑水泥品种及标号、外加剂的种类与用量以及设计规定的混凝土性能等因素。严寒地区的面板坝尽量降低水灰比，以减少混凝土中自由水的数量，可有效降低混凝土收缩和渗透性，提高混凝土的耐久性。如西藏查龙坝面板混凝土水灰比为 0.35，黑龙江莲花坝面板混凝土水灰比为 0.338，新疆 JLBLK 面板堆石坝面板混凝土水灰比为 0.40，青海小干沟面板堆石坝面板混凝土水灰比为 0.40。

JLBLK 工程针对北疆严寒地区特殊气候条件，在满足施工的前提下，尽可能减小入仓坍落度，同时为进一步减小混凝土水灰比，提高混凝土抗冻性能，采用混凝土真空吸水机，对混凝土表面多余水分和空气抽吸排除（做了一段试验）。

图 4　面板混凝土真空吸水

真空吸水的作业深度不超过 30cm，由于混凝土中的部分多余水分和空气被抽吸排除，混凝土体积会相应缩小，因此振捣后提浆刮平的混凝土面要比设计混凝土面略高，控制在 2～4mm。混凝土真空吸水既可从混凝土中吸出游离水，迅速降水灰比。根据厂家提供的资料，混凝土采用真空吸水提高早期强度，抗折强度提高 20%～60%，抗压强度提高 14%，混凝土结构致密，容量提高，抗冻性能提高 2～2.5 倍，如图 4 所示。

虽然真空吸水效果明显，但是由于施工速度远远低于滑模施工速度，没有大规模采用，此施工工艺，还需进一步完善。

3.3　严寒地区混凝土的养护问题

《混凝土面板堆石坝施工规范》（SL 49—2015）中 6.1.10 规定"脱模后的混凝土宜及时用塑料薄膜等遮盖。混凝土初凝后，应及时洒水养护，必要时铺盖隔热、保温材料。已连续养护至水库蓄水或者至少养护 90 天"。

在严寒地区尤其是严寒地区，一般都把分期面板部分的堆石体的沉降期 3～6 个月留在冬季，待坝体沉降速率小于 5mm/月时，开始施工混凝土面板。此时面板的养护同常规。但是一般三期面板或者最后一期面板在入冬前完成，混凝土养生在严寒的冬季，就比较麻烦。

遇到这种情况，面板的保温必须以蓄热法养护为主。在新疆 JLBLK 面板坝三期混凝土采用先铺一层薄层塑料薄膜，然后铺了 3 层防水棉被，每层厚 50mm，面板内部预埋内插式温度计。冬季又覆盖了一层厚厚的积雪，保温效果明显，如图 5、图 6 所示。

图 5　防水棉被覆盖蓄热法养护图

图 6　防水棉被覆盖大雪养护

3.4　严寒地区的反渗排水问题

我国面板堆石坝施工，曾多次发生下游水位高出上游水位，而导致的反向渗透破坏垫层或保护层，甚至导致混凝土面板事故。高纬度严寒地区反渗水除按照常规进行反渗排水设计外，还要考虑在严寒的冬季高纬度严寒地区，冬季反渗排水管因气温过低，导致反渗排水管内水流冻冰堵塞，坝体内的水位上升，产生反渗压力，随着反渗压力的增大，从而破坏混凝土面板的情况。

《混凝土面板堆石坝施工规范》（SL 49—2015）中 5.5.4 强调"负温时采取措施防止反渗排水管冻冰。"

（1）反渗排水管内敷设加热电缆的方案。要确保管内水不冻冰，主要根据工程所在地冻土厚度，确定加热段长度，然后测量反渗排水管内水的流量、流速、水温，计算每分钟从管内通过水升至 0℃ 以上（保守的确定 5℃ 以上更妥）需要的热量。据此计算加热电缆的数量，然后配备相应的用电器材。

（2）搭设暖棚方案。在反渗排水口搭设暖棚，放置取暖设施，确保出水口温度保持在正温即可。

（3）蓄水保温方案。停止抽排上游围堰与堆石坝体之间的积水（冬季不施工的前提下），使得反渗排水孔出口处于水潭之中，利用冬季水潭冻冰，保证孔口为正温。同时坝体内的水与坝前水通过反渗排水孔连通器的原理消除了坝体内水压力。

3.5　严寒地区冬季施工机械快速启动问题

严寒地区冬季施工涉及的施工机械主要是自卸汽车、反铲、装载机等。首先燃油采用 −35 号柴油，保证燃油不冻。但在高纬度严寒地区冬季施工时，最大的困难是气温低，机械启动不了。在新疆的 CHR 项目上就深受其害，每天花费在机械启动上的时间在 4h，甚至更长。为克服此困难，在新疆 JLBLK 项目上采用新技术，在机械上安装了加热器，解决了此难题。如图 7 所示为机械热快速启动器。

图 7　机械热快速启动器

加热器的主要原理：加热器的主电机带动柱塞油泵、助燃风扇及雾化器转动；油泵将吸入的燃油经输油管路送到雾化器，雾化器通过离心力的作用将燃油雾化后与助燃风扇吸入的空气在主燃烧室内混合，被炽热的电热塞点燃，在后燃烧室内充分燃烧后折返，经水套内壁及上面的散热片，将热量传递给水套夹层中的介质——冷却液；加热后介质在循环水泵（或热对流）的作用下在整个管路系统中循环，以达到加热的目的；加热器燃烧的废气由排烟管排出；5min 内机械可以启动，安装加启动器约需要 1.5 万元（2014 年价格）。

4　结语

本文从严寒地区面板坝设计与施工角度，分析了严寒地区面板坝的施工特点。结合我国已建的部分严寒地区面板的实际，并结合先行施工（设计）规范，阐述水位变化区垫层料、面板混凝土的配筋、表层止水的独特做法，以及面板混凝土低水灰比的要求，并从堆石坝碾压、反渗排水、冬季施工机械快速启动等不同常规的施工细节及做法着手，就上述技术问题进行分析，试图探索并总结出严寒地区面板坝施工（设计）的规律来，尽管有些技术手段还不尽完善，如真空吸水等，但至少提出了一些思路，希望能对类似工程有所帮助。

参考文献

［1］李敬玮，何旭升，赵波. 冰盖对面板堆石坝接缝止水体系的安全性影响研究［C］//高寒地区混凝土面板堆石坝的技术进展论文集. 北京：中国水利水电出版社，2013.

［2］李向阳. 高寒地区钢筋混凝土面板堆石坝设计［C］//高寒地区混凝土面板堆石坝的技术进展（新疆哈巴河）2013. 水力发电学会面板坝专委会：技术报告.

［3］金正浩，党连文，于振全，等. 寒冷地区混凝土面板堆石坝设计与施工［M］. 北京：中国水利水电出版社，1998.

［4］蒲石河面板坝施工技术［C］//水力发电学会面板坝专委会：技术报告.

作者简介

何无产（1972—），男，本科，正高级工程师，长期从事水利水电建筑工程施工工作。E-mail：rongshuhe@163.com

基于水利水电工程施工中的质量监督探讨

宗文康

（中国葛洲坝集团第二工程有限公司，四川省成都市　610091）

[摘　要]　自改革开放以来，我国对于水利水电工程的建设数量逐渐提升，取得了理想的成绩。但是，随着水利水电建设进程的逐渐加深，其中蕴含的问题也逐渐显现出来，在不断扩展的建设环境中，水利水电建设项目对环境的认识不足，在进行现场施工之前并未制定有效的施工计划，导致施工计划和企业的自身水平之间具有较大的差异，影响最终的施工成果。并且，在我国现阶段众多的水利水电施工项目中，经营管理水平也存在一定的漏洞，在工程进行阶段中缺乏必要的安全生产管理意识，造成水利电力施工中的大量安全隐患。由此，有必要对水利电力的施工进行相应的研究和探讨。

[关键词]　水利水电项目；项目建设；质量监督

0　引言

水利水电项目建设管理具有复杂性，涉及众多项目的管理和监督，进行有效的监督能够保证水利水电项目施工的稳定性。对于施工进行中的各项工程进行良好的细节管控和监督，能够有效推进水利水电建设进程的实施。并且，制定相应的管控制度，能够有效约束工作人员的操作专业性和精确性。

1　水利水电质量监督特点

1.1　可操作性

在水利水电项目进行之前会经过大量的理论研究和商讨，在进行到施工操作阶段则具有极强的可操作性，要在施工进程中准确把握水利水电建设进程中的各项实际情况，根据施工要求和标准对既定方案进行调整，协调各个部门，进行有效的实践反馈，从而取得良好的效果。

1.2　丰富性

水利水电建设项目中，应当根据其中面对的具体情况进行有效的调整。现阶段施工过程较为复杂，环境情况也难以整齐划一。因此，在进行方案制定的过程中，也要根据情况变化进行调整，在施工进程中具有灵活性、多样性、丰富性[1]。

1.3　风险性

水利水电建设进程中的环境因素较为复杂，并且难以预知在施工过程中自然因素的改变。因此，在施工过程中，主要是根据自然因素的变化调整建设方案，这就导致水利水电施工进程中具有一定的风险性。

2   水利水电质量监督中存在的问题

2.1   水利水电工程设科学性失衡

水利水电施工设计是否具有科学性直接影响后续的建设工作，并且也能够引发一定的社会问题，对于企业的经济效益具有重要的影响。施工方案的准确可行十分重要，在方案设定的过程中应当保证各个环节的有效性。当施工方式不合理或者其中存在一定问题的基础上，会直接影响水利水电工程的推广，导致用户在用电过程中出现程度不同的问题[2]。

2.2   水利水电工程施工材料选择欠妥

材料是进行水利水电建设进程中的基础性工作，在水利水电工程中发挥着重要的作用。其中主要建筑原材料有水泥、砂石、钢筋等等。建筑材料没有进行合理采购和选择会直接导致建筑工程的质量问题，以及更为严重的社会影响。

2.3   水利水电工程技术人员专业性不足

施工人员的工作技术水平是影响工程建筑水平的重要因素，管理人员对工程的监管和监督手段能够促进工程建筑的平稳运行，提升工程的建设稳定性和可操作性。

2.4   水利水电质量监督人员意识不明确

水利水电工程建设中管理人员对工程技术质量问题的关注程度与工程施工成果之间具有密切关系。在我国当前工程建筑施工中各项监督监管人员之前责任划分不明确，权责统一情况具有差异性，部门之间的协调配合能力较差，对于工程质量的监督和监管工作存在盲区，使得工程进行过程中监督监管机制混乱，影响工程建设的整体质量。

3   水利水电质量监督中应对方案简析

3.1   严格规范招标流程科学性

招标过程中需要工程监理人进行确认和签字，并且做好工程实行过程中的监督监管工作，对工程中使用的原材料进行科学审批，将工程相关责任人之间的权责分配明确起来，保证进行过程中具有良好的监督管理措施。在工程招标的过程中应当严格制定招标形式，保证招标信息公正、公开、公平地展示在社会公众面前。发现工程项目设计中出现一定问题，应当进行有效整合，确保工程建设能够顺利完成。

3.2   合理监督材料的使用流程

工程材料的管理在工程建筑中具有重要作用，需要进行严格的管理和控制，明确材料的性能、使用数量、质量标准等等，加强对原材料的检测工作并且认真进行相关报告的填写。对于政府以及相关质量检测检验部门应当做好材料的检查工作，保证原材料能够符合国家既定的相关标准，在条件允许和工程需要的情况下可以对部分材料进行二次检验，保证施工进程的稳定高效。

3.3   强化现场施工进程的管理制度

对于工程进行过程中的检验控制是有效提升工程质量的方式之一。在工程建设初期，应当根据相关的设计图纸进行整合，明确工程建筑中需要的技术支持和人员配置，以及材料的选择等方面的问题，保证核对项目正确，保障施工人员能够明确建筑工程的技术因素

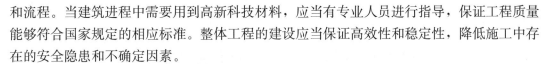

和流程。当建筑进程中需要用到高新科技材料，应当有专业人员进行指导，保证工程质量能够符合国家规定的相应标准。整体工程的建设应当保证高效性和稳定性，降低施工中存在的安全隐患和不确定因素。

3.4　建立健全规范化的监督监管机制

为了提升对水利水电工程的监督和监管，有效提升工程建设的质量，应当建立专项部门负责工程建筑的施工和管理问题。在人员的选择上选择具有专业能力的工作人员进行监督和指导，保证工作人员能够熟悉工程进行中的各个环节，有效对施工流程进行监督和监管。对于水利水电工程的建设主体部分应当进行重点监督，保证其质量能够符合使用需求。在进行管理和监督的过程中，应当保证施工阶段都有专项人员的管控，严格规范施工作业方式，提升工程建筑质量水平[3]。

4　结语

水利水电工程是一项关系国计民生的重要工程，具有不能比拟的社会意义和经济意义。水利水电工程在实行的过程中具有灵活多样的内容和形式，需要针对当前的众多客观因素进行调整，制定机动建设方案，同时有效提升工作人员、监督监管人员的工作专业性，保证水利水电工程能够稳步推进。

参考文献

[1] 贺新忠.水利水电工程建设施工监理控制分析 [J].价值工程，2019，38（33）：26-27.

[2] 殷可嘉.浅析水利水电工程施工项目管理创新 [J].建筑工程技术与设计，2019（36）：2772.

[3] 邵继铎.水利水电工程施工中的基础施工技术 [J].建材与装饰，2020（1）：295-296.

作者简介

宗文康（1991 年—），男，本科，助理工程师，中国葛洲坝集团第二工程有限公司句容抽水蓄能电站工程施工项目部经营管理部副部长，长期从事大中型地下水电站、抽水蓄能电站建设经营管理。

浅谈施工建筑工程的现场管理

宗文康

（中国葛洲坝集团二公司，四川省成都市　610091）

[摘　要]　就建筑工程施工项目现场管理存在的问题与解决对策进行了论述，建筑施工现场管理是整个施工企业管理的基础，它对建筑工程的质量有着直接影响，是施工企业管理水平的综合体现，关系到企业未来的发展。

[关键词]　建筑工程；施工管理；动态控制；目标管理

0　引言

建筑工程是人类改造自然的重要象征，从都江堰到三峡大坝，从万里长城到水立方、鸟巢，一座座不朽的建筑都彰显着人类智慧的结晶。现阶段，要加强对建筑工程施工管理就必须要通过现代化的管理手段来实现。通过信息化和计算机技术的运用可以实现整个施工过程的控制和调整，直到施工目标得以实现。运用现代化的管理手段可以起到事半功倍的效果，但是建筑工程施工目标的制定要以实际调研为基础，结合建筑工程施工管理的实际，分析出企业自身的优势与不足，针对在实际施工过程中可能出现的问题提前制定出预备方案，防止突发事故的发生。

首先，现场布置图必须根据场地实际合理地进行布置，设施设备按现场布置图规定设置堆放，并随施工基础、结构、装饰等不同阶段进行场地布置和调整。道路畅通、平坦、整洁，用混凝土浇捣，不乱堆乱放，无散落物；建筑物周围应浇捣散水坡，四周保持清洁；场地平整不积水，无散落的杂物及散物；场地排水成系统，并畅通不堵。建筑垃圾必须集中堆放，及时处理。凡市区沿道路的建筑工地周围，应设置不低于 2.5m 的围墙，围墙两面刷白，外面涂上建筑物名称、建设单位、施工单位、设计单位、监理单位等内容。班组必须做好操作落手清，随作随清，物尽其用。在施工作业时，应有防止尘土飞扬、泥浆洒漏、污水外流、车辆沾带泥土运行等措施。有考核制度，定期检查评分考核，成绩上牌公布。砂石分类、集成堆放成方，底脚边用边清。砌体料归类成垛，堆放整齐，碎砖料随用随清，无底脚散料。灰池砌筑符合标准，布局合理、安全、整洁，灰不外溢，渣不乱倒。施工设施设备、大模、砖央等，集中堆放整齐。大模板成对放稳，角度正确。钢模板及零配件、脚手扣件分类分规格，集中存放。竹木杂料，分类堆放、规则成方，不散不乱，不作他用。混凝土构件分类、分型、分规格堆放整齐，楞木垫头上下对齐稳定，堆放不超高。钢材、成型钢筋，分类集中堆放，整齐成线。钢木门窗框扇、木制品分别按规格堆放整齐，木制品防雨、防潮、防火，埋件铁件分类集中，分格不乱，堆放整齐。特殊材料（包括安装、装饰、保温及甲供、自购）均要按保管要求，加强管理，分门别类，堆放整齐。

1 我国建筑工程施工管理中存在的问题

一是管理模式脱节。造成管理模式脱节的原因是激烈的市场竞争使得建筑施工企业失去了管理的自主权，被迫地听从于项目承建人。然而，项目承建人又不能对施工进行有效的管理，不能很好地贯彻落实施工安全文件等，使得管理模式脱节。二是建筑施工安全生产体系不健全。在实际的建筑工程施工过程中，很多的安全机构形同虚设，导致安全工作无法开展，不能逐级落实安全生产指标。三是建筑施工企业没有对安全生产加以足够的重视。在进行施工管理的过程中，没有明确认识到建筑施工安全生产的重大责任。国家颁布的各项安全生产文件，没有及时地贯彻落实到施工现场。此外，施工企业内部管理不到位，政府对工程监管不严，以及建筑所用的原材料不合格等，都会对施工管理造成影响。

2 施工质量管理

质量控制的弱标管理应抓住目标制定、目标展开和目标实现三个环节。施工质量目标的制订，应根据企业的质量目标及控制中没有解决的问题。没有经验的新施工产品以及用户的意见和特殊要求等，其中同类工程质量通病是最主要的质量控制目标；目标展开就是目标的分解与落实；目标实现的中心环节是落实目标责任和实施目标责任。各专业、各工序都应以质量控制为中心进行全方位管理，从各个侧面发挥对工程质量的保证作用，从而使工程质量控制目标得以实现。

一个工程项目往往施工工艺复杂，各施工工种班组多，因此，在技术上做好管理工作非常重要。应熟悉施工图纸，甚至每一道工序进行优化，同时考虑自身的资源（施工队伍、材料供应、资金、设备等）条件，认真、合理地做好施工组织计划。除了合理的施工组织计划外，还必须在具体的施工工艺上做好技术准备，特别是高新技术要求的施工工艺。技术储备包括技术管理人员、技术工人、新技术新工艺培训、施工规范、技术交底等工作。确保施工过程的每一工序步骤尽在掌握之中，各种情况的处理准备方案，保证能按时保质地完成。做好材料管理工作，应该从材料供应、材料采购、材料进场、材料发放等几方面进行。做好人员管理工作，施工人员对工程项目的质量和进度起着关键的作用，施工队伍中的技术管理人员和技术工人密不可分，坚持以人为本，可以培养施工队伍的凝聚力。同时，又必须明确施工队伍的管理体制，各岗位职责，权利明确，做到令出必行。

3 建筑工程施工进度控制

首先，编制进度计划，应在充分掌握工程量及工序的基础上进行。其次，确定计划工期。建设单位在招标时会提供标底工期，施工单位应参照该工期，同时结合自己所能获取的最大且合适的资源，最终确定计划工期。再次，实时监控进度计划的完成情况。编制完进度计划不是将它束之高阁，而应适时监控进度计划。正确的做法是每周总结工程进度，监控其是否与计划有偏差，寻找原因，落实赶工计划。最后，应尽量减少赶工期。

建立奖罚制度，在责任制度的基础上建立，奖惩制度，提高施工人员的责任心和积极性。建立严格的隐蔽验收与中间验收制度，隐蔽验收与中间验收是做好协调管理工作的关键，此时的工作已从图纸阶段进入实物阶段，各专业之间的问题更加形象与直观，问题更容易发现，同时也最容易解决和补救。通过各部门的认真检查，可以把问题减少到最小。需要特别指出的是，作为施工现场技术管理人员，要善于不断地总结工作中的经验教训。

4 施工成本管理控制

项目施工的成功与否，利润率是一个重要指标。利润要增长，就要增加收入、减少成本。收入在施工单位竞标以后是相对固定的，而成本在施工当中则是可控制的，因此，成本控制是建设项目施工管理的关键工作。

施工单位应根据市场价格编制施工定额。施工定额要求成本最低化，同时还应注意降低成本的合理性。施工定额还应根据市场价格的变动，经常地进行调整。全面成本控制原则：成本控制是三全控制，即全企业、全员和全过程的控制。项目成本的全员控制有一个系统的实质性内容，包括各部门、各单位的责任网络和班组经济核算等等，应防止成本控制人人有责，又人人不管。动态控制原则：施工项目是一次性的，成本控制应从项目施工的开始一直到结束。在施工前，应确定成本控制目标；在施工中，应对成本进行实时控制，及时校正偏差；在施工结束后，对成本控制的情况进行总结。目标管理原则：项目施工开始前，应对项目施工成本控制确立目标。目标的确定应注意其合理性，目标太高则易造成浪费，太低又难以保证质量。如果目标成本确定合理，项目施工的实际成本就应该与目标成本相差不多。

5 施工安全管理

为了加强对施工的管理，在施工现场中要本着"安全第一、预防为主"的原则，要建立健全安全生产管理制度，将影响施工现场安全的不稳定因素消除，从而保障建筑工程顺利施工。为全面落实安全生产责任制，必须对各级部门在安全生产工作中的责、权、利进行明确界定，通过与各级各类人员、各单位层层落实，逐级落实安全生产责任，并按责任和要求追究责任。要建立安全生产责任制考核和奖惩制度，定期对生产经营单位主要负责人安全生产责任制落实情况进行考核。

6 结语

要想从根本上快速提高建筑工程施工管理水平，就要在工程中建立一个专业化的管理团队，使得管理更具有专业性，因此，必须使得管理团队具有较高的专业水平，才能使得管理制度贯彻实施。在施工管理过程中要及时解决职位和权责不明的情况，只有建立积极稳定的专业化管理团队，才能使得各项施工计划得以实行，真正实现施工管理的目标。建筑工程的施工管理是一项复杂的工程，要做好这项工作，需要建筑施工企业认真分析自身的特点，充分利用自己的长处，采取科学的方法提高施工管理素质。

参考文献

[1] 李光平. 对基建档案进行科学管理的思考 [J]. 山西建筑. 2014（1）.

［2］陈康．如何做好工程决算资料管理［J］．中华建设，2013（2）．

［3］郑涛．研究分析建筑施工现场管理的优化及质量监督［J］．建筑工程技术与设计，2014（10）．

［4］陈志鹏．探讨建筑施工现场管理的相关问题分析及对策［J］．四川水泥，2014（10）．

作者简介

宗文康（1991 年—），男，本科，助理工程师，长期从事大中型地下水电站、抽水蓄能电站建设经营管理。

老挝南立 1-2 水电站细白云岩面板堆石坝填筑技术的研究

代艳华

（中国电建集团昆明勘测设计研究院有限公司，云南省昆明市　650000）

[摘　要] 主要介绍了老挝南立 1-2 水电站利用当地材料细白云岩作为大坝堆石料的研究、实施及运行情况，拓宽了面板堆石坝的料源使用范围，最大限度地利用了当地材料，加快了工程施工进度，提高了工程经济效益，奠定了细颗粒材料作为筑高坝的典范之一。

[关键词] 老挝南立 1-2 水电站；面板堆石坝；白云岩；颗粒细；经济效益

0 引言

当地材料坝坝料一般就地取材，但很多工程区由于地质条件、开采条件等制约，坝料或多或少存在问题，南立 1-2 水电站石料场主要为白云岩及灰质白云岩，开采后颗粒细、粒径小，对于超过 100m 级的混凝土面板堆石坝，其适应性的研究不仅是解决本工程填筑石料的问题，对于其他类似工程也有积极的指导作用。

1 工程概况

老挝南立 1-2 水电站位于老挝中西部、湄公河一级支流南俄河支流的南立河上，工程以发电为主的水电枢纽工程。两台机组总装机容量为 $2 \times 50MW$，水库总库容为 $9.27 \times 10^8 m^3$。2007 年 10 月主体工程开工，2010 年完工，是迄今为止老挝地区建成的最高面板堆石坝。

2 面板堆石坝设计

坝体为混凝土面板堆石坝，最大坝高 103.0m，坝顶长度 351.0m，坝顶宽度 8.0m，最大坝底宽度 288.70m，上游坝坡 1：1.4，下游坝坡 1：1.35。下游分别在 295m、251m、225m 高程处设置了 2.5m、2.5m 及 5m 的马道。

坝体填筑料主要有Ⓐ区面板上游铺盖黏土料、ⒷB区覆盖 1A 区的任意料、ⒶA区垫层料、ⒷB区周边缝特殊垫层料、ⒶA区过渡料、ⒷB区主堆石料、ⒸC区次堆石料、ⒹD区下游堆石料等组成，大坝分区填筑如图 1 所示。

本论文发表于《云南水力发电》2017 年第 3 期。

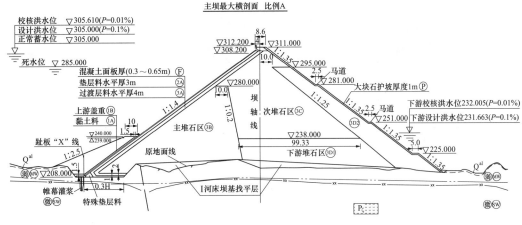

图 1 大坝分区填筑图

3 白云岩的设计研究

南立 1-2 水电站大坝堆石料料源主要为帕登山料场的白云岩及灰质白云岩开采料,白云岩储量大、易开采。该石料场白云岩的最大特点就是:颗粒细、粒径小,颗粒崩解和破碎后,级配较为稳定,碾压、前后级配变化不大。分区设计时白云岩用于③B、③C区,灰质白云岩用于③D区。碾压中的白云岩如图 2 所示。

该石料场白云岩的级配见图 3,通过

图 2 细白云岩碾压中

47 组颗粒级配分析可知,白云岩的最大粒径为 400mm,<100mm 的粒径平均为 84.0%,>60mm 的粒径平均为 33.3%,<5mm 的粒径平均为 11.6%,<0.075mm 的粒径平均为 2.0%。级配不均匀系数 Cu 平均为 12.6,曲率系数平均为 1.58,Cc 为 1~3 之间,属级配良好砾。作为主、次堆石料设计要求最大粒径为 800mm,而实际开采出的白云岩明显偏细,缺乏大块径的颗粒料,所以能否作为大坝主堆石料(即③B区),需要进一步的试验分析,论证是否满足主堆石料的低压缩、高抗剪、强透水的要求。

通过室内试验表明,白云岩湿抗压强度均大于 30MPa,属于中硬岩。由于白云岩颗粒级配偏细,渗透系数决定其渗流功能是否通畅地排泄渗水,表 1 中试验说明该料为强透水性材料。

表 1　　　　　　　　　　白云岩细破碎料堆石料渗透试验成果表

试样名称		渗透试验类型	渗透系数(cm/s)	
			范围值	平均值
堆石料	白云岩	室内垂直渗透试验 k_{20}	$7.25 \times 10^{-1} \sim 8.80 \times 10^{-1}$	8.03×10^{-1}
		现场原位渗透试验 K_T	$1.431 \times 10^{-1} \sim 1.849 \times 10^{0}$	6.435×10^{-1}

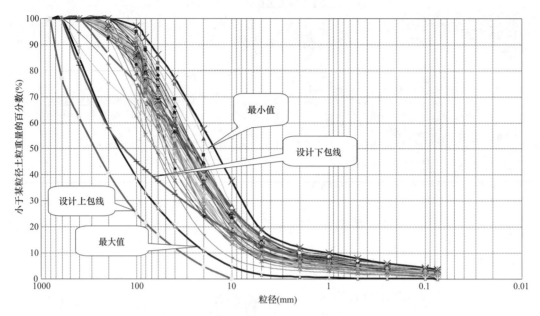

图 3　白云岩颗粒分析级配曲线汇总图

固结试验采用大型浮环式压缩仪，分别进行非饱和及饱和状态的固结试验。试验的最大垂直压力高达 3.2MPa，分七级施加，固结特性综合成果如表 2 所示。试验说明，在饱和和非饱和两种状态下的压缩系数较低，压缩模量较高，属低压缩性石料。

表 2　　　　　　　　　白云岩细破碎料堆石料固结试验成果表

试样名称	试验状态	垂直压力 0.1～0.2MPa 下的压缩系数（MPa^{-1}）	垂直压力 0.1～0.2MPa 下的压缩模量（MPa）	各级压力下的平均压缩系数（MPa^{-1}）	各级压力下的平均压缩模量（MPa）
堆石料（白云岩）	非饱和	0.005 2	245.595 9	0.005 0	281.450 5
	饱和	0.012 0	105.803 6	0.009 9	203.234 5

堆石是一种硬质颗粒的散粒材料，其抗剪强度，由摩擦力和咬合力两部分组成，白云岩的三轴应力及应变特性如表 3 所示。从三轴试验成果可以看出：白云岩细破碎料在 UU 剪和 CD 剪两种试验状态下，c、ϕ 值及最大应力差 $(\sigma_1 - \sigma_3)f$ 差别不大，具有较高的抗剪强度指标，是较好的筑坝材料。

表 3　　　　　　　　　邓肯 $E\text{-}B$、$E\text{-}\mu$ 模型参数试验成果表

试样名称	试验状态	邓肯 $E\text{-}B$、$E\text{-}\mu$ 模型参数									
		K	n	R_f	K_b	m	φ_0	$\Delta\varphi$	D	G	F
白云岩	CD 剪	1453	0.685	0.823	1100	0.40	56.56	12.09	13.67	0.332	0.052

4　建成后运行情况

混凝土面板堆石坝自大坝填筑完成后，从该高程的各个测点沉降速率明显减小，沉降

历时曲线趋于平缓。最大累计沉降量为 17.26cm，且坝体沉降在断面上呈规律性分布符合一般规律，对于 103m 高的面板堆石坝，说明坝体填筑沉降达到国内外的先进水平，施工质量较好。

从大坝蓄水以来两年多的观测，其实际渗漏量不大（17.81L/s），在同类工程中，其渗漏量是偏小的，说明大坝防渗效果良好。

5 结论

混凝土面板堆石坝充分利用当地白云岩筑坝，由于白云岩的天然结晶裂隙较为发育，导致其开采后颗粒细、粒径小的特点。因此，本工程在满足低压缩、高抗剪、强透水的条件下，通过试验表明采用了小颗粒堆石料筑坝是可行性的，拓宽了面板堆石坝的料源使用范围，最大限度地利用了当地材料，加快了工程施工进度，提高了工程的经济效益，奠定了细颗粒材料作为筑高坝的典范之一。

参考文献

[1] 代艳华，张崇祥，等．老挝南立 1-2 水电站工程竣工验收设计报告［R］．中国电建集团昆明勘测设计研究院有限公司出版，2010.
[2] SL 228—2013，混凝土面板堆石坝设计规范［S］.
[3] NB/T 35016—2013，土石筑坝材料碾压试验规程［S］.
[4] DL/T 5128—2001，混凝土面板堆石坝施工规范［S］.

作者简介

代艳华（1979—），女，高级工程师，主要从事水利水电工程土石坝设计工作。E-mail：402850858@qq.com

老挝南椰Ⅱ水电站坝基地质缺陷处理方案研究

代艳华

（中国电建集团昆明勘测设计研究院有限公司，云南省昆明市　650000）

[摘　要]　老挝南椰Ⅱ水电站黏土心墙土石坝高 70.50m，大坝基础岩性为花岗岩，存在风化深、差异风化、隔层风化等地质缺陷。本文对坝基的地质缺陷进行了分析，并研究采用了经济、合理的工程处理措施，大坝现已运行 5 年多，状况良好。

[关键词]　南椰Ⅱ水电站；黏土心墙土石坝；地质缺陷；坝基处理

0　引言

花岗岩地区，风化较深，以风化砂为主，遇水流失。在此工程区建坝，地基的处理尤为重要，南椰Ⅱ（Nam Ngiep Ⅱ）水电站坝址区位于花岗岩区，两岸的风化深度为 50～60m，施工开挖中还出现夹层风化、球状风化等，整个基础情况较为复杂，处理难度也较大。

1　工程概况

南椰Ⅱ（Nam Ngiep Ⅱ）水电站位于老挝川圹省（Xieng Khouang）查尔（Jars）平原东南部，采用黏土心墙土石坝挡水，最大坝高 70.50m，坝底宽度 40m，坝顶宽 10m。水库库容 $1.58 \times 10^8 m^3$，电站装机容量为 180MW，工程规模为二等大（2）型，如图 1 所示。

图 1　大坝面貌

本论文发表于《云南水力发电》2017 年第 5 期。

2 坝基工程地质条件

2.1 心墙基础

心墙基础地质建议开挖原则：基础在河床、左岸中低高程部位、右岸均可置于弱风化岩体上，左岸高高程部位因岩体风化深，心墙置于全风化层上，并对坝基全风化岩体采取防渗墙处理措施。

基础开挖后地质条件为：坝基岩体为单一的中～粗粒花岗岩，属硬质岩类。无断层发育，主要发育 12 条挤压面，规模小，对工程影响轻微，节理裂隙大部分以陡倾角为主，较发育～不发育，多闭合，面粗糙，延伸短。岩体风化较弱，多为弱风化岩体，局部见强风化及微风化岩体，其中：微风化岩体以块状结构为主，主要分布于河床段；弱风化岩体多呈次块状结构；强风化岩体为碎裂～镶嵌结构，主要呈差异风化状分布于坝基左岸及河床局部位置，如图 2 所示。

图 2 心墙坝基差异风化及隔层风化现象

2.2 土石坝基础

土石区坝基分布在心墙坝基上、下游两侧，地质建议开挖原则：河床部位挖除冲积层，坝基置于较完整基岩上；清除两岸坝基范围内的坡积覆盖层，坝壳基础全风化层开挖 2m，部分冲沟地段加深开挖。

施工开挖揭示：坝基河床部位冲积层厚度较薄，坝基开挖时已将其挖除，河床坝基均置于中～粗粒花岗岩上，大部分为强～弱风化岩体；其余坝段的基础，挖除覆盖层后置于全风化花岗岩上部。

2.3 两岸边坡

心墙坝基边坡，最大开挖高度近 50m，边坡岩土体基本为第四系残坡积层及全风化岩体，坡脚部位见少量的强～弱风化岩体，开挖边坡稳定性差，易产生浅表层坍塌，如图 3 所示。

图 3 心墙坝基边坡

土石坝区两岸坝肩边坡除顶部位有 5～8m 厚的第四系残坡积土外，边坡主要由结构松散的全风化花岗岩组成，强度低，易产生圆弧型滑移失稳，边坡稳定性较差。

3 坝基工程处理措施

3.1 心墙基础

针对心墙坝基存在的构造破碎带、浅表层风化破碎岩体及差异风化的地质缺陷，采用了下述处理方案。

对构造破碎带：槽挖回填混凝土，增设 $\phi25$ 长 6m 的基础长锚杆，并加深加密固结灌浆相结合的处理措施。

对浅表层的风化破碎带：深挖并回填 C15 混凝土。

差异风化带：主要出现在坝基右岸，宽度 60m，考虑施工方便及开挖方案的延续性，维持坝体及防渗心墙体形不变，采用槽挖方案，加深开挖 10m 至弱风化岩体，底板下仍进行帷幕灌浆。

3.2 土石区基础

土石区坝基开挖后，基础地质条件能满足设计要求，清基后采用反滤料进行找平，保持建基面大致平整即可。

3.3 两岸边坡

根据开挖揭露地质情况，采用土锚钉、网格梁，布置排水孔、马道排水沟及截水天沟等支护及排导措施。

4 防渗处理措施

为封闭心墙基础下岩体的天然裂隙和爆破次生裂隙，减少渗透流量，增强基岩抗渗变形能力，心墙基础底部进行固结灌浆，心墙中心线进行帷幕灌浆。

固结灌浆：在防渗帷幕线上、下游各布置 3～5 排灌浆孔，排距 2.5m，孔距 2m，梅花形布置，分三序逐渐加密并布置检查孔检查灌浆效果。根据 113 个检查孔 140 段压水试验检查，透水率均小于 3Lu，满足设计要求。

帷幕灌浆：主帷幕布置于心墙中心线，副帷幕布置于心墙中心线上游 1.5m，孔距 2.0m，帷幕深入岩体透水率 $q＝3Lu$ 以下 5m，帷幕最大深度约为 30m，左岸与防渗墙相接，防渗墙底部采用单排帷幕，孔距 1.0～1.5m，右岸与溢洪道防渗帷幕相接，两岸通过坝顶灌浆洞进行帷幕灌浆，延伸至正常蓄水位与相对隔水层交点，以减小沿坝肩的绕坝渗流，形成完整防渗体系。帷幕灌浆分三序逐渐加密。根据 26 个检查孔 125 段压水试验检查，透水率均小于 3Lu，满足设计要求。

5 电站运行后监测

电站于 2011 年 10 月开工建设，2015 年 10 月建成发电。大坝布置了渗流观测（包括渗压计、量水堰、水位孔）、内部变形观测（包括测斜孔、水管式沉降仪、引张线式水平位移计）、表面变形观测、应力观测 4 项监测内容。

坝体沉降量随坝体填筑完成和库水位上升及时间推移，沉降缓慢增加，至 2016 年 7 月变幅最大为 9mm，累计最大沉降量 406mm，小于设计计算的竣工期 860mm，也小于设计计算的蓄水期 650mm，坝体沉降变形在有效控制范围内。

大坝水平位移均表现为向下游方向移动，随着库水位升高，水压力增大和时间推移，坝体水平位移向下游方向逐渐增大，最大测值为 81.4mm，小于设计计算的竣工期 190mm，蓄水期 320mm。

从大坝沉降变形观测成果反映，大坝沉降变形量及速率变化较大段多集中在填筑期，坝体填筑完成后沉降变形速率渐趋平缓，说明大坝基础未发生明显的变形，对局部地质缺陷采取的处理措施得当。

大坝渗流量稳定，月最大值为 3.08L/S，小于设计允许值，说明大坝基础防渗帷幕和坝体防渗效果较好，坝体渗流处于安全状态。

两岸边坡经过两个雨季的检验，根据边坡监测数据，边坡稳定性总体较好，仅坡面局部见雨水冲刷形成的小沟槽。

6 研究意义

南椰 II 水电站由于地处风化较深的花岗岩地区，地质条件错综复杂，在开挖过程中，右岸出现较大的风化差异带，在工期紧张、无法做大的方案调整的前提下，因地制宜，采用合理有效的工程处理措施，保证了工程的安全，同时总结了复杂地基处理经验与方法。

参考文献

[1] 代艳华，张崇祥. 老挝南椰 II 水电站工程竣工验收设计报告 [R]. 中国电建集团昆明勘测设计研究院有限公司出版，2016.

[2] DL/T 5395—2007，碾压式土石坝设计规范 [S].

[3] GB 50287，水力发电工程地质勘察规范 [S].

[4] DL/T 5148—2012，水工建筑物水泥灌浆施工技术规范 [S].

[5] 索丽生，刘宁. 水工设计手册（第六卷 土石坝）[M]. 北京：中国水利水电出版社，2014.

[6] 顾淦臣，束一鸣，沈长松. 土石坝工程经验与创新 [M]. 北京：中国电力出版社，2004.

[7] DL/T 5308—2013，水电水利工程施工安全监测技术规范 [S].

作者简介

代艳华（1979—），女，高级工程师，主要从事水利水电工程土石坝设计工作。E-mail：402850858@qq.com

老挝南椰Ⅱ水电站全风化料筑坝技术的研究

代艳华

（中国电建集团昆明勘测设计研究院有限公司，云南省昆明市 650000）

[摘 要] 主要介绍了老挝南椰Ⅱ水电站黏土心墙土石坝坝基及坝料设计，针对坝基全风化覆盖较深，变形较大的特点及工程经济性，大坝部分基础坐落于全风化，坝体大部分采用全风化料填筑，通过大量的试验资料与计算分析，验证方案是可行的，工程是经济的。

[关键词] 老挝南椰Ⅱ水电站；黏土心墙土石坝；全风化料筑坝

0 引言

老挝南椰Ⅱ水电站位于花岗岩地区，全风化覆盖较深，开挖料以全风化料为主，很多指标超规范要求，受投资影响，如何有效利用开挖料上坝成为本工程的重难点。

1 工程概况

老挝南椰Ⅱ（Nam Ngiep Ⅱ）水电站位于老挝川圹省查尔平原的东南部，坝址位于南森河中游河段、版麦村（B. Mai）山间宽谷区下游约 1.2km 的峡谷段内。此段河谷较狭窄，地质条件相对较好，落差集中，采用引水式开发。工程等别为二等大（2）型，水库总库容 $1.577 \times 10^8 m^3$，电站装机容量 180MW，挡水建筑物为黏土心墙土石坝，最大坝高 70.5m，属 2 级建筑物。

2 地质条件

坝址区基岩均为上古生界深成侵入的中～粗粒花岗岩（γ1），河床部位一带覆盖薄、岩体风化浅、岩质坚硬、完整；岸坡均为第四系残坡积（Qe^{dl}）覆盖，两岸风化较厚，865m 及 900m 高程的全风化埋深 40～50m；按其性状差异，分为全风化上段及全风化下段两个亚层，其抗压缩变形性能、抗渗稳定条件均较差，坝基清挖及处理量较大。

3 坝基开挖方式

3.1 坝壳区地基

（1）坝基河床部位，坝线上、下游零星的冲积层进行清除。

（2）其他坝段的坝基，中、高坝段清除地表覆盖层，置基于全风化上部，低坝段部位清除地表根系层即可。

本论文发表于《云南水力发电》2013 年第 1 期。

3.2 防渗心墙地基

(1) 河床部位：冲积层全部清除，置于在弱、微风化基岩面上。

(2) 中、高坝段部位：覆盖层清除；全风化层尽量挖除，对于左岸埋藏较深、难以完全挖除部分，设置防渗墙等措施将其截断；右岸大部分强风化层保留，经防渗加固处理后，基础置于其中。

(3) 低坝段：将覆盖层及全风化上部挖除即可，基础置于全风化岩体中下段，并进行防渗处理。

4 坝料设计

4.1 心墙防渗土料

可研阶段对坝址周围 5km 范围内的土料分布情况进行了调查，调查表明，工程区土料来源极为丰富。结合工程布置，选择 5 个土料场进行详查工作，经比选，采用下游土料场作为本工程的防渗土料场。根据土料的性质，各分层土料的性质如下：

(1) 残坡积层＋全风化上段。主要为黏土质砂，砾（＞5mm）占 1.5%、砂（5～0.075mm）占 49.5%、粉粒（0.075～0.005mm）占 25%、黏粒（＜0.005mm）占 24%、细粒（＜0.075mm）占 49%；液限 54.4%，塑性指数 27.6%，最大干密度 1.634g/cm^3，渗透系数 5.49×10^{-7}cm/s。

(2) 全风化上段。主要为黏土质砂，砾（＞5mm）占 1.5%、砂（5～0.075mm）占 58.5%、粉粒（0.075～0.005mm）占 23.5%、黏粒（＜0.005mm）占 16.5%、细粒（＜0.075mm）占 40%；液限 52.4%，塑性指数 26.5%，最大干密度 1.615g/cm^3，渗透系数 1.98×10^{-6}cm/s。

(3) 全风化下段。主要为黏土质砂，砾（＞5mm）占 8%、砂（5～0.075mm）占 63.5%、粉粒（0.075～0.005mm）占 17.5%、黏粒（＜0.005mm）占 11%、细粒（＜0.075mm）占 28.5%；液限 50.1%，塑性指数指 24.5%，最大干密度 1.705g/cm^3，渗透系数 1.95×10^{-6}cm/s。

以上 3 种土料的压缩系数和压缩模量适中，均属中等压缩性土，作为心墙黏土料，液限高，超出规范要求。

4.2 开挖料

为节省投资，设计中采用大量的建筑物开挖料作为坝体填筑料，开挖料主要为全风化花岗岩，物理、力学性质同防渗土料。全风化花岗岩作为坝体主要填筑料在国内外已建工程中尚属首例，其细粒含量较高，可能导致坝体变形较大，同时上游坝壳开挖料在地震作用下存在震陷和地震液化的可能性，为此委托某科研院所对开挖料进行了动力试验、湿化变形试验、地震液化试验等。试验结果表明，全风化下的动模量最小，全风化上＋坡积层的最大，但由于 3 种土料的最大干密度差别较小，导致 3 种土料的动模量差别并不显著；3 种土料的残余体积变形参数有较大差别，而残余剪切变形参数差别较小。这主要是由于 3 种土料的渗透系数差别较大所致。渗透试验表明：全风化下的渗透系数较大，从而导致在试验过程中排水较快，故而出现了较大的残余体变；浸水引起的体应变主要与围压有关，与应力水平的关系较小，剪应变主要与应力水平有关，随着应力水平的增加而增加，与围压关系较小；作用的动剪应力大，达到破坏的振次少；作用的动剪应力小，达到破坏的振次多；围压增加时，要达到相同的振动次数需要更大的动应力，但动剪应力比会相应减小；围压和固结应力对动剪应力比影响较小。

4.3 反滤料

反滤料I设计干密度 $1.86 \sim 2.024 g/cm^3$，渗透系数范围为 $2.34 \times 10^{-4} \sim 6.65 \times 10^{-4}$ cm/s。反滤料II设计干密度 $2.06 \sim 2.08 g/cm^3$，渗透系数范围为 $2.46 \times 10^{-2} \sim 8.37 \times 10^{-2}$ cm/s。

4.4 堆石料

堆石料干密度为 $2.13 g/cm^3$，渗透系数范围为 $1.96 \times 10^{-1} \sim 4.92 \times 10^{-1} cm/s$。

5 坝体分区设计

可研阶段对面板堆石坝、黏土心墙堆石坝、黏土心墙土石坝等几种坝型进行了比选，从对地基变形的适应能力、开挖料的合理利用、石料场永久的治理、下游农田的破坏和泥石流灾害及经济技术进行比较，最终以黏土心墙土石坝作为推荐坝型，设计中充分利用黏土心墙土石坝的分区特点，大量采用了全风化开挖料作为坝体填筑料。坝体与上游围堰相结合，坝顶高程 870.500m，坝顶设"L"形防浪墙，墙顶高程 871.70m；河床段建基高程 800.00m，最大坝高 70.5m，坝底宽 40m，坝顶宽 10m，心墙轴线长 435m。防渗心墙顶高程 869.50m，心墙上、下游坡比均为 1：0.3，大坝上游坝坡 1：2.5，下游坝坡 1：2.2，下游 845.00m 高程设马道，宽 3m，上、下游坝坡设 1m 厚块石护坡。心墙采用黏土料，上游采用开挖料，下游设反滤料I、反滤料II、"L"形排水体、开挖料。

6 坝体计算分析

坝体填筑料采用了大量的全风化花岗岩，同时保留了部分全风化层作为坝壳基础，鉴于全风化花岗岩的特殊性，为了验证其作为填筑料的可行性，委托某科研院所对坝体应力应变、湿化变形、地震液化、坝坡稳定、渗透破坏等进行了计算分析。

6.1 渗流计算

计算结果表明，坝体最大总渗漏量在 5.3L/s，心墙防渗体和排水渗控设计措施下，起到了明显的防渗效果，心墙内的渗透梯度得到了较好的控制，心墙下游侧坝体内浸润线近乎平直，位于坝体底部堆石体中，逸出点位置很低，基本与坝下游面尾水位持平，通过坝体的渗流基本由坝体下游堆石体中自由逸出。

6.2 坝坡稳定计算

考虑到开挖料和防渗黏土料均为全风化花岗岩，而全风化花岗岩的离散性较大，因此将防渗黏土料、开挖料、全风化上（坝基）和全风化下（坝基）的强度指标降低 20%，计算结果见表 1。

表 1　坝坡稳定计算成果

工况		基本参数		强度降低 20%		规范允许值
		上游坡	下游坡	上游坡	下游坡	
竣工期	无地震	2.276	2.573	1.749	1.996	1.25
	发生 50 年超越概率 10% 地震 $ah=71.865$gal	2.062	—	1.598	—	1.15
	发生 50 年超越概率 5% 地震 $ah=99.809$gal	2.022	—	1.559	—	
蓄水期	无地震	2.563	2.412	1.965	1.981	1.35
	发生 50 年超越概率 10% 地震 $ah=71.865$gal	2.179	2.216	1.672	1.798	1.15
	发生 50 年超越概率 5% 地震 $ah=99.809$gal	2.084	2.167	1.611	1.757	

坝坡稳定分析表明：上、下游坝坡的抗滑稳定安全系数均满足规范要求，且有较高的安全储备，不会发生失稳破坏。

6.3　静力有限元应力应变分析

静力有限元计算的时候，针对上游开挖料的湿化问题分别进行了计算，计算参数见表 2。

表 2　Duncan $E\text{-}B$ 模型参数

材料名称	ρ(g/cm³)		c (kPa)	φ_0	$\Delta\varphi$	K	n	R_f	K_b	m	S_{r0}	n_s	k_v (cm/s)
	干	湿											
心墙土	1.54	1.91	40	33.82	0	174.78	0.482	0.741	75.0	0.403	0.85	0.47	1.17×10^{-6}
反滤 I	1.86	—	0	47.75	6.82	983.21	0.30	0.81	370.0	0.23			
反滤 II	2.06	—	0	55.91	12.39	1110.0	0.32	0.79	420.0	0.22			
开挖料	1.68	2.01	40	36.5	0	244.44	0.332	0.761	91.89	0.479	0.88	0.38	1.17×10^{-6}
堆石料	2.13	—	0	48.96	8.06	1271.95	0.35	0.80	464.12	0.23			
全风化上（坝基）	1.44	1.74	30.42	10.13	0	313.20	0.46	0.86	120.0	0.27			5.0×10^{-4}
全风化下（坝基）	1.53	1.87	34.91	2.92	0	442.09	0.30	0.80	210.0	0.17			3.0×10^{-4}

不考虑上游开挖料的湿化变形，最大顺河向位移表现为指向上游的变形，最大值为 0.254m，坝体最大竖向位移为 1.164m，坝体最大主应力 1.74MPa，坝体最小主应力 0.53MPa，坝体沉降量属中等偏上，应适当提高开挖料及心墙黏土料的碾压标准。

坝体上游开挖料的湿化模型参数通过试验确定，$c_w=0.061\ 2\%$、$n_w=1.252$、$d_w=0.31\%$。上游堆石料的湿化模型参数则通过工程类比确定，计算采用的参数为 $c_w=0.054\ 7\%$、$n_w=1.367$、$d_w=0.265\%$。

考虑湿陷后，在顺河向，上游坝脚部位表现为指向下游的变形，最大值为 0.57cm，其他部位表现为指向上游的变形，最大值发生在坝顶，其值为 3.2cm；在垂直向，湿陷引起的最大沉降为 7.05cm。由于开挖料填筑时其饱和度已较高，蓄水后其最大湿陷仅为大坝最大沉降的 6.7% 左右，因此，上游坝壳料湿化不会对大坝安全产生危害。

6.4 动力计算

由动力试验结果可知：全风化下模量较低而残余变形较大，故计算开挖料选用全风化下的参数，其他参数根据工程类比确定，三维网格如图 1 所示，计算采用的参数见表 3。

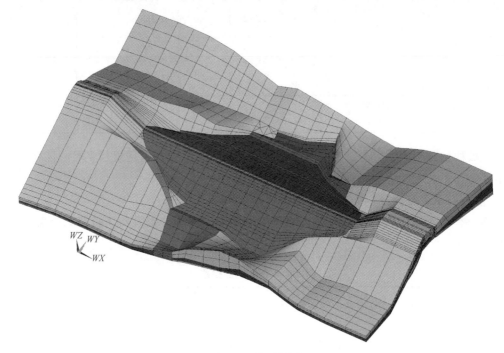

图 1　三维网格图

表 3 　　　　　　　　　　　　　　　大坝动力计算参数

材料名称	k_2	λ_{max}	k_1	n	$c_1(\%)$	c_2	c_3	$c_4(\%)$	c_5
心墙土	350	0.33	6.0	0.50	0.32	1.20	0	20.0	1.5
反滤 I	1500	0.23	15.3	0.44	1.12	1.0	0	4.90	0.90
反滤 II	2100	0.21	20.0	0.35	0.90	0.96	0	3.80	1.00
开挖料	405.41	0.280 5	6.63	0.55	0.405	1.307	0	16.72	1.569
堆石料	2500	0.20	25.5	0.30	0.65	0.90	0	2.60	1.05
全风化上（坝基）	450	0.30	8.0	0.50	0.80	1.0	0	12.0	1.0
全风化下（坝基）	550	0.30	10.0	0.50	0.75	1.0	0	10.0	1.0

地震时程曲线分别取 50 年超越概率 10%、50 年超越概率 5% 场地谱加速度时程曲线。水平向地震基岩峰值加速度分别为 71.865gal、99.809gal，垂直向地震基岩峰值加速度取水平向的 2/3。

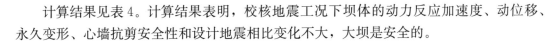

计算结果见表 4。计算结果表明，校核地震工况下坝体的动力反应加速度、动位移、永久变形、心墙抗剪安全性和设计地震相比变化不大，大坝是安全的。

表 4　　　　　　　　　　　　　　大坝动力计算结果

项目			3 向输入地震波			0+229 断面						
						动力反应放大倍数		动位移（cm）		永久变形（cm）		
			x 向	y 向	z 向	顺河向	垂直向	顺河向	垂直向	顺河向		垂直向
										向上游	向下游	
场地谱	$P_{50}=10\%$ $ah=71.865gal$		th11			2.33	2.03	3.26	1.02	−0.38	0.40	2.35
			th12			2.34	2.02	2.50	0.87	−0.40	0.36	2.02
			th13			1.85	1.96	2.67	0.82	−0.27	0.37	2.00
	变幅（%）					26.5	3.6	30.4	24.4	32.5	11.1	17.5
	$P_{50}=5\%$ $ah=99.809gal$		th21			1.58	2.46	3.51	1.04	−0.37	0.53	2.67
			th22			1.95	2.42	3.31	1.10	−0.57	0.55	2.87
			th23			1.91	2.20	4.09	1.38	−0.54	0.57	3.15
	变幅（%）					23.4	11.8	23.6	32.7	35.1	7.5	18.0

6.5　开挖料液化计算

采用综合总应力和有效应力两种判别方法进行计算，有效应力判别法计算结果偏于安全，而总应力判别法计算的结果则偏于危险，但两种判别方法计算的结果都表明开挖料不存在液化的可能性。

6.6　存在的问题

由于上游开挖料及心墙防渗料渗透系数较小且填筑时间较短，竣工期心墙内产生了较高的超静孔隙水压力，超静孔隙水最大值达到 38.4m，考虑到虽然坝体内的超静孔压较大，但坝体的安全性富裕度较大且防渗体不会发生水力劈裂，因此，从经济的角度来看，不设置排水体。

7　结语

老挝南椰Ⅱ水电站地质条件较差，全风化覆盖较厚，建坝风险较大。为了保证工程的成立，同时为了降低造价，减少后期的安全隐患，重点研究了全风化层的利用，做了大量的试验及计算，同时委托某科研院所进行了全风化开挖料的动力试验及相应的静力动力计算，计算结果均表明，用全风化料筑坝是可行的，这不仅为本工程开挖料的利用提供了可靠的理论依据，大大节约了成本，也为类似工程提供可靠的试验依据，更加拓宽了当地材料坝坝料的使用。

参考文献

［1］ 代艳华，张崇祥，等．老挝南椰Ⅱ水电站可行性研究报告［R］. 中国电建集团昆明勘测设计研究院有限公司出版，2011.

［2］常祖峰，等．老挝南椰Ⅱ水电站工程场地地震安全性评价报告［R］．云南省地震工程研究所，2011．

［3］李国英，等．老挝南椰Ⅱ水电站黏土心墙土石坝开挖料动力特性试验及坝体动力抗震研究［R］．南京水利科学研究院，2011．

［4］SL 228—2013，混凝土面板堆石坝设计规范［S］.

［5］NB/T 35016—2013，土石筑坝材料碾压试验规程［S］.

［6］DL/T 5128—2001，混凝土面板堆石坝施工规范［S］.

作者简介

代艳华（1979—），女，高级工程师，主要从事水利水电工程土石坝设计工作。E-mail：402850858@qq.com

阿尔塔什高面板堆石坝施工技术研究

李振谦，李乾刚，曹巧玲

（中国水利水电第五工程局有限公司，四川省成都市 610066）

[摘 要] 阿尔塔什面板堆石坝具有坝体砂砾石填筑体量大、施工工期短、填筑强度高等特点。针对如何高质量、高效率、快速施工面板堆石坝填筑施工这一重大难题，阐述了通过料场开采规划、试验标准的选取、施工参数的选择、施工设备的选型、合理地进行填筑分期等各项技术手段确保工程各项目标顺利实现的过程，主要对阿尔塔什高面板堆石坝坝料开采及填筑技术进行了介绍。

[关键词] 阿尔塔什；面板堆石坝；开采；填筑；技术

1 工程概况

阿尔塔什水利枢纽工程是叶尔羌河干流梯级规划中"两库十四级"的第十一个梯级，工程位于新疆维吾尔自治区南疆喀什地区莎车县霍什拉甫乡，电站建成后总库容 22.49 亿 m³，调节库容为 12.61 亿 m³，正常蓄水位 1820m。在保证向塔里木河生态供水 3.3 亿 m³ 的前提下，工程承担防洪、灌溉、发电等综合利用任务，电站装机容量 755MW，枢纽为一等大（1）型工程。

拦河坝为混凝土面板砂砾石堆石坝，坝长 795m，坝顶宽度为 12m，上游坝坡 1∶1.7，下游平均坝坡 1∶1.89，最大坝高为 164.8m，砂砾石基础覆盖层厚 93m，坝体复合高度（地基覆盖＋坝高）已达 250m 级。坝体填筑分区从上游至下游分别为上游盖重区、上游铺盖区、混凝土面板、垫层料区、过渡料区、砂砾料区、利用料区、爆破石料区。工程因其超高面板堆石坝、深河床覆盖层、高地震烈度、国内罕见高边坡危岩体处理等特点，被业界称为"新疆三峡工程"。

坝体设计填筑方量约 2500 万 m³，主堆石区为天然砂砾石料，料源为 C1、C3 砂砾石料场。C1 料场位于大坝上游左岸，距坝址 3~4km，可开采储量 120 万 m³；C3 料场位于大坝下游河床、河漫滩及Ⅰ级阶地，距坝址 1.5~7.8km，总储量 2520 万 m³。次堆石区为爆破开采料，料源为 P1 爆破料场。P1 爆破料场位于坝址上游左岸 1.7~2.5km，可开采储量大于 3600 万 m³。

2 坝体填筑分区及设计指标

2.1 坝体填筑分区

坝体填筑分区从上游至下游分别为上游盖重区（1B）、上游铺盖区（1A）、垫层料区（2A）、特殊垫层区（2B），过渡料区（3A）、砂砾料区（3B）、爆破料区（3C）、水平排水料区（3D），具体填筑分区见图 1。

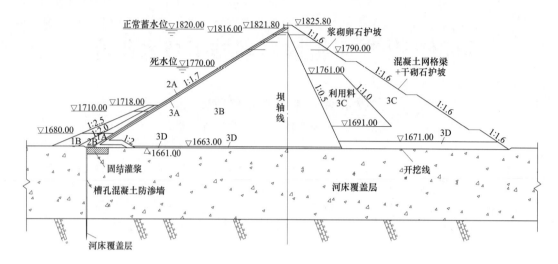

图 1　面板堆石坝典型剖面示意图

2.2　坝体填筑设计参数

（1）上游铺盖区 1A：其料源为泄水建筑物出口开挖的低液限粉土。上游铺盖料利用运输和推平设备自然压实，不进行碾压，以避免对混凝土面板产生有害的影响。

（2）上游盖重区 1B：可采用开挖弃渣等任意粗粒材料，填筑要求同 1A 区。

（3）垫层料区 2A：要求 $D_{max} \leqslant 60mm$，粒径小于 5mm 的含量为 $30\% \sim 45\%$，粒径小于 0.075mm 的含量少于 8%，将渗透系数控制在 $10^{-3} \sim 10^{-4}$ cm/s。设计相对密度 $D_r \geqslant 0.9$。采用 C3 料场筛分料，两岸沿岸坡向下游延伸填筑 20m。

（4）特殊垫层区 2B：采用 C3 料场粒径小于 20mm 的筛分料。碾压层厚 0.2m，采用小型机械碾压，填筑标准要求相对密度 $D_r \geqslant 0.9$。

（5）过渡料区 3A：料源同垫层料，过渡料采用 C3 料场筛除粒径 150mm 以上的砂砾料，级配连续，填筑标准要求相对密度 $D_r \geqslant 0.9$。

（6）砂砾料区 3B：砂砾料由 C1、C3 料场开采上坝填筑。填筑标准要求相对密度 $D_r \geqslant 0.9$。

（7）爆破料区 3C：由 P/1、P/2、P/2-1 石料场爆破开采或采用枢纽开挖利用料，要求小于 0.075mm 含量 $<5\%$，$D_{max} \leqslant 600mm$，设计孔隙率取 $n \leqslant 19\%$。

（8）水平排水料区 3D：采用 P1 料场的爆破堆石料，要求 5mm 以下的含量小于 15%，0.1mm 以下的含量小于 5%。

3　料场规划及开采

3.1　垫层料、过渡料生产

大坝填筑垫层料（2A）50.53 万 m^3、特殊垫层料（2B）0.63 万 m^3、过渡料（3A）

59.16 万 m³，总计需求产量为 110.32 万 m³。垫层料、过渡料加工系统布置于 C3-1 砂砾石料场内[1]，加工系统主要有受料坑、篦条筛、给料机（GZG150-180 型、GZG130-150型）、振动筛、胶带机构成。系统的主要工艺：天然砂砾石料通过筛分去除超径石，以获得成品的垫层料、过渡料。其生产工艺为：在指定的 C3-1 砂砾石料场，采用 1.6m³ 液压反铲开采原料，40t 自卸汽车运输至筛分系统卸料平台卸入受料坑，受料坑上部设自制的篦条筛（篦条间距为 150mm）。

垫层料生产通过自制的篦条筛（2A 料受料坑上的篦条间距为 150mm），底部设置给料机，经给料机送至胶带机后到振动筛（振动筛为双层筛，上层间距为 100mm下层间距为 60mm），在振动筛筛除无用料后将剩余的物料经胶带机上输送到各自的成品料堆堆存或直接上坝。筛出的超径料或者运至回采挖区回填或者就近进行料场河道维护。

过渡料生产通过自制的篦条筛（3A 料受料坑上的篦条间距为 150mm），经篦条筛筛除超径料后至给料机，经给料机送至胶带机后直接输送至堆放料场或直接使用。

3.2 砂砾石料开采

大坝砂砾料填筑总需求量约为 1227 万 m³（直接利用料 15 万 m³、上游 C1 料场开采100 万 m³、二次倒运 60 万 m³、C3 料场开采 1052 万 m³）。大坝有效施工时段共 31 个月，高峰填筑强度发生在 2017 年，砂砾料高峰期开采强度达到 79.6 万 m³/月（自然方）。

由于新疆叶尔羌河具有特有的坝址输沙总量较大，工程截流后，坝址上游料场汛期易出现不同程度的淤砂，坝址下游料场因地势平坦，料场表面河水为网状结构分布，且河床地下水位浅，汛期水位涨幅迅速等特点，针对砂砾石料场开采提出"汛前上游料场优先开采，下游料场主槽优先成型，滩槽紧随其后"的开采理念，解决季节性水位变化河道砂砾石料料场开采的技术难题。

2017 年 5 月 31 日汛期前填筑料源，主要以上游 C1 砂砾石料场供应为主，下游 C3 料场右岸先锋槽开挖为辅，并按照"先近后远，分段分区"方式进行开采。开挖设备以1.6m³ 液压反铲为主，运输设备以 20m³ 自卸汽车为主。开采时，利用天然河床比降条件，水上部分从上游向下游方向开采，开采厚度可达到 1.5m，水下部分从下游向上游方向开采，开采深度可达到 3.5m，每次开采宽度为 100～200m，层厚控制以外露的临界水面为主。

3.3 爆破料开采

大坝爆破料填筑总需求量约 928 万 m³，根据料场地形条件和岩石情况，石方开挖采用露天深孔台阶爆破方法，从上而下分台阶逐级开挖[2]，台阶高度为 13～15m，边坡采用大孔距预裂爆破，对于岩石顺层边坡倾角坡度约为 1：0.5，其他部位边坡均为 1：0.3，马道宽按照 5、3、3m 依次进行放坡。

3.3.1 爆破生产性实验

为了获得合理的爆破参数[3]，料场开采前根据坝料级配要求和爆区岩石地质条件，选用不同的爆破参数进行爆破实验，实验采用的参数见表 1。

表1   P1爆破料场爆破实验参数表

实验日期	孔径 (mm)	孔数 (个)	孔深 (m)	孔距 (m)	排距 (m)	堵塞 长度 (m)	装药量（kg）		装药 结构	爆破 方量 (m³)	单耗 (kg/m³)
							乳化	膨化			
第1次 爆破实验	105	22	15～17	3.7	3.7	2.5～3	2016	0	间隔 2～3m	4150	0.49
第2次 爆破实验	115	21	13～25	5	3	2.5～3	24	1775	混合 装药	3850	0.47
第3次 爆破实验	115	19	14～17	4	4	3～4	624	1100	连续	4000	0.43

每次爆破后均进行了筛分试验，筛分曲线如图2所示。

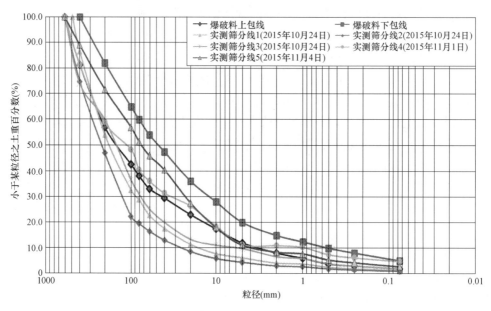

图2　P1料场爆破料颗粒大小分布曲线图

根据3次爆破试验成果数据分析，对于P1爆破料场岩石条件，爆破参数选用直径为115mm的CM351型钻机造孔，呈矩形布孔，孔深为13～15m，孔排距为4m×4m，采用膨化硝铵炸药为主，配有一定比例的2号岩石乳化炸药，连续耦合装药，单耗0.43kg/m³，采用排间起爆。爆破试验后的颗分试验成果满足设计要求；并通过计算各筛分料的不均匀系数和曲率系数得出爆破料级配良好，满足了堆石料设计要求。

3.3.2　石方挖运

挖装设备主要以1.6m³液压反铲为主，运输设备主要以38t自卸汽车运输为主。根据单月填筑强度要求、料场场内面积、上坝运输距离、道路运输能力、设备有效工作时间、设备有效利用率综合计算，高峰期配备5台1.6m³液压反铲和45台20m³自卸汽车即可满足爆破料上坝强度要求。

4 坝体填筑施工

4.1 坝体临时断面填筑及分区

根据阿尔塔什导流度汛标准，2015 年 10 月底～2017 年 9 月底围堰挡水度汛；2017 年 10 月初～2019 年 7 月底坝体临时断面挡水度汛。按照在导流洞泄洪，坝体能抵御 100 年一遇洪水的度汛标准，坝体必须在 2017 年 5 月底之前，填筑至 1715m 高程。2019 年 7 月底下闸蓄水后，按照在 1 号深孔放空排沙洞、2 号深孔和中孔泄洪洞联合泄流，坝体能抵御 200 年一遇洪水的度汛标准，坝体必须在 2019 年 7 月底，二期面板必须浇筑至 1776m 高程。

为了使坝体能均衡上升，同时又能满足高峰填筑强度要求，并且能充分利用新疆地区 3～5 月份最佳的气温条件进行分期面板混凝土浇筑，按照阿尔塔什导流度汛标准要求，将坝体进行了分期、分区填筑施工，具体坝体分期、分区填筑见图 3。

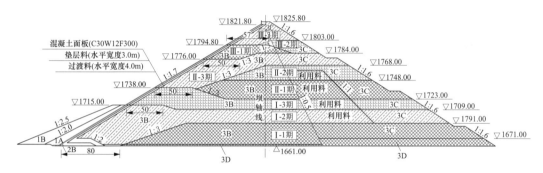

图 3 坝体分期、分区填筑示意图

大坝填筑分期工程量，填筑强度以及施工时段见表 2。

表 2 　　　　　　　　　　大坝填筑分期工程量及强度表

分期断面		施工时段	施工天数（天）	完成量（万 m³）	月平均填筑强度（万 m³）
大坝填筑Ⅰ期	Ⅰ-1 期	2016.3.21～2016.12.31	285	510	53.7
	Ⅰ-2 期	2017.3.1～2017.5.31	91	490	161.5
	Ⅰ-3 期	2017.6.1～2017.8.31	91	402	132.5
大坝填筑Ⅱ期	Ⅱ-1 期	2017.9.1～2017.12.31	121	412	102.1
	Ⅱ-2 期	2018.3.1～2018.5.31	91	184	60.7
	Ⅱ-3 期	2018.6.1～2018.8.31	91	217	71.5
大坝填筑Ⅲ期	Ⅲ-1 期	2018.9.1～2018.12.31	121	131	32.5
	Ⅲ-2 期	2019.3.1～2019.5.31	91	45	14.8
	Ⅲ-3 期	2019.6.1～2019.8.31	91	120	39.6

4.2 上坝道路布置

面板堆石坝工程施工过程中，上坝道路布置是论证大坝填筑施工技术经济效果很重要的一个方面，道路合理布置不仅直接关系到上坝成本而且直接制约上坝强度[4]，阿尔塔什大坝填筑为了满足经济合理、高峰期车流量通行条件，结合料场分布、大坝分期填筑时段、地形地貌等条件，坝址上、下游共布置了4条上坝道路，具体道路布置如下：

（1）第1条上坝道路位于坝址上游左岸，道路起点接P1料场底部13-1号道路范围，起点高程1702m，道路终点接左岸坝肩，终点高程1715m，路面宽度为9m，路面结构为砾石路面。

（2）第2条上坝道路位于坝址上游左岸，道路起点接P1料场底部13-1号道路范围，起点高程1702m，道路终点接左岸坝肩，终点高程1750m，路面宽度为9m，路面结构为砾石路面。

（3）第3条上坝道路布置于坝址下游左岸，道路起点接原12号县道，起点高程1690m，终点接坝后之字路，终点高程1690m，路面宽9m，采用砾石路面。

（4）第4条上报道路布置于坝址下游右岸，道路起点接3号施工道路，地点高程为1709m，终点接坝后之字路1710m，路面宽7m，采用混凝土路面。

由于阿尔塔什大坝坝料运输采用重型车辆运输，为了满足高峰期上坝强度要求，上坝道路宽度均设置为9m，最小转弯半径为15m，最大纵坡控制在10%。短期上坝道路路面铺设级配砾石，长期道路路面采用混凝土进行硬化，以提高运输效率，降低道路维护成本、减小车辆轮胎的磨损。

C1砂砾石料场和P1爆破料场均分布于坝址上游，上坝道路需跨过左岸趾板进入坝体轮廓线内并与坝区填筑道路连接，组成坝料填筑区的运输体系。为满足高峰期大坝填筑强度要求，分别在左岸岸坡1715m和1750m高程修建跨趾板道路，跨趾板道路由路堑开挖、单跨简支梁钢桥、混凝土挡墙＋回填砂砾石路基组成，并且，为了防止跨趾板段出现堵车现象，跨趾板段钢栈桥设置为双车道（重车道、空车道）通行并由专人负责交通指挥。

4.3 碾压试验

通过试验确定的填筑碾压参数见表3。

表3 坝体碾压施工参数表

名称	填筑层厚 (mm)	加水量 (%)	碾压遍数 (遍)	碾压/夯实设备	振动碾的行车速度 (km/h)	备注
垫层料	200	8	16	3.5t 振动碾	≤2	振动碾均采用激振碾压
特殊垫层	200	8	16	3.5t 振动碾	≤2	
过渡料	400	5	8	26t 振动碾	≤2	
砂砾料	800	10	10	32t 振动碾	≤3	
爆破料	800	10	8	32t 振动碾	≤3	
排水料	800	10	8	32t 振动碾	≤3	

4.4 填筑施工方法

（1）上游坡面固坡施工技术。阿尔塔什大坝上游坡面的固坡采用挤压边墙混凝土施工方法，达到了垫层料垂直碾压取代了坡面斜坡碾压施工工艺。即：在每填筑一层垫层料之前，采用边墙挤压机作出一条半透水的混凝土边墙（墙身高度为 40cm，上游坡比为 1：1.7，顶部宽度为 10cm，底部宽度为 83cm，内侧坡比为 8：1，边墙混凝土强度为 C3～C5），待强度达到 50％后，紧跟其内侧铺填垫层料，且碾压合格后再重复这一工序，形成完整、有一定强度的混凝土临时坝面。挤压边墙混凝土由混凝土拌和站进行集中拌制，采用 10m³ 混凝土搅拌罐车运输至挤压边墙施工作业面，并与挤压边墙同向、同步行走，进行边墙混凝土施工。挤压边墙成型 1h 后，提前进行垫层料铺填，在成型 3h 后（抗压强度不低于 1MPa）即可进行垫层料碾压施工。

（2）垫层料、过渡料填筑。垫层料施工质量的好坏，对挤压施工质量及面板均匀受力其中至关重要的作用，填筑时，若单一选择重型设备进行碾压，易造成成型后的挤压边墙出现向上游位移增量，另外易造成挤压边墙接缝部位表面混凝土脱落，若单独采用小型机械设备碾压，不仅易造成碾压费用增加，而且，造成单层填筑施工时段延长。因此，为了避免上述不利因素影响，填筑料源采用 40t 自卸车运输至填筑面后，采用 1.6m³ 的液压反铲摊铺，边角部位由人工使用铁锹辅助摊铺，垫层料铺料厚度为 200mm，过渡料铺设厚度为 400mm，各种料源洒水均按照 8％控制，碾压设备选用 3.5t 振动碾、26t 振动碾、手持平板夯三种机械设备进行综合碾压。即：①在靠近挤压边墙 0～0.2m 范围，采用手持平板夯进行夯实，打夯时间不小于 90s；②挤压边墙至下游 0.2～1.5m 范围，采用 3.5t 自行式振动碾激振碾压 16 遍，行车速度控制在 2km/h；③1.5～7m 范围，采用 26t 自行式振动碾激振碾压 8 遍，行车速度控制在 2km/h。

（3）堆石料填筑。随着重型机械设备的出现，使土石坝施工效率更高、降低了运输和填筑堆石的费用，大坝填筑过程中，碾压设备选择对施工质量和经济性影响较大，因此，阿尔塔什项目大坝填筑分别采用 26t 振动碾和 32t 振动碾进行了碾压试验及成本测算[5]，最终选取了最优的碾压参数，即铺料厚度 80cm，32t 自行式振动碾激振碾压（砂砾料碾压 10 遍，爆破料碾压 8 遍），洒水 10％，行车速度控制在 3km/h。坝料采用 1.6m³ 液压反铲装料，40t 自卸汽车运输上坝，并采用后退法和进占法综合卸料，SD32 推土机摊铺，坝料采用坝外加水和坝内补水两种方式进行加水，32t 自行式重型振动平碾碾压，碾宽2.2m，振动频率 0～28Hz，名义振幅为 1.83mm，激振力为 590kN 无级可调，岸坡部位采用小型振动碾和液压平板夯夯实碾压，以保证岸坡接坡质量。并且，由于该地区蒸发量较大，且砂砾石料吸水较小的特性，现场洒水后应及时碾压，以免水分蒸发及大量流失而影响碾压效果。

5 施工质量控制

5.1 数字化实时监控系统

数字化实时监控系统较传统人工控制碾压参数有明显的技术优势，作为辅助质量检测工具和质量初步判断依据在工程施工中得到了良好的应用。其在质量控制方面的重要性主要体现在以下几个方面：

（1）碾压参数实时监控。系统对振动碾行走速度、振动频率、碾压遍数、行走轨迹等参数进行实时管理，发现振动碾行走速度超速时进行报警。

（2）碾压合格率统计。系统能实时进行统计分析，发现偏差及时调整。生成的数据报表实现了对工程过程控制的追溯和分析。

（3）数据回放。系统实现了对施工记录的全面、长时间保存，具有数据回放功能，为后期坝体填筑质量评定、理论研究及沉降分析等均提供了重要的依据。

5.2　大坝填筑干密度检测情况

阿尔塔什大坝填筑相对密度标准试验突破了传统室内振动台法标准试验方法，采用现场大型原级配相对密度试验法进行试验，相对密度控制的最大密度、最小密度指标均对比室内振动台法标准试验有所提高，且有效地减小了坝体沉降变形。取样结果表明：各种坝料填筑施工质量满足设计要求（见表4）。

表4　　　　　　　　　坝体各填筑料质量检测情况表

料别	取样组数（组）	干容重（g/cm³）	孔隙率（%）	实测渗透系数（cm/s）	相对密度
垫层料	1688	2.35～2.38	—	$3.2\times10^{-4}\sim8.4\times10^{-4}$	≥0.9
特殊垫层料	23	2.07～2.12	—	—	≥0.9
过渡料	547	2.38～2.41	—	$3.2\times10^{-3}\sim2.2\times10^{-3}$	≥0.9
砂砾料	3118	2.35～2.42	—	$2.2\times10^{-3}\sim9.2\times10^{-2}$	≥0.9
爆破料	375	—	16.6～18.7	$1.0\times10^{-2}\sim8.3\times10^{-2}$	—
排水料	59	—	16.1～18.4	自由排水	—

5.3　坝体沉降变形收敛情况

坝体沉降监测数据显示，2019年11月1日坝0+475m典型监测断面坝体最大沉降量在0+475m断面的坝下0～081m位置，其总沉降量621.1mm中有367.7mm沉降量是坝基沉降贡献的，坝基沉降量占总沉降量的59.2%，坝体实际最大沉降量占目前大坝填筑高度（151.3m）的0.17%，与同类工程类比，本工程目前施工期沉降量略偏小，具体各测点沉降量分布示意见图4。

6　结语

（1）通过精心组织，精选设备参数，质量检测及试验工作的创新，阿尔塔什水利枢纽工程大坝单月填筑强度破171.51万m³。其中，2017年9个月内完成坝体填筑1200万m³，全年平均月强度超过130万m³。

（2）数字化监控系统应用对坝体填筑碾压参数控制具有积极的促进作用，碾压参数控制是保障坝体填筑施工质量的重点，现场试验检测结合实时碾压轨迹监测记录进行可提升试验检测代表性，加强施工薄弱环节质量控制。

（3）坝体高强度填筑要求下如何进行料场开采、坝面管理及设备保障是工程控制重点，以上保障措施基于工程施工实践总结，希望能为类似工程施工起到相应的参考借鉴作用。

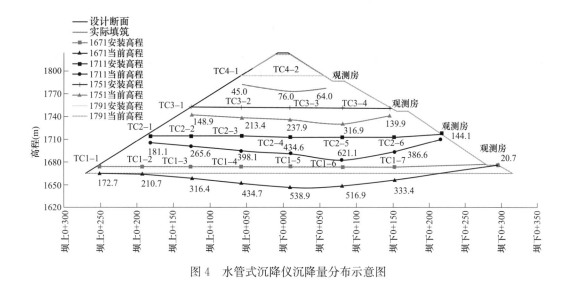

图 4　水管式沉降仪沉降量分布示意图

参考文献

[1] 胡安静，虞舜，刘启 . 甲岩水电站混凝土面板堆石坝坝料利用概述 [J]. 云南水力发电，2017，18（S2）：110-114，130.

[2] 丁晓唐，覃牧，崔恩豪 . 白鹤滩水电站料场补充开采规划优选设计 [J]. 中国水利科技进展，2018，38（5）：43-47.

[3] 李明 . 小中甸水利枢纽砂石料场开采加工和施工优化方案 [J]. 中国水利，2018，41（16）：25-26.

[4] 刘经彪，双江口 .300m 级别砾石土心墙堆石坝实施阶段填筑道路规划 [C]//四川省水力发电工程学会2018 年学术交流会暨"川云桂湘粤青"六省（区）施工技术交流会 . 四川省水力发电工程学会，2018，20（11）：231-237.

[5] 冯鹏程，冉念 . 古瓦水电站混凝土面板堆石坝填筑施工的质量控制 [J]. 四川水力发电，2019，17（2）：48-50，53，140.

作者简介

李振谦（1987—），男，工程师，主要从事水利水电工程施工技术与管理工作。

李乾刚（1988—），男，工程师，主要从事水利水电工程施工技术与管理工作。

曹巧玲（1986—），女，工程师，主要从事水利水电工程经营管理工作。

阿尔塔什高面板坝工程智能管控系统建设及应用

石永刚，张正勇

（中国水利水电第五工程局有限公司，四川省成都市 610066）

[摘 要] 随时代科学技术的发展，水利工程的智能化建设与管理进行着多种尝试，成为必然趋势。以位于南疆高寒深厚覆盖层地区的阿尔塔什高面板坝工程为对象，进行高寒深厚覆盖层高面板坝智能化建设与探索，集电气及自动化技术、北斗定位系统、远程视频监控技术、云技术、大数据技术等，开发适应于阿尔塔什高面板坝工程建设的智能化系统，实现施工全过程的高效管理，提高施工质量，保证工程进度，避免安全事故，有助于"放心工程"的建设与移交，使水利工程管理逐渐走向信息化和科学化。

[关键词] 阿尔塔什；高面板坝；智能化；建设与管理

0 引言

大型水利枢纽工程投资规模大、施工内容复杂、条件恶劣、场地分散，对照国内外现场管理的普遍做法，均是以人的现场管理为主要手段，导致"监管力度不强，监管手段落后"，也成为掣肘行业现场管理的重大难点。结合社会信息化发展，利用信息化手段建设"智慧"型工地，让建设地域偏僻的大型水利枢纽工程实现科学高效管理，提升工程品质，成为一种趋势。

1 建设背景

阿尔塔什水利枢纽位于南疆高寒深厚覆盖层地区，是塔里木河主要源流之一的叶尔羌河流域内最大的控制性山区水库工程。水库总库容 22.49 亿 m^3，正常蓄水位 1820m，电站装机容量 755MW。根据《水利水电工程等级划分及洪水标准》（SL 252—2000）和《防洪标准》（GB 50201—1994）的规定，本枢纽为一等大（1）型工程。

阿尔塔什大坝工程因其在设计和施工方面"三高一深"的重大技术难题，被称为"新疆三峡工程"。具体指：高面板堆石坝—拦河坝坝型为混凝土面板砂砾石—堆石坝，最大坝高 164.8m，坝长 795m；高陡边坡—大坝右岸坝肩为高陡边坡，边坡处理及加固高度超过 660m（其中，1845m 高程以下坡度一般为 50°～70°、1845m 高程以上边坡近直立），施工难度大；高地震烈度—坝址区地震基本烈度为 8 度，大坝抗震设计烈度为 9 度；深厚覆盖层—坝址覆盖层最大厚度为 94m，复合坝高达 258.8m。

根据工程特点，建设一套基于已工程建设为主的智能管控系统，达到提高工地现场的生产效率、管理效率和决策能力，实现工地智慧化管理。

2 工程智能管控系统设计

2.1 设计原则

以云计算技术、物联网技术、电器及自动化、BIM 技术以及大数据分析技术的相关研究成果为技术支撑，开展阿尔塔什水利枢纽大坝工程智能化与管理建设，重点从工程管理的质量、进度、安全三大方面着力，以"计划更科学，生产更高效，质量更保证，安全更可靠，结果可验证"为设计原则，建立科学、高效智能管控的闭合生产管理系统。

2.2 设计目标

工程项目管理的核心任务是项目的目标控制，涵盖成本、进度、质量、安全等方面。围绕以上方面要点，结合阿尔塔什大坝工程现场实际，以建立互联协同、智能生产、科学管理的智能化信息系统，打造智慧管理雏形为目标。

3 智能管控系统功能组成及特点

经过分析形成了具体的智能管控系统的建设规划，具体见图 1。

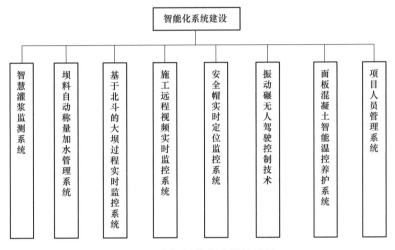

图 1　大坝智能化建设体系图

3.1 子系统——智慧灌浆监测系统

灌浆工程作为隐蔽、对下工程，施工质量对形成完整的防渗体系尤为重要。在很多工程中，灌浆工程管理难度较大、施工质量不易控制。阿尔塔什所有灌浆工程均采用了"长江科学院"所产的防作弊灌浆记录系统，该系统在研发过程中，通过软件的设计，规避了前期灌浆记录仪防作弊方面的不足，同时能将灌浆数据实时回传至服务器，实现了灌浆防作弊和数据实时回传监控的目的，保证了灌浆的真实性，确保了灌浆质量。智慧灌浆监测系统界面见图 2。

3.2 子系统——坝料自动称量，加水管理系统

主要解决在坝料运输上坝过程中快速、精确完成坝料加水的控制。大坝碾压施工参数中对坝料的加水量做了严格的要求，加水量的精确控制是坝体填筑质量的重要因素，为了

图2 智慧灌浆监测系统界面图

保证加水量精确且快速，采用自动称量、加水管理系统。其原理为采用集成软件系统，在称重汽车衡上安装读卡器，当运料汽车上称后，可以自动识别车辆配备的识别卡，从而读取卡中车辆基本信息，完成该称量数据统计，经过软件的整合完成毛重、净重统计，并存储形成加水记录副本，当该车辆继续前进至加水系统后，通过识别卡信息，系统将按照装料净重数据自动计算加水量，实现精确加水。

应用自动加水、自动称量系统替代传统人工操作极大的减少了循环作业所需时间，工程根据上、下游料场同时开采的施工特点，分别在上、下游主干道布置了2个自动加水系统以及上游2套称量系统，下游5套称量系统（其中1套备用系统）。并将重车、空车称量系统相互分离、错位布置，减少交叉对运输计量带来的不利影响。自动称量及加水系统现场照片见图3。

图3 自动称量系统（左）和自动加水系统（右）

3.3 子系统——基于北斗定位技术的大坝施工过程实时监控系统

由于坝料碾压填筑面开阔、参考物较少，致使振动碾驾驶员在坝料碾压过程中出现漏碾、欠碾、重碾等现象。为了实现大坝填筑碾压过程的质量控制，采用北斗高精度导航技术、激振传感器以及无线传输网络等，建立大坝填筑碾压施工过程实时智能化监控，包括对振动碾状态、行走轨迹、碾压遍数、行走速度、铺料厚度等碾压参数的实时监控。同时，引入施工机械碾压统计分析模块对各振动碾碾压合格率、面积等数据进行分析，为机械操作手计件制考核、碾压质量分析等提供依据。可以直观发现碾压区是否存在欠碾、漏碾，便于驾驶员及时发现，完成及时调整，保证碾压质量，也避免了重复碾压[1]。

该系统中引入质量检测分析模块，主要对填筑分区碾压结束后，对该施工区域采集到的碾压数据进行综合分析，包括碾压遍数（总数、静碾以及振动碾）、速度超限次数、碾压设备速度平均值、碾压设备速度最终值、碾压设备激振力超限次数、激振力平均值、激振力最终值、碾压沉降量以及行车轨迹几个重要方面，可以重演大坝施工实施过程。由分析结果，可为单元工程质量检测所进行的挖坑检验提供坑位参考，便于单元工程质量检验，加强了大坝施工质量控制。典型的施工质量分析界面见图4。

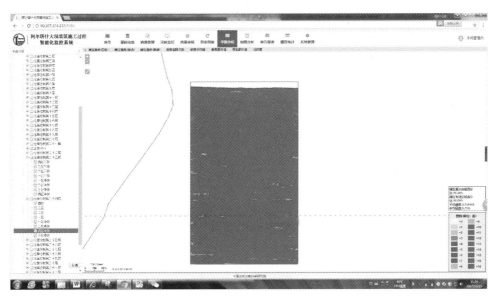

图 4 碾压遍数分析云图界面

3.4 子系统——施工远程视频实时监控系统

阿尔塔什大坝施工区施工范围大，左右岸高边坡高陡，斜面、临边施工部位较多，安全风险较大，常规的管理方式需要大量管理人员对各个作业面进行检查和管理，人员配置多，管理力度不足。基于直观的了解施工部位的详细状况，跟踪生产进度，检查工人的工作状态，提前发现各项安全隐患并及时处理，避免安全意外的内需要求，建立施工远程视频实时监控系统。该系统通过在施工区高位安装高清球机，分别对左右岸趾板、面板施工、大坝填筑、右岸高边坡等施工作业面，实现施工场面全覆盖。该系统通过互联网共享至各移动终端，管理人员可不受地域限制，在电脑、平板、手机终端进行登录查看，实时掌握现场施工情况，突破了时空的限制。通过及时掌握各施工部位完成形象，反馈施工进度动态，并同步的完成重大危险源实时监控和质量监督，能够起到较好的生产、安全效益[2]。施工远程视频实时监控系统界面见图 5。

图 5　施工远程视频实时监控系统界面如下

3.5　子系统——安全帽实时定位监控系统

大坝工程施工场面多且分散，涵盖基坑开挖、隧洞开挖、趾板开挖、料场开采、边坡处理支护、围堰填筑、大坝填筑、面板浇筑等；施工范围大，主要施工场面在上百万平方米级别或以上；施工作业人数多，作业人员可达上千人。为了实现工区人员安全监控和追踪，建立了安全帽实时定位监控系统。该系统基于北斗定位系统，将定位芯片安装在安全帽内，人员只需佩戴定位安全帽，将定位装置开启，系统便可实时追踪该作业人员的位置，运行状态，并根据需要可以生成该作业人员的历史移动轨迹，掌握作业人员的历史动态，满足工程项目的安全监控与管理，加强人员安全管理[3]。具体安全帽实时定位监控系统界面见图 6。

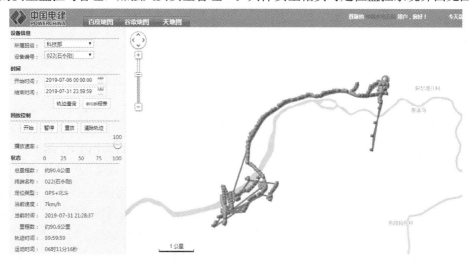

图 6　安全帽实时定位监控系统界面

3.6 子系统——振动碾无人驾驶控制技术

振动碾无人驾驶技术是基于卫星定位系统的信息技术，利用卫星定位技术进行智能化操作[4]。该技术可以有效提高施工机械化装备水平，改变目前的作业模式。其有利点主要为：

（1）振动碾自动无人驾驶系统可不间断地实现碾压作业，在降低了操作人员劳动强度的同时，可避免由于受振动碾驾驶员熟练程度和疲劳度的影响而造成的监控报警率较高的问题。

（2）振动碾自动无人驾驶系统采用 GPS 进行定位，同时安装有角度编码器和倾角传感器对车身位姿进行实时监测并对位置信息进行补偿。与人工操作相比，无人驾驶智能化碾压可提高碾压速度、遍数、轨迹搭界宽度等参数的过程精度。

（3）振动碾自动无人驾驶系统可根据不同的碾压路面，调节碾压参数的设置，完成不同路面上指定区域的智能化碾压，并实时监测碾压状态，如已碾压区域、碾压遍数、作业速度和振动状态等。与传统的人工经验法碾压相比，自动驾驶系统提高了碾压的智能化和标准化程度，且实现了过程的可控，为提高工序质量提供了保障。

振动碾无人驾驶控制的实现是基于 CAN 总线组建的实时网络控制系统，其网络控制系统组成见图 7。

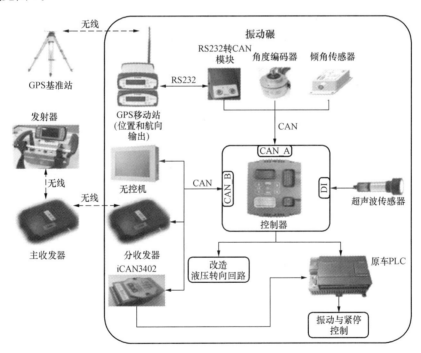

图 7　网络控制系统组成图

3.7 子系统——面板混凝土智能温控养护系统

混凝土面板作为面板坝核心防渗结构，面板混凝土裂缝防控是面板质量关键。采用自行设计的温控系统进行监控，结合自动化控制系统，按面板仓位分上、中、下布设温度监测点，采用 PT100 热电阻式温度探头，测温范围为 $-50 \sim 200℃$，实测测量精度为 $\pm 0.5℃$，能够保证监测温度数据的可靠对比，同时，监测环境温度和水温。实时采集温度数据，并将仓内混凝土中部温度与表面温度进行对比。若温差大于 $20℃$，则电加热控制器打开，进行养护用水加热，提高混凝土表面温度；若温差小于 $20℃$，则不开启电加热控制器。以此来达到控制混凝土内外温差在控制范围内，实现面板养护过程混凝土内外温差的有效控制。据数据分析，在混凝土达到 7 天龄期后，其内部温度基本稳定，并接近环境温度。因此，测温时间从温度探头所在位置被浇筑完成至整仓面板 7 天龄期满时可停止温度监控。结合混凝土面板浇筑过程的智能温控养护系统组成见图 8。

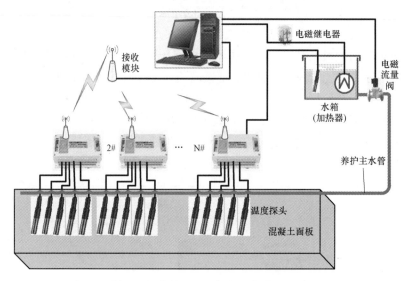

图 8　混凝土面板浇筑过程的智能温控养护系统组成图

3.8　子系统——项目人员管理系统

为解决项目人员众多，实现高效管理，开发出项目人员管理系统，实现对员工的出勤考核、请假出差的审批和核备；便于及时了解员工动态，也极大地方便了管理人员的审核和下达指令，能有效实现对员工的个人思想及工作态度如慵、懒、散、浮、拖等的有效监督和管理。同时，根据员工的各人行为及表现做出相应的绩效考核，增强员工工作积极性，形成竞争机制、多劳多得的良性循环，对项目管理的持续改进有积极的促进作用。项目人员管理系统应用界面见图 9。

4　应用及实施

通过运用智能化的建设系统，加强了坝料称量加水、填筑碾压、灌浆过程的质量管理，有效地提高了施工质量。阿尔塔什大坝工程自 2015 年 6 月 10 日开工建设，截至 2019 年 7 月 31 日，已填筑坝高 152m，坝体填筑总量达到 2450 万 m^3，完成设计量的 98%，大坝工程完成单元工程验收 4862 个，其中，优良工程 4779 个，优良率 98%。而且，通过坝体沉降监测，大坝最大沉降量为 599.6mm，仅占坝体与覆盖层之和 196.8m 的 0.31%，表现出良好的质量效果。

图 9 项目人员管理系统应用界面

通过现场看得到的实时监控系统和安全帽定位系统，有效的掌握了现场施工进度、安全状况、人员分布，便于管理人员及时发现现场的安全隐患和违规操作现象，能够及时的制止并下达整改措施，实现了施工作业过程的安全生产。

结合面板坝智能化建设与探索，实现了在 2017 年 3 月～2017 年 10 月累计填筑 1100.1 万 m^3，最高峰填筑强度为 171.5 万 m^3，开创了新的全国纪录，平均月填筑强度为 137.5 万 m^3，超计划平均强度 14％，实现了施工进度的顺利完成。具体 2017 年 3 月～2017 年 10 月大坝填筑计划与实际填筑强度详见表 1。

表 1   2017 年 3 月～2017 年 10 月大坝填筑计划与实际填筑强度一览表

月份	3 月	4 月	5 月	6 月	7 月	8 月	9 月	10 月	平均强度
计划强度（万 m^3）	100.6	151.8	135.6	137.9	105.2	105.2	115.8	112.7	120.6
实际强度（万 m^3）	110.5	171.5	153.8	150.6	119.7	138.8	135	120.2	137.5

5 结语

经过在阿尔塔什高寒高海拔面板坝智能化建设与探索，形成施工现场质量精准控制，形象进度实时监控，安全隐患及时发现处置，人员动态实时跟踪掌握，无人化设备研究应用等，使得施工生产"可视化、数据化、追溯化"，初步实现了工程"强质量，保进度，重安全"的目标，有益于优质履约。同时，在实施过程中也反映出过程质量控制、无人驾驶技术实施性仍在进一步完善过程中，仅以上述智能化建设为其他类似工程提供一定的借鉴意义。

参考文献

[1] 吕宝华. 高速公路管理智能化建设研究 [J]. 交通世界, 2019, 26 (Z2): 18-19.

[2] 李中田, 张晓光, 于颖达. 水电工程建设中试验检测的智能化管理 [J]. 东北水利水电, 2019, 37 (2): 69-70.

[3] 陈胜利. 浅谈常规水电站智能化改造思路 [J]. 中国水能及电气化, 2019, 15 (1): 32-39.

[4] 孙守辉, 李治纬. 安全监控系统智能化建设及未来展望 [J]. 山东煤炭科技, 2018, 36 (11): 88-89, 92.

作者简介

石永刚 (1992—), 男, 助理工程师, 学士, 主要从事水电工程施工技术与管理工作。
E-mail: 329166877@qq.com

张正勇 (1983—) 男, 高级工程师, 主要从事水利水电工程施工技术与管理工作。E-mail: 275487716@qq.com

阿尔塔什高陡边坡落石防护工艺研究

唐德胜，刘东方，李少波

（中国水利水电第五工程局有限公司，四川省成都市　610066）

[摘　要]　阿尔塔什水利枢纽右岸边坡相对高程 565～610m，边坡开挖仅在原始地形基础上清除了指定危岩体，在后续边坡支护、坝体填筑过程中极易产生落石风险。根据此情况，利用 Rockfall 软件进行落石运动特征分析，并结合落石运动轨迹、落点分布情况、危岩体稳定情况等研究成果，提出边坡落石防护和不同工作施工组织方案。结果表明：对边坡卸荷裂隙发育区域进行主动网防护，在落石集中缓冲部位建立被动网防护，并进行合理的工作面错时段施工组织可有效防范危岩落石，保证施工进度。

[关键词]　危岩落石；边坡防护；运动特征；施工组织；落点范围

1　工程概况

阿尔塔什水利枢纽右岸边坡高陡，基岩山体岩性为中石炭统阿孜干组 C2a 的薄层灰岩、巨厚层白云质灰岩、泥灰岩、石英砂岩，泥页岩；上石炭统塔合奇组 C3t 的灰、灰白色巨厚层状白云质灰岩，灰岩，少量白云岩、少量泥灰岩和泥页岩。岸坡走向近 EW 向，基岩裸露，相对高程 565～610m，顶部高程 2290m[1]。岸坡 1960m 高程以下自然坡度 50°～55°，以上 75°～80°。根据专题研究成果，边坡不存在整体稳定问题，但分布有 31 个危岩体以及边坡表面的浅层卸荷体，强风化层水平深度 1～2m，弱风化层水平深度 15～20m。对工程的施工及运行安全有一定影响，须采取处理措施。

2　边坡落石分析

2.1　剖面选取及参数选择

由于 Rockfall 为二维落石统计分析软件，需选取合适的边坡剖面进行落石模拟。在此边坡分析中，根据山体危岩落石发育机制、分布状态及其影响范围，选择在边坡处理和大坝填筑过程中存在交叉干扰，落石将严重威胁到现场安全的 9 个断面进行了 Rockfall 运动特征模拟分析[2]。

根据勘察资料及现场调查，拟分析边坡岩体性状以灰岩和白云质灰岩为主。其法向撞击恢复系数和切向撞击恢复系数参数见表 1。

表 1	边坡基本参数	
坡面类型	切向阻尼系数 Rt/SD	法向阻尼系数 Rn/SD
强风化岩	0.35/0.04	0.85/0.04

注　表中 Rt 为切向恢复系数、Rn 为法向恢复系数、SD 为标准偏差。

起落高程分别选择 W1～W9、W17、W19 等危岩体开挖扰动或存在岩体裂隙易发生落石危险的部位，距离坡脚高差 299～610m 之间。采用 50kg、500kg 块石进行模拟计算，其初始为自由滑落状态，初始速度 0 进行分析。

2.2 运动轨迹分析

2.2.1 落石运动距离模拟

根据不同高程危岩块石计算结果，相同重量的落石在坡顶（2230～2290m）、2100、1910m 不同起始高程滚落时，起始高程越高，计算落石落点水平距离距坡脚越大。进行的 50 次计算结果显示[3]，在起始高程为坡顶（2230～2290m）工况下，落石在下落过程中，发生了 2～3 次以弹跳为主的运动。第一次发生在 2110m 高程，第二次发生在 1865m 高程，第三次发生在坡脚位置；在起始高程为 2100m 工况下，落石在下落过程中，发生了 2 次弹跳运动，其他过程为滚动运动。第一次发生在 1770m 高程，第二次发生在 1710m 高程；在起始高程为 1910m 工况下，落石在下落过程中以滚动运动为主。落石运动轨迹见图 1～图 3。

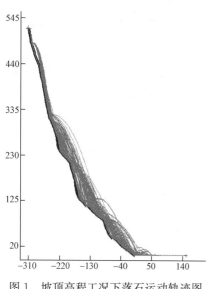
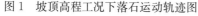
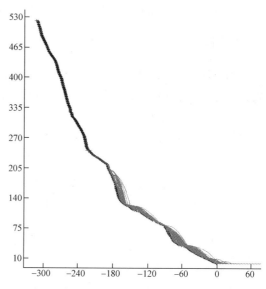

图 1　坡顶高程工况下落石运动轨迹图　　图 2　高程 1910m 工况下落石运动轨迹图

从落石运动轨迹图可以看出，不同起始高程工况下落石距坡脚水平距离相差较大。在起始高程为坡顶（2230～2290m）工况下，落石全部滚落至坡脚水平面上，距坡脚最小距离 9.3m，最大距离 109.7m，取落石量累计达 80% 的距离为参考，其值为 49.2m；在起始高程为 2100m 工况下，落石全部滚落至坡脚水平面上，距坡脚最小距离 7.8m，最大距离 70.6m，取落石量累计达 80% 的距离为参考，其值为 33.1m；在起始高程为 1910m 工况下，落石 8%～100% 停留在第二弹跳点下斜坡上，其余滚落至坡脚。落石距坡脚最小距离为 4.5m，最大距离 38.3m，取落石量累计达 80% 的距离为参考，其值为 17.9m。

2.2.2 工程实际落石统计

在前期的落石调查研究中，勘测设计给出的落石危害程度评分为 89 分，必须采取有

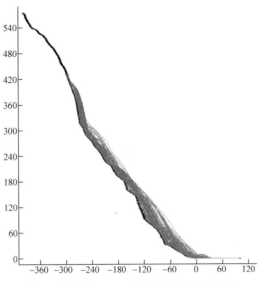

图 3 高程 2100m 工况下落石运动轨迹图

效措施进行落石防护。结合落石运动数值分析计算成果，在边坡进行开挖时，在边坡下面需划定危险区域，方可有效保证施工安全。

项目在边坡施工前对原始河床部位的落石进行了规律统计，实际落石统计数据见图4。从中可以看出，落石基本没有超出边坡脚 100m 范围，这与软件模拟分析结果相一致。

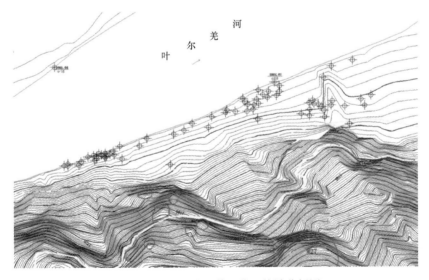

图 4 工程前期实际落石位置统计分析图

根据以上计算结果和数据统计，若不采取落石防护措施，在距坡脚 100m 范围内将产生较大落石安全风险，影响边坡下方坝体填筑及趾板浇筑、支护施工人员和设备安全。因此，需采取防护措施以防范落石风险。

3 防护方案设计

根据落石运动轨迹计算结果及现场实际情况，阿尔塔什水利枢纽右岸边坡选择主动网封闭＋被动网防护[4]，错时段工作组织的施工方案以确保工程施工安全及坝体填筑、高边坡处理工程进度。主、被动防护系统布置见图5。

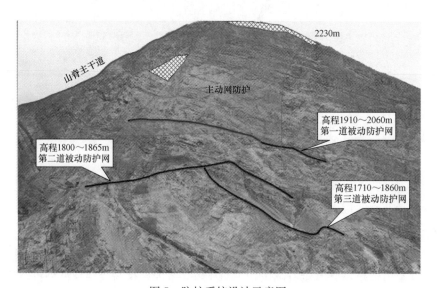

图5 防护系统设计示意图

3.1 施工组织

为确保施工安全，加快施工进度，在进行施工方案设计时，优化调整了不同工作组织关系。确定了优先进行高边坡危岩体开挖，并预留右岸100m范围缺口同步进行坝体填筑，随后完成主、被动网防护，以实现坝体平起填筑的施工方案。有效防范了边坡处理、落石危险对工程安全及进度方面的风险。

3.1.1 危岩体开挖与坝体填筑

危岩体开挖与坝体填筑施工存在立体交叉作业干扰，在进行危岩体爆破开挖时势必对坝体填筑产生不利影响。因此，首先进行边坡顶点高程2230～2290m处危岩体开挖，然后按高程逐级进行不同危岩体处理。同时，在最顶面2230～2290m危岩体处理完成后开始进行坝体填筑，施工时优先填筑靠左岸部位坝体，划分右岸坡脚100m范围内为落石危险区，待所有危岩体处理完成后再进行右岸坝基处理和坝体填筑，最终实现坝体均衡上升。

3.1.2 高边坡支护与趾板施工

根据落石运动特征计算结果，在1910、2100m起始运动高程工况模拟条件下，均有部分落石落点距离距坡脚较小。这将对趾板混凝土浇筑、边坡支护及成品保护带来不利影响。因此，除设置主、被动防护系统外，在进行趾板混凝土浇筑时还设置有移动防护棚以防范落石，并在1865m平台锚索支护、1910～2230m主动防护网施工期间采用木板对已

浇筑完成趾板混凝土进行成品保护。

3.2 被动防护系统设置

在危岩体开挖处理完成后为给下方坝体填筑创造良好的施工条件，选择在落石运动轨迹计算结果中的三处弹跳点高程设置被动防护网[5]。第一道被动防护网位于 2110m 高程附近，主要防范来自 2110m 高程以上落石；第二道被动防护网位于 1865m 高程附近，主要防范来自 1865m 高程以上落石及"V"形冲沟内少量堆积体；第三道被动防护网位于 1710m 高程附近，主要防范来自 1865m 平台下方坡积体可能产生的落石。防护网设计高度 5m，防护范围根据危岩体处理范围，从坝轴线位置开始至上游围堰下游坡脚结束，总防护长度约 370m。

3.3 主动防护系统设置

根据高边坡危岩体处理范围、现场地质情况及落石运动特征。边坡 1910～2230m 高程范围内边坡属危岩体开挖处理扰动区域，且与坝基高差较大，一旦发生落石将对下方坝体填筑、趾板支护及已浇筑完成趾板产生较大影响，因此，对该区域选择采用主动防护系统进行封闭。此外，为避免锚索施工过程中对原始边坡扰动产生大量落石，对 1865～1910m 高程范围内裂隙发育区域采用主动网进行了局部封闭。

4 结语

（1）通过落石运动轨迹分析可知，边坡落石可能落点距离与起始运动高程呈正向变化关系。取落石量累计达 80% 的落点距离为参考，起始高程为坡顶 2230～2290m 工况下，其值为 49.2m；起始高程为 2100m 工况下，其值为 33.1m；起始高程为 1910m 工况下，其值为 17.9m。

（2）根据现场实际情况确定的"主动网封闭＋被动网防护，错时段施工组织"防护施工方案有效地保证了右岸危岩体开挖与处理、坝体填筑、趾板浇筑、坝基灌浆施工安全及进度。期间未发生一起落石伤人事件，各项节点工期均按期完成。

参考文献

[1] 许德顺，李亚军，栗浩洋. 阿尔塔什水利枢纽工程高边坡危岩体治理方案 [J]. 四川水力发电，2019，38（3）：37-40.

[2] 杨海清，周小平. 边坡落石运动轨迹计算新方法 [J]. 岩土力学. 2009（11）：3411-3416.

[3] 赵秋林. 兰渝铁路范家坪隧道出口危岩落石分析及防护设计 [J]. 铁道标准设计，2017，61（10）：137-140.

[4] 郭书云. 石太线路基边坡危岩落石整治方案研究 [J]. 铁道标准设计，2014，58（2）：4-7.

[5] 姚建伟，王瑞琪. SNS 柔性防护系统在危岩落石防护中的应用 [J]. 华中科技大学学报（城市科学版），2006，23（增刊 1）：46-47.

作者简介

唐德胜（1990—），男，工程师，主要从事水电工程施工质量与科技管理工作。E-mail：529732225@qq.com

刘东方（1970—）男，工程师，主要从事水利水电工程施工质量管理工作。E-mail：632104538@qq.com

李少波（1985—），男，工程师，主要从事水利水电工程施工技术与管理工作

南欧江七级水电站导流洞永久封堵体
结构稳定设计

曹登荣[1]，李剑萍[1]，陈新根[2]，孙文召[1]

［1. 中国电建集团昆明勘测设计研究院有限公司，云南省昆明市　650000；

2. 华东勘测设计院（福建）有限公司，福建省福州市　350001］

［摘　要］　为确保导流洞永久封堵体的施工安全、降低施工风险，南欧江七级水电站采用临时堵头＋永久堵头的方式。设计依据相关标准和规范要求对永久封堵体的抗滑稳定进行计算，永久封堵体的长度取 38m。结合有限元对封堵体的应力应变分析成果，在封堵体迎水面布置钢筋网，并对对导流洞永久封堵体全断面增设锚杆。

［关键词］　导流洞；封堵体；抗滑稳定；有限元；南欧江七级

1　工程概况

南欧江七级水电站位于老挝丰沙里省境内，为一等大（1）型工程。枢纽建筑物主要由混凝土面板堆石坝、左岸溢洪道、左岸引水发电系统、右岸泄洪放空洞等组成。工程采用围堰一次断流，基坑全年施工的隧洞导流方式。导流建筑物等级为 4 级，围堰设计挡水标准为 20 年重现期洪水，相应设计流量为 2290m³/s。工程共布置 1 条导流洞，导流洞位于右岸，进口底板高程 511m，出口底板高程 509m。进口明渠长约 50m，末端设进水塔，进水塔内设置 1 孔 1 扇封堵闸门及其启闭机。

2　永久封堵体位置选择

导流洞封堵体关系到整个工程的运行安全，结构设计主要要求为结构稳定性与防渗效果。根据南欧江七级的下闸蓄水规划，为确保导流洞永久封堵体的施工安全、降低施工风险，导流洞采用临时堵头＋永久封堵体的方式。导流洞下闸后 20 天时间内完成导流洞临时堵头施工，为永久封堵体施工和水库蓄水创造条件。结合大坝帷幕线的布置，导流洞永久封堵体布置于大坝帷幕灌浆线，位于隧洞中部的Ⅲ1、Ⅲ2、Ⅳ类围岩段，其桩号为导 0＋330m～导 0＋368m，最大开挖断面宽 10m，高 14.3m。

3　导流洞封堵体抗滑稳定计算

3.1　基本假定

（1）堵头挡水后，水压力经堵头传递到堵头与围岩或堵头与原衬砌混凝土的接触面上。

（2）堵头与原衬砌混凝土及围岩均假定为线弹性连续体。

（3）经过凿毛后，堵头与原混凝土之间的接触面是连续的。

（4）原混凝土与围岩之间的接触面是连续的。

（5）围岩及堵头内渗透水压力忽略不计。

（6）剪应力沿接触面均匀分布。

（7）实际存在的地应力、围岩高低不平及堵头前段的楔形体布置等作为安全储备不参与计算。

3.2 永久封堵体抗滑稳定计算

永久封堵体的抗滑稳定采用承载力极限状态进行设计，柱状封堵体的抗滑稳定公式[1,2]：

$$\gamma_{\circ} \psi S(\cdot) \leqslant \frac{1}{\gamma_{d}} R(\cdot) \tag{1}$$

其中作用效应函数：

$$S(\cdot) = \sum P_{R} \tag{2}$$

抗滑稳定抗力函数：

$$R(\cdot) = \frac{f_{R} \sum W_{R}}{\gamma_{mf}} + \frac{C_{R} A_{R}}{\gamma_{mc}} \tag{3}$$

抗滑稳定计算主要对封堵体的校核水位、设计洪水位工况和设计洪水位遭遇地震工况进行计算，表1列出了计算工况及主要荷载组合。

表1　　　　　　　　　　　封堵体计算工况及主要荷载

项目	工况	荷载组合
正常工况：设计洪水位635m	按衬砌混凝土与封堵体混凝土接触计算封堵体长度	水推力+堵头自重+扬压力
	按衬砌混凝土与围岩接触计算封堵体长度	
非常工况Ⅰ：校核洪水位636.91m	按衬砌混凝土与封堵体混凝土接触计算封堵体长度	
	按衬砌混凝土与围岩接触计算封堵体长度	
非常工况Ⅱ：正常水位635m+地震	按衬砌混凝土与封堵体混凝土接触计算封堵体长度	水推力+堵头自重+扬压力+地震效应（水平向地震惯性力+动水压力）
	按衬砌混凝土与围岩接触计算封堵体长度	

抗滑稳定分析主要考虑两部分：①封堵体混凝土与围岩之间的抗滑稳定性；②封堵体混凝土与衬砌之间的抗滑稳定性。封堵体的抗震计算按照《水电工程水工建筑物抗震设计规范》（NB 35047—2015）有关规定进行计算。主要考虑地震惯性力和地震动水压力。主要计算参数取值见表2。

表2　　　　　　　　　　　主要计算参数表

基本计算参数	单位	正常工况	校核工况	地震工况
上游水位	m	635	636.91	635
封堵体进口高程	m	513.956	513.956	513.956
底板部分有效系数		1	1	1

续表

基本计算参数	单位	正常工况	校核工况	地震工况
边墙部分有效系数		0.7	0.7	0.7
混凝土浮容重	kN/m³	14	14	14
摩擦系数的材料性能分项系数		1.7	1.7	1.7
黏聚力的材料性能分项系数		2	2	2
结构重要性系数		1.1	1.1	1.1
结构系数		1.5	1.5	1.5
设计状况系数		1	0.95	0.85
水平向设计地震加速度代表值		—	—	0.25g

经计算，限制性工况为：正常工况下按衬砌混凝土与围岩接触计算封堵体长度，计算结果为 36.1m，综合考虑后导流洞永久封堵体的长度取 38m。导流洞封堵体结构图见图 1。

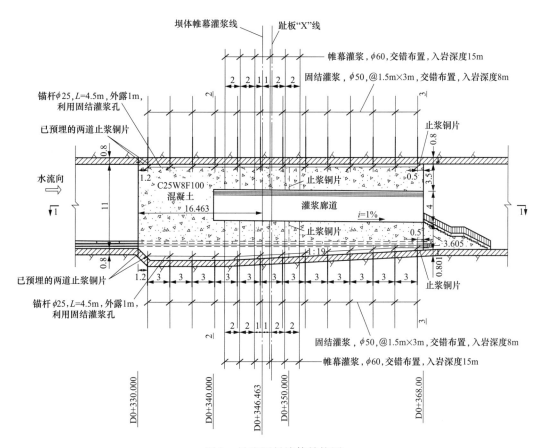

图 1　导流洞封堵体结构图

4 永久封堵体有限元计算

根据已建工程封堵体的应力监测成果分析，封堵体受力时出现剪力不均和应力集中情况，对南欧江七级水电站工程的高水头，大断面的封堵体，宜采用有限元法进行封堵体的应力应变分析，为封堵体具体体型设计提供必要的科学依据。

4.1 基本假定

（1）假定混凝土、围岩均为各向同性均质线弹性体。

（2）混凝土与围岩为接触良好的线弹性体。

（3）围岩及封堵体内渗透水压力忽略不计。

（4）初始地应力对封堵体结构的影响忽略不计。

4.2 计算模型

有限元计算时，永久封堵体周边的岩体范围取 3 倍洞径，以便能满足计算精度的要求。基础部分底部为三向约束，侧面施加相应法向链杆约束。计算中考虑的主要荷载有自重、外水压力。

假定顺水流方向为 z 向，竖向为 y 向，垂直 zy 向为 x 向，计算模型如图 2 所示。

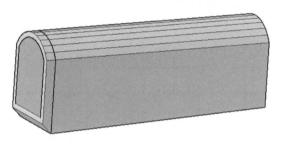

图 2　永久封堵体有限元计算模型

本次计算采用有限元程序，程序系采用由牛顿——拉普森平衡迭代法，它将荷载分成一系列的荷载增量。可以在几个荷载步内或者在一个荷载的几个子步内施加荷载增量。在每次求解前，牛顿——拉普森方法估算出残差矢量，这个矢量是回复力（对应于单元应力的荷载）和所加载的差值，然后使用非平衡荷载进行线性求解，且核查收敛性。如果不满足收敛准则，重新估算非平衡荷载，修改刚度矩阵，获得新解，使在每一个载荷增量的末端解达到平衡收敛。

4.3 计算结果

永久封堵体有限元计算选取正常蓄水位工况、校核水位工况对封堵长度进行计算分析，主要计算成果见表 3。

永久封堵体的有限元计算成果表明：

（1）导流洞永久封堵体混凝土在局部出现了较大的拉应力，最大拉应力区域出现在迎水面周边，最大主拉应力值为 1.87MPa，局部区域超过混凝土的抗拉强度设计值，封堵体其他部位拉应力值均小于混凝土的抗拉强度设计值；最大压应力区域出现在封堵体迎水面中下部位，最大主压应力值为 2.68MPa；最大剪应力区域出现在封堵体的迎水面两侧

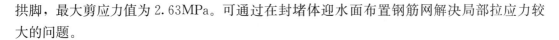

拱脚，最大剪应力值为 2.63MPa。可通过在封堵体迎水面布置钢筋网解决局部拉应力较大的问题。

表 3 封堵体计算长度成果表

项目		正常水位工况	校核水位工况
XY 向剪应力	数值（MPa）	2.62	2.63
	出现部位	迎水面两侧拱脚	迎水面两侧拱脚
YZ 向剪应力	数值（MPa）	1.2	1.21
	出现部位	迎水面两侧拱脚	迎水面两侧拱脚
XZ 向剪应力	数值（MPa）	0.51	0.52
	出现部位	迎水面两侧拱脚	迎水面左右两侧
第一主应力	数值（MPa）	1.85	1.87
	出现部位	迎水面周边	迎水面周边
第三主应力	数值（MPa）	2.64	2.68
	出现部位	迎水面中下部位	迎水面中下部位

（2）导流洞封堵体混凝土与围岩接触面上，封堵体绝大部分拉应力值低于混凝土的抗拉强度设计值，最大拉应力区域出现在迎水面周边，最大主拉应力值为 1.87MPa；最大压应力区域出现在封堵体迎水面底部附近，最大主压应力值为 2.68MPa；最大剪应力区域出现在封堵体的迎水面左右两侧，最大剪应力值为 2.63MPa；但只是出现在局部表层，绝大部分接触面的剪应力值较小，基本满足混凝土与围岩间抗剪断强度要求。可通过在围岩与封堵体之间设置锚杆，增加接触面抗拉强度。

（3）沿洞轴线顺水流方向导流洞封堵体应力值呈递减趋势，且递减趋势明显。

2021 年 2 月 1 日导流洞下闸，水库开始蓄水。安全监测成果显示，导流洞永久封堵体处于稳定状态，封堵体结构是安全的。

5 结论

为确保导流洞永久封堵体的施工安全、降低施工风险，南欧江七级水电站采用临时堵头＋永久堵头的方式。设计依据相关标准和规范要求对永久封堵体的抗滑稳定进行计算，永久封堵体的长度取 38m。结合有限元对封堵体的应力应变分析成果，在封堵体迎水面布置钢筋网，并对导流洞永久封堵体全断面增设锚杆。本工程的永久封堵体设计方案对后续电站的永久封堵体的结构稳定设计具有较大的借鉴指导意义。

参考文献

[1] NB 10391—2020，水工隧洞设计规范［S］.
[2] DL/T 5057—2009，水工混凝土结构设计规范［S］.
[3] 曹登荣，张燚. 导流洞封堵体及金属结构安装单位工程验收设计报告［R］.2021.

作者简介

曹登荣（1992—），男，工程师，主要从事水利水电勘察设计相关工作。E-mail：1040435233@qq.com

安 全 监 测

糯扎渡水电站水库蓄水后岸坡变形破坏规律探讨

安可君，赵培双[1]，普中勇[1]，汪志刚[2]，简云忠[1]，段必辉[1]

(1. 华能澜沧江水电股份有限公司糯扎渡水电厂，云南省普洱市　665005；

2. 中国水电顾问集团昆明勘测设计研究院，云南省昆明市　650051)

[摘　要]　水库蓄水后岸坡的坍塌变形、失稳破坏已成为影响水利水电工程安全运营的关键问题，由于坍岸具有短时性、突发性、剧烈性等特点，引发的地质灾害将对枢纽工程的运行安全、下游工程及城镇防洪安全和库区人民的生命财产安全将产生严重不利的影响。糯扎渡电厂库区范围广，库岸地质条件复杂，岸坡塌岸问题普遍而突出，根据岸坡地质结构特征、库岸再造范围及库岸变形破坏特征，结合监测资料对重点岸坡变形分析的基础上，针对水库蓄水前后岸坡变形破坏与空间位置、地形地貌、地层岩性、岸坡结构的发育特点，初步探讨了糯扎渡高坝大库水库蓄水后库岸变形破坏随时间的发展演化规律，评价了典型库岸稳定性的发展演化趋势，总结了水库岸坡再造一般规律，相关结论也可对同流域和类似的高山峡谷型岸坡变形破坏预测评价提供一定的参考和借鉴。

[关键词]　糯扎渡水电站；坍塌变形；失稳破坏；蓄水

我国西南地区地处高原东部边缘地带，构造背景复杂，活动断裂发育，高山峡谷地貌特征突出。由于地质条件的差异性、工程勘察期间评价的准确性以及库周人类生产活动的影响等因素的综合作用，库岸物理和化学风化作用以及卸荷效应较强，水库蓄水后，在水和波浪的长期作用下，很大程度上改变对库岸稳定有重要影响的水文地质条件，库区渗流场的这种改变易引发地质条件发生变化，易造成地质灾害的产生和由此带来的经济损失和人身伤亡的风险，水库岸坡的坍塌变形已成为影响水利水电工程安全运营的关键问题。大量研究表明，库水位的反复涨落引起岩（土）体应力改变，易导致库岸失稳产生坍塌和变形，或造成已有滑坡复活、新滑坡的产生。近年来，随着澜沧江、金沙江、大渡河、岷江流域等一批高坝大库水电工程相继蓄水发电，库水位的涨落也引起了该地区库岸坍塌、滑坡、泥石流等不良地质灾害、较大范围的基岩岸坡变形和已有滑坡复活、新滑坡的产生。相关学者针对该问题进行了针对性研究[1-12]，或通过试验分析和稳定性计算，探究边坡破坏机理；或通过岸坡变形破坏模式及其诱发因素，研究岸坡变形破坏随时间的发展演化规律，进而库岸稳定性作出分段分类进行评价；或从材料力学特性，探究库水位升降过程中水—岩作用机理。这些研究大大丰富了工程地区乃至流域水库库岸的稳定性分析和安全性评价的内容，对于工程蓄水验收和安全鉴定提供了技术支撑和科学评价的依据，但均未涉及糯扎渡电站高坝大库水库蓄水前后岸变形破坏特征与规律，以及库岸再造、失稳演变对工程运行期的安全稳定运行的影响分析等。

糯扎渡水电站水库区处于高山峡谷和强烈构造活动环境的西南地区，地质环境极其脆弱，地质条件极其复杂，岸坡塌岸问题普遍而突出。库岸稳定问题是糯扎渡水电工程的重大环境工程地质问题，也是糯扎渡水电工程在运行期及以后一定时期内需要认真对待的重大问题之一。电站自 2011 年 11 月下闸蓄水以来，水库经过 5 次正常调度运行以及高水位变幅（45m 左右）的考验，新增库岸塌滑体数量和规模有逐年上升趋势。另外，受施工期滑坡调查的局限性，以及滑坡稳定分析、计算中存在一定的不确定性因素，可能导致计算结果有一定程度的误差，所以有必要对滑坡体及稳定性欠佳库段进行实地调查与稳定性复核和评价。

1 糯扎渡库区概况

1.1 工程概况

糯扎渡水电站位于云南省普洱市思茅区和澜沧县交交界处的澜沧江下游干流上，是澜沧江中下游梯级水电站"两库八级"开发方案中的第五级。电站装机容量 585 万 kW（9×65 万 kW），水库总库容 237.03 亿 m³，为不完全多年调节水库，干流澜沧江回水至大朝山，库长 215km，库区较大支流右岸小黑江、右岸黑河和左岸小黑江，库长分别为 37km、32km、100km。水库淹没总面积 322.67km²，水库库岸总长度 1842km。水库淹没共涉及普洱市的思茅、宁洱、景谷、镇沅、景东、澜沧等 6 个县（区）和临沧市的临翔、双江、云县等 3 个县（区），涉及 32 个乡（镇）113 个村民委员会 597 个村民小组，移民约 4 万余人。

1.2 库区地质条件

依据昆明院前期资料[13,17,18]，糯扎渡库区地貌属滇西纵谷山原区之永平～思茅中山峡谷亚区范畴，总体地势北高南低，两岸山体一般高程 1500～2000m，峰谷相对高差多大于 1000m。库区澜沧江干流河谷除局部河段较开阔外，两岸山坡坡度一般 30°～40°，局部大于 45°。库区岩浆岩、沉积岩、变质岩三大岩类均有分布，且澜沧江及其支流的两岸冲沟发育、切割强烈，库区沿江冲沟统计见表 1。在 1200m 高程以下多为"V"形谷。河流阶地不发育，仅局部分布Ⅰ～Ⅲ级阶地。库区物理地质作用较强烈。除冲沟发育，地形切割强烈外，主要表现形式为风化、卸荷、冲刷、滑坡、崩塌、泥石流等。

表 1　　　　　　　　　　　库区冲沟统计表

冲沟（条）	位置	发育频率（条/km）	水平切割深度（m）	描述
83	干流段左岸	0.38	250～600	冲沟一般成"V"形，垂直切割深度较大，一般在花岗岩大面积出露的库岸，覆盖层及全、强风化层深厚
96	干流段右岸	0.45	350～600	
24	右岸黑河库段	0.75	<400	
36	右岸小黑江库段	1	<500	
86	左岸小黑江库段	0.86	200～550	

注　沿江冲沟按长度大于 1km 统计。

1.3 岸坡地质结构类型

糯扎渡水电站规模大，库区范围广，地处西南区域地质构造不稳定地区，库区地质构造、地形地貌复杂，地层岩性差异大，库岸形态和结构多变。根据库区两岸坡分布的岩性和物理地质作用及结构面发育程度等，将库岸结构分为松散介质岸坡、均质块状结构岸坡和层状结构岸坡。糯扎渡水电站库坝区所处的工程地质环境条件的是具有复杂的地貌景观、活跃的岩石圈动力环境、复杂的场地地质条件、极不均匀的降雨分布及退化的生态环境等特征等。特殊的工程地质环境，造就了库区岸坡独特的工程地质条件。按上述划分原则，糯扎渡库区岸坡分段统计情况见表 2。

表 2 库区岸坡分段情况统计表

序号	岸坡类型	长度（km）	占澜沧江干流总长比例（%）	分布情况	备注
1	松散介质岸坡	93.3	47.0	主要分布在护坑河～尖山村、斗阁河～辣子箐库段	
2	均质块状结构岸坡	35.9	18.1	主要分布在大朝山～戛里河、忙懒河～马台渡口库段	
3	层状结构岸坡	69.4	34.9	主要分布在戛里河～忙懒河、尖山村～斗阁河、辣子箐～小黑江汇口处；左岸支流黑江、右岸支流小黑江库段此类岸坡也有分布	支流总长度约62km

注 澜沧江干流大部属纵向谷，岩层为右岸倾向左岸，故在江右岸多表现为顺向岸坡，左岸为逆向岸坡。横向岸坡多分布于支流上，在干流上长只有 5.3km，在右岸支流小黑江及左岸支流黑江库段，总长度约 28.9km。斜向岸坡多分布在右岸支流小黑江两岸及左岸支流黑江库段，在干流上长约 10.9km，在支流上总长度约 85.9km。

1.4 岸坡变形破坏特征

影响岸坡变形破坏的因素较多，如岩石（土）性质、地形地貌、水文地质条件、岩体风化程度、岸坡结构、构造、裂隙及地震作用以及人类活动等。岸坡地质结构类型也决定了破坏特征的差异和规模的大小。

松散介质岸坡，岩体风化程度相对较深，表部覆盖层较厚，组成物质主要为深厚的全风化形成的黏土及粘粉质砂土类，呈均质散体结构。破坏形式以地表冲刷、表层坍滑作用为主，较松散，易冲刷。新、老的崩塌、滑坡体较多，且规模较大，为糯扎渡库区统计的坍塌体主要类型。

均质块状结构岸坡，一般覆盖层、全风化较浅。岩体多呈块状结构。其破坏形式主要受结构面控制，表现形式多样，主要小规模坍塌。

层状结构岸坡，原生结构面及片理面为岸坡变形破坏的主要控制面，河流或岸坡的走向与结构面走向关系又决定着岸坡的破坏类型和程度[13,17,18]。顺向岸坡主要破坏形式以崩塌、滑动为主。逆向岸坡，相对较稳定，其破坏形式主要是崩塌、倾倒。横向岸坡，库岸较稳定，局部有小坍塌。斜向岸坡，主要以不利结构面组合的坍滑为主。

2 水库蓄水与岸坡变形

2.1 水库蓄水

第一阶段，2011 年 11 月 1、2、3 号导流洞下闸封堵，水库开始初期蓄水。

第二阶段，当水库水位蓄至高程 672.50m 时，分步进行 4、5 号导流洞下闸封堵，至水库水位蓄至高程 765.00m。

第三阶段，2012 年 9 月下旬，水库从高程 765.00m 开始蓄水，至 2013 年 10 月下旬水库首次蓄水至正常水位 812m 高程，水库库容约 217.78 亿 m³，完成第三阶段蓄水。

2014 年以来，糯扎渡水库与小湾水库共同发挥"调峰补枯"调节作用，枯期逐步消落水库向下游补水，汛期拦蓄洪水并逐步蓄至正常蓄水位附近，下游水位基本保持在 591.60～611.43m 之间。

2.2 岸坡变形

在糯扎渡水电站工程蓄水前、蓄水中、库水位维持在 775.00m 左右、蓄水至正常水位 812.00m，以及在其后的水位消落至 787.00m 过程中，糯扎渡水电厂联合昆明院多次对水库库岸稳定性进行了巡视检查和地质调查，所及范围达全库区干流与支流。蓄水初期库岸再造过程中发生的坍塌体经过多年巡检未发生明显变形趋势。水库正常调蓄期间多次巡检发现，新增的库岸失稳变形有崩塌、塌岸、滑坡和松散堆积体等不良地质现象，广泛出现库区各段的受澜沧江断裂影响的全强风化层、全风化层、崩坡积、残坡积堆积土质岸坡等松散介质岸坡[14]，以小型坍塌失稳最为常见，局部岸坡出现变形、蠕动、滑坡（新增滑坡体统计见表3），塌岸宽度一般均大于塌岸高度。

表 3　　　　　　　　　　　　新增滑坡体统计表

坍塌体（个）	位置	坍塌体描述	地形地质结构	变形破坏现状	坍塌体评价
1	新城农场下游侧 3 号坍塌体	松散堆积体	自然山坡前缘较陡，坡度大于 40°，结构面发育，组成物质松散	塌岸、上游侧基岩裸露	已趋稳定
1	新城农场下游侧 4 号坍塌体	松散堆积体	工程前期弃渣堆积体，岸坡疏松	坍塌	已趋稳定
1	新城农场下游侧 5 号坍塌体	松散堆积体	工程前期弃渣堆积体，岸坡疏松	坍塌	已趋稳定
1	二期拦污漂右岸坍塌体	松散堆积体	自然山坡前缘较陡，坡度大于 40°，结构面发育，组成物质松散	塌岸	已趋稳定
1	H7 附近	块石、碎石和黏土的混合滑坡	自然山坡前缘较陡，坡度大于 40°，结构面发育，组成物质松散	小规模坍塌	坍塌体周围无人员居住，对水库安全无影响

坍塌体（个）	位置	坍塌体描述	地形地质结构	变形破坏现状	坍塌体评价
1	澜沧江干流右岸（H17 滑坡体对岸，距坝址约 38km）	小规模坍塌，块石、碎石和黏土的混合滑坡	自然山坡前缘较陡，坡度大于 40°，结构面发育，组成物质松散	新、老的崩塌、滑坡体较多，且规模较大	坍塌体周围无人员居住，对水库安全无影响
1	澜沧江干流右岸（距坝址约 38km 下游）	小规模坍塌，块石、碎石和黏土的混合滑坡	自然山坡前缘较陡，坡度大于 40°，结构面发育，组成物质松散	新、老的崩塌、滑坡体较多，且规模较大	坍塌体周围无人员居住，对水库安全无影响
1	澜沧江干流右岸（H21 滑坡体对岸，距坝址约 56.5km）	松散介质岸坡	自然山坡较陡，表部覆盖层较厚，花岗岩风化强烈，组成物质松散，局部属于土质边坡	新、老的崩塌、滑坡体较多，且规模较大	已趋稳定
18	澜沧江干流南德坝段（距坝址约 66~84km）	松散介质岸坡	花岗岩风化强烈，滑体及附近岩层破碎、松散，现代冲沟向源侵蚀作用强烈，顺坡结构面极为发育	小规模坍塌	库岸再造过程，周围无人员居住，对水库安全无影响
22	澜沧江干流（距坝址 105~125km）	松散介质岸坡	花岗岩风化强烈，滑体及附近岩层破碎、松散，现代冲沟向源侵蚀作用强烈，顺坡结构面极为发育	小规模坍塌	库岸再造过程，周围无人员居住，对水库安全无影响
3	右岸黑河坍塌体（距坝址 26、29、31km 各一处）	松散介质岸坡	花岗岩风化强烈，滑体及附近岩层破碎、松散，现代冲沟向源侵蚀作用强烈，顺坡结构面极为发育	松散堆积体小规模坍塌	已趋稳定
1	左岸小黑江坍塌体（距坝址 56km）	古滑坡体，滑坡后缘有明显错台，错距 3~5m	花岗岩风化强烈，组成物质松散，滑坡体物质为碎块石夹土	松散堆积体大规模坍塌	库岸再造过程，周围无人员居住，对水库安全无影响
1	左岸小黑江坍塌体（距坝址 60km）	松散介质岸坡	碎块石和坡积土组成	松散堆积体大规模坍塌	已趋稳定
1	左岸小黑江坍塌体（距坝址 61km）	松散介质岸坡	碎块石和坡积土组成	松散堆积体大规模坍塌	已趋稳定

注　近坝库段新增坍塌体已基本趋于稳定；干流距坝址 66~84km、105~125km 范围新增坍塌体每年均有上升趋势；临翔区马台坝段以上新增坍塌体未统计，坍塌体周围无人员居住，对水库安全无影响；支流新增坍塌体除上表统计外，其余库段数量少，方量不大，周围无人员居住，未统计。

3 库岸稳定性评价

3.1 地质灾害点分级

水库的运行过程也是库岸再造过程，在自然状态下处于整体稳定状态的滑坡，蓄水后虽不会发生整体失稳，但在库水浸泡及风浪、水流的冲蚀作用及库水反复升降作用下可能发生局部解体、小规模的坍塌等，岸坡稳定性降低。

针对糯扎渡库区地质灾害点多、分布范围广的情况，根据地质灾害点所处位置（距坝址的位置）、稳定情况（稳定系数）、发展规模（方量）和对枢纽工程的危害程度及对附近居民点的影响等因素，对糯扎渡库区地质灾害点进行分级管理，分特大地质灾害点、重要地质灾害点、一般地质灾害点。其中，特大地质灾害点共计 2 处，为澜沧江干流段 H_6 古滑坡和黑河段 H_{13} 古滑坡；重要地质灾害点 18 处；一般地质灾害点 40 处。

3.2 库岸稳定性分段综合评价

根据库岸地形地貌特征、地层岩性、岩石强度、岩体风化程度、库岸结构类型、岩体结构特征、坡体变形破坏程度及水文地质条件等因素，将库岸稳定程度分为四类[15,16]。各类稳定性库岸特征如下：

（1）稳定（Ⅰ）。自然山坡较平缓，或地形虽然较陡，但表部覆盖层薄，基岩多裸露，岩石坚硬，岩体完整，无不利的结构面。多为块状均质岸坡、逆向岸坡或横向岸坡。岸坡完整，崩塌、滑坡等不发育。

（2）基本稳定（Ⅱ）。自然山坡较缓或稍陡，表部覆盖层较薄，无不利的结构面，多为斜向坡。岸坡稳定性较好，崩塌、滑坡体少见。

（3）稳定性较差（Ⅲ）。自然山坡较陡，表部覆盖层较厚，为顺向坡或为风化较深的均质块状边坡。除发育小规模的崩塌、滑坡外，还见有较大规模的古滑坡体分布。

（4）稳定性差（Ⅳ）。自然山坡较陡，表部覆盖层较厚，风化强烈，顺坡结构面极为发育，且延续性好，或为均质散体岸坡。新、老的崩塌、滑坡体较多，且规模较大。

对比工程前期地质资料和巡视检查，干流库岸大部分属基本稳定库岸，稳定性较好。稳定性较差的库岸主要为全强风化深度很大的花岗岩、花岗岩片麻岩、顺向岸坡的沉积砂泥岩库段及受深风化和片理控制的变质岩库段，大断裂通过部位也为稳定性较差库段。近坝库段岸坡风化总体较浅，靠近坝址段的花岗岩沉角砾多为弱风化、强风化，全风化极少；黑河支流右岸风化相对较深，全强风化深度一般十几米至三十几米，左岸较浅，全强风化深度一般几米至十几米；右岸支流小黑江库段分布的岩性主要为微晶片岩、板岩等，该类岩石风化程度较深，且片理发育，岸坡稳定性总体稳定性较差；左岸支流小黑江库段主要为沉积地层，风化程度一般较浅，岸坡稳定性以基本稳定库岸为主，有少量稳定库岸和稳定性较差库岸。

当岸坡覆盖层及全风化厚度小于 5m、地形坡度小于 30° 时，岸坡塌岸影响范围一般在 1479～1485m 之间；当地形坡度大于 30°，塌岸影响范围一般在高程 1482～1490m 之间。当岸坡覆盖层及全风化厚度大于 5m、地形坡度小于 30° 时，岸坡塌岸影响范围一般 1480～1500m；地形坡度大于 30°，岸坡塌岸影响范围一般 1490～1510m。

3.2.1 近坝库段库岸稳定性评价

近坝库段岸坡以基本稳定为主，靠近坝址 5km 为稳定库段，黑河下游右岸约 6km 的库岸为稳定性较差的岸坡。经统计，库区近坝库段干流及黑河回水范围内总长约 64km 的岸坡中，有 2 个稳定性较差库段，总长约 13.4km，占总库岸长的 21%；3 个相对稳定库段，总长约 39.8km，占 62%；稳定库段 10.8km，占有 17%。水库蓄水后，从近坝库段总体来看，库岸产生小规模的坍塌和再造是存在的，基本出现在以松散介质岸坡为主，塌岸宽度一般均大于塌岸高度，塌岸局部且方量很小，对电站安全运行不构成威胁。

3.2.2 远坝库段库岸稳定性评价

远坝库段干流大部分为基本稳定库岸，水库蓄水后一般不会发生较大规模失稳。花岗岩分布地段的部分库岸，风化强烈，稳定性较差，主要为团田～芒地河右岸（距离坝址 72.4～91km）、那玉～兴华左岸（距离坝址 148～156km）库段。远坝库段右岸小黑江库段以变质岩为主，风化强烈，小型滑坡较发育，帮歪～库尾左岸库段（长度约 17.2km）为稳定性差库岸。远坝库段左岸黑江库段以沉积岩为主，岩性以砂泥岩为多。以泥岩为主的顺向谷库段，蓄水后岸坡稳定性变差，为稳定性较差库段。威远江习俄～益智（长度 13.2km）、黑江有四段（那糯河～光山、马鞍山～怕叠、岔江～平掌寨、江边～黑江库尾，总长度 37.6km）为稳定较差的库段。

（1）干流远坝库段。糯扎渡水库回水长约 215km，库区两岸坡分布的地层岩性十分复杂，三大岩类均有分布，各类岩体风化差异较大，岸坡地形坡度陡缓不均，其破坏形式主要是崩塌、倾倒，或以不利结构面组合的坍滑为主。干流以基本稳定库岸为主，约占 75%；稳定性较差库岸约占 16.4%，稳定库岸约占 8.6%，没有稳定性差的库岸[17]。

（2）支流远坝库段。库区支流及冲沟很发育，较大的支流右岸有小黑江、黑河、左岸有小黑江（上游为威远江）等。支流地形、地质条件复杂，岩性差异较大，地质构造发育，岩体风化剥蚀强烈。库岸覆盖层厚度差异较大，岸坡结构复杂。根据库岸稳定分类原则，澜沧江各支流库段，以基本稳定库岸为主，约占 45.7%；稳定性较差库岸次之，约占 40.4%，稳定库岸及稳定性差的库岸均较少，分别占 9.2% 和 4.7%。

3.3 重点库岸边坡变形分析

古滑坡体 H_6、H_{13} 附近有人员居住且距坝址相对较近，分别为 7km 和 10km，属特大地质灾害点，滑坡方量较大，安全稳定系数相对较低。根据蓄水阶段安全鉴定意见，2012 年 12 月安装了 GNSS 自动化变形监测系统，实时监控滑坡变形情况。

H_6 滑坡体主滑方向布置有 3 条监测剖面共 6 个 GNSS 监测点，H_{13} 滑坡体布置有 2 个 GNSS 监测点。监测数据显示，滑坡体各测点累计变形不大，未见快速增长迹象，H_6 监测点累计水平合位移最大值 103.2mm，垂直位移介于 -66.5～12.1mm，H_{13} 监测点累计水平合位移最大值 42.0mm，垂直位移介于 -4.8～34.0mm。监测资料分析可知，目前变形均已基本趋于收敛。

3.4 库岸再造复核评价

蓄水初期，库岸再造较多，但规模小，随着蓄水水位上升，绝大部分已淹没在死水位以下，根据蓄水过程水库巡视结果分析，位于死水位以上的库岸再造已逐步减少，前期已发生的坍塌体经过多年巡检未发现明显变化趋势，仅有局部受库水位和降雨影响发生了不同规模的坍塌，但由于体量不大，距离坝址较远，对大坝安全无影响。库岸再造现象多集中在花岗岩全强风化分布的岸段，基本以松散介质岸坡、顺向岸坡及受断层影响的岸坡为主，主要分布在南德坝至团田的干流右岸，其余多零星分布在团田上游花岗岩段。近坝干流段库岸再造点较少，主要由于近坝岸坡岩性多为砂岩、粉砂岩等沉积岩类。正常蓄水位以上的库区内大型滑坡目前都处于稳定状况，不易发生滑动破坏。库岸再造多集中在远坝库段，除黑河库尾的思澜公路下方有库岸再造对公路安全有一定影响外，其余库岸再造所处岸段距库周设施及居民点均较远，对大坝及人员设施影响较小。远坝库段发生了一定的库岸再造现象，但规模都不大，附近无居民点和重要建筑物，对水库、枢纽工程、库岸居民点和重要建筑物无影响。岩质岸坡的库岸再造很小，一般小于5m。松散介质岸坡如深厚覆盖层、全风化的花岗岩、混合花岗岩、变质岩等，库岸再造的高度为10～30m。总体来说，近坝库段岸坡风化总体较浅，靠近坝址段的花岗岩沉角砾多为弱风化、强风化，全风化极少。

4 结论

（1）本次库岸稳定性复核表明，库区基本地质条件与前期勘察结论吻合，目前的实际情况符合可行性研究阶段库岸再造的结论。

（2）变形体广泛出现在松散介质岸坡、顺向岸坡及受断层影响的岸坡，受澜沧江断裂影响，岩体破碎，风化作用强烈，滑坡、崩塌现象也较发育。库岸再造模式以坍塌型失稳最为常见，基本以松散介质岸坡为主，塌岸宽度一般均大于塌岸高度，大部分处于稳定状况。

（3）近坝库段有8个较大的古滑坡 H_3、H_5、H_6、H_7、H_8、H_9、H_{12}、H_{13}，运行期调蓄过程中滑坡不具备产生整体高速下滑的条件，但可能产生局部破坏，其可能的失稳方式为牵引扩张式的变形，规模不大，堆积体前缘局部崩滑对枢纽工程影响不大；重点库岸边坡变形体已收敛；正常蓄水位以上的库区内大型滑坡目前均处于稳定状况，不易发生滑动破坏；远坝库段原有滑坡、崩塌等不良物理地质现象未发现大的复活现象，其余规模都较小，对工程和移民均无影响。

（4）库岸再造过程中，深厚覆盖层、强分化、全风化混合岩层、砂岩全强风化块石、碎石堆积物和坡积土、岩石风化程度较深的片岩、板岩，局部水理性质差，部分岩性软弱，受掏刷或断层切割影响，岩（土）体应力松弛或释放，在库水浸泡下可能发生局部解体、小规模的坍塌等，易造成库岸变形失稳，进而影响其稳定性，库区巡视过程中应重点关注此类岸坡库段。

（5）库区岸坡地质条件和稳定条件较差的河段，对比水库蓄水前后变形破坏均较多，破坏特征与前期勘察结论吻合，符合水文地质条件变化的一般规律，故在水库蓄水前的库岸稳定性复核工作中应重点关注这些库区岸坡。

参考文献

[1] 黄坤 . 基于室内模型试验的土质边坡失稳模式研究 [D]. 华北水利水电大学，2013.

[2] 李国珍．近坝库岸古滑坡稳定分析 [J]．水利水电技术，2007 (5)：23-25.

[3] 梁梁，叶圣生，付调金，海震．乌东德水电站库岸稳定性评价 [J]．人民长江，2014，45 (20)：47-50.

[4] 吴吉民．金沙江乌东德库区（库首～龙川江河口段）岸坡地质灾害发育分布规律及库岸稳定性评价 [D]．成都理工大学，2009.

[5] 杨静熙，刘忠绪，孙云，舒建平．锦屏一级水电站水库蓄水后岸坡变形破坏规律探讨 [J]．人民长江，2019，50 (2)：130-137.

[6] 向杰，唐红梅．三峡水库蓄水诱发神女溪岸坡破坏机制研究 [J]．重庆交通大学学报：自然科学版，2011，30（增 1）：700-704.

[7] 武秀文．库水位变化加卸载动力效应及其对堆积层边坡稳定性影响规律研究 [D]．青岛理工大学，2012.

[8] 刘根亮．澜沧江黄登水电站近坝库岸 1 号倾倒变形体的稳定性及其对大坝安全的影响研究 [D]．成都理工大学，2010.

[9] 汤献良，方占奎．坝址及近坝库岸滑坡体稳定性研究 [J]．水力发电，2001 (8)：74-75.

[10] 邓华锋，李建林．库水位变化对库岸边坡变形稳定的影响机理研究 [J]．水利学报，2014，45 (S2)：45-51.

[11] 吴浩．近坝库岸边坡安全性评价研究 [D]．中国水利水电科学研究院，2015.

[12] 蔡耀军，郭麒麟，余永志．水库诱发岸坡失稳的机理及其预测 [J]．湖北地矿，2002 (4)：4-8.

[13] 胡华．功果桥水电站地质灾害危险性研究 [D]．兰州大学，2010.

[14] 尹云坤，刘金山，陈维东．小湾水电站水库蓄水与库岸稳定 [J]．水力发电，2015，41 (10)：79-81，86.

[15] 王昆，张四和．糯扎渡水电站库岸稳定性分析及评价方法研究 [J]．云南水力发电，2013，29 (4)：60-63.

[16] 欧作几．糯扎渡水电站区域构造稳定性的探讨 [J]．云南水力发电，1993 (3)：1-5.

[17] 中国水电顾问集团昆明勘测设计研究院，河海大学．糯扎渡水电站水库库岸稳定性蓄水响应与失稳预测专题研究报告 [R]．昆明：中国水电顾问集团昆明勘测设计研究院，2011.

[18] 中国水电顾问集团昆明勘测设计研究院．糯扎渡水电站水库库岸稳定性复核报告 [R]．昆明：中国水电顾问集团昆明勘测设计研究院，2011.

作者简介

安可君 (1981—)，男，硕士，工程师，主要从事水资源系统管理、水利施工、水工建筑物运行维护等研究。E-mail：ankejun1115@163.com

纳子峡水电站渗流监测资料简要分析

文正花

（国家电投集团青海黄河电力技术有限责任公司，青海省西宁市　810016）

[摘　要]　渗流监测是土石坝的重要监测项目，本文主要介绍了纳子峡水电站大坝渗流安全监测布置及其监测成果初步分析，定量分析了纳子峡水电站堆石坝渗压计水位变化过程、渗流量变化规程及绕坝渗流情况，定量分析了渗压计渗压水位、绕坝渗流孔水位与库水位之间的相关性。分析结果表明，坝体、面板周边缝、防渗墙渗部位部分压计测点渗压水位呈小幅趋势性变化；主坝渗漏量变化受上游水位影响较明显，冬季渗漏量高于夏季，截至 2018 年 3 月 29 日，主坝总渗漏量为 70.2L/s；两岸地下水监测中右岸地下水 OH5 孔内水位趋势性下降。建议加强监测与成果分析，对存在的问题跟踪关注，及时掌握大坝的渗流状态以及变化规律，保证纳子峡大坝的安全运行。

[关键词]　纳子峡；面板砂砾石坝；渗流监测；资料分析

0　引言

纳子峡水电站是大通河流域水利水电规划的 13 个梯级中第 4 座水电站，枢纽由面板砂砾石坝、溢洪道、泄洪洞、引水发电系统及地面厂房组成。面板砂砾石坝修建在覆盖层上，坝体自上游至下游分别为上游铺盖（1A）及碎石土盖重保护区（1B）、面板（F）、垫层区（2A）、周边缝处特殊垫层区（2B）、上游主堆石区（3B1）、排水区（3F）、下游主堆石区（3B2）以及下游浆砌块石护坡（3D1）和干砌块石护坡（3D2）区。混凝土面板顶部厚度 0.3m，底部厚度 0.64m，面板面积 58 990m²，面板最大斜长 211m。两岸趾板坐落于较坚硬完整的弱风化岩石上，河床部位趾板直接坐落于覆盖层上，通过连接板与混凝土防渗墙连接。工程于 2014 年 2 月 25 日下闸蓄水，2014 年 11 月投入正常使用。经过 4 年多的运行，大坝已安全渡过了蓄水期，并取得了大量的监测数据，能够对大坝渗流工作形态进行初步分析判定。本文着重对纳子峡水电站面板砂砾石坝渗流监测成果进行了系统、细致的分析，为大坝安全运行提供有效的数据支持。

1　工程概况

纳子峡水电站位于青海省东北部的门源县苏吉滩乡燕麦图呼村和祁连县的皇城乡交界处，在大通河上游末段（上游：河源～尕大滩；中游：尕大滩～连城；下游：连城～大通河口），地理位置东经 98°30′～103°25′，北纬 36°30′～38°25′，公路里程经青石嘴（50km）-达坂山-大通县-西宁市约 186km。电站开发方式为混合式，上接海浪沟水电站，下游为石头峡水电站，属Ⅱ等大（2）型工程。其中混凝土面板坝为 1 级建筑物，其他主要建筑物溢洪道、泄洪放空洞、引水隧洞、高压管道、厂房等为 2 级，次要建筑物为 3

级。纳子峡水电站工程建设主要任务为发电，大坝高 117.6m，水库正常蓄水位 3201.5m，相应库容 7.33 亿 m³；总装机容量 87MW（3×29MW），保证出力 16.6MW，多年平均发电量为 3.106 亿 kW·h，年利用小时数 3570h。

纳子峡水电站工程导流洞于 2009 年 11 月正式开工，至 2011 年 3 月完成河床截流，主体工程开工建设，2012 年 11 月大坝填筑施工基本完成，水电站于 2014 年 2 月 25 日下闸蓄水，2014 年 11 月 16 日首台机组并网运行，11 月 20 日 3 台机组全部投产发电。

2 水库运行简况

纳子峡水电站水库设计正常蓄水位为 3201.5m，从 2014 年 2 月 25 日开始下闸蓄水，上游水位迅速升高，到 9 月 18 日上游水位达到 3200.7m。水库最高日均上游水位为 3201.50m（2017 年 9 月 26 日）。截至 2018 年 3 月 31 日，上游水位为 3195.40m。上游水位过程线详见图 1。

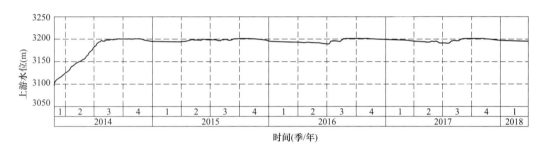

图 1　纳子峡水电站大坝上游水位过程线

3 监测资料分析内容及时段

本次纳子峡水电站大坝安全监测资料简要分析内容主要有混凝土面板砂砾石坝坝基和坝体渗漏量、渗压计、防渗墙渗压计、左右岸地下水等渗流监测资料，资料分析时段为 2011 年 12 月至 2018 年 3 月。

3.1　混凝土面板砂砾石坝渗流监测

3.1.1　渗压计观测

3.1.1.1　坝体渗压计

为监测河床坝基的渗流情况，在坝横 0+194.851 的坝基面布置 13 支渗压计，其中坝基埋设 7 支，坝体埋设 6 支。

从测值情况看，P1～P13 渗压计除 P12 测点自 2016 年 3 月份之后测不出值外，其他 12 支工作正常。

坝基渗压计渗压水位过程线详见图 2。

（1）坝基渗压计能够清晰地反应出 2012 年 8 月基坑冲水过程以及 2013 年 1～3 月期间防渗墙、连接板、平趾板防冻保温充水的整个过程；2013 年 10 月随着坝前盖重的填筑，基坑水位上升，坝基渗压计各测点压力均有升高。

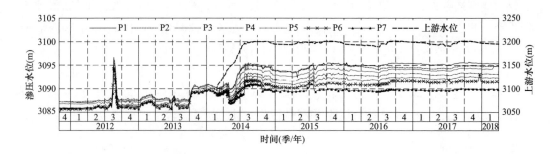

图 2　坝基渗压计 P1～P7 测点渗压水位过程线

（2）2014 年 2 月下闸蓄水后，下游水位降低，坝基水位小幅下降，坝基水位自上游向下游不同程度下降，2014 年 5 月底至 6 月初，随着上游水位持续升高，各测点渗压明显增大。上游水位达到 3200m 后，各测点渗压达到最大值，渗压水头在 5.76～8.04m 之间，其中靠近上游测点（P1、P2）渗压增加相对较大，渗压水位为 3095.2m 左右（低于上游水位 100m 左右）。

（3）坝基渗压计渗压水位从上游至下游依次递减，变化规律一致，截至 2018 年 3 月 29 日，P1～P7 测点渗压水位在 3095.37～3089.83m 之间，P1 与 P7 测点渗压水位差为 5.5m。

（4）坝体渗压计 P8～P11、P13 埋设部位均高于大坝泡水期间的最高水位，未受泡水实验影响。从长序列渗压水位监测资料看，P8、P9、P13 测点渗压水位呈小幅趋势性上升，截至 2018 年 3 月 29 日，渗压水位分别为 3114.68m、3115.20m、3175.747m，与开始观测时（2012 年 5 月、9 月）相比分别变化了 +0.38m、+0.82m、+0.64m。

3.1.1.2　面板与趾板周边缝渗压计

坝体周边渗流监测主要在接近趾板的面板底部垫层料中埋设渗压计，监测面板趾板连接部位坝体周边的渗流情况，在坝体周边适当部位共埋设 12 支渗压计。周边缝布置的 12 支渗压计 PA1～PA12，已坏 3 支。

（1）下闸蓄水后面板与趾板周边缝渗压总体较小。变幅较大的为 PA6、PA7 测点，渗压水位变幅分别为 4.52m、5.46m，其余测点渗压水位变幅在 2.61m 以下。

（2）蓄水后 PA4 测点渗压水位自 2016 年起呈趋势性下降，截至 2018 年 3 月 29 日，渗压水位为 3119.96m，下降了 2.27m。

（3）PA8 测点渗压水位在 2014 年 7 月之后呈小幅趋势性下降，截至 2018 年 3 月 29 日，渗压水位为 3086.88m，下降了 5.24m。

（4）PA10 测点渗压水位自 2016 年起呈小幅趋势性上升，截至 2018 年 3 月 29 日，渗压水位为 3115.20m，上升了 1.09m。

（5）PA12 测点渗压水位呈趋势性下降，至 2018 年 3 月 29 日，渗压水位为 3188.21m，与开始观测时（2013 年 8 月）相比下降了 6.39m。

其余测点渗压水位变化较平稳，

3.1.1.3 防渗墙渗压计

河床平趾板、连接板及防渗墙部位布设 3 个渗压监测断面（0+157.90、0+179.10、0+205.42），其中防渗墙上游侧每个断面各布置 1 支渗压计（PQ4、PQ8、PQ13，其中 PQ8、PQ13 已失效），防渗墙下游侧连接板每个断面布置 3 支渗压计（PQ1～PQ3、PQ5～PQ7）和 4 支渗压计（PQ9～PQ12，其中 PQ9 已失效）。

（1）水库下闸蓄水前，各点渗压受上游水位影响明显。水库下闸蓄水后，防渗墙上游侧 PQ4 渗压水位与上游水位基本一致；防渗墙下游侧各点渗压水位随上游水位逐渐上升，之后上游水位变化较小，各点渗压相对稳定，渗压变化与上游水位相关性明显。在 2015 年 6 月 3 日，PQ11 和 PQ12 测点渗压水位发生突变，与突变前（2015 年 5 月 27 日）测值相比，分别变化了 36.41m 和 9.08m，2015 年 4 月 1 日至 5 月 5 日，上游水位上升了 4.67m。2015 年 6 月 21 日开始主坝渗漏量逐渐小幅增大。

（2）PQ5 测点渗压水位 2015 年 4 月之后呈小幅趋势性上升，截至 2018 年 3 月 29 日，渗压水位为 3105.16m，与相比 2015 年 4 月 1 日相比，上升了 5.93m。

（3）PQ10 测点渗压水位自 2014 年起呈小幅趋势性上升，截至 2018 年 3 月 29 日，渗压水位为 3103.44m，上升了 11.24m。

其余测点渗压水位变化稳定。

3.1.2 坝后量水堰

坝体渗漏量是反应大坝运行状态的重要指标，在下游坝脚设置集水沟，拦截坝体和坝基渗流，集水沟末端设置直角三角堰，进行渗漏量监测；首次观测时间为 2014 年 11 月 03 日。渗漏量过程线详见图 3。

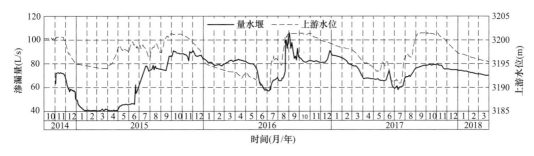

图 3 主坝渗漏量与上游水位过程线

从长序列主坝渗漏量过程线看，主坝渗漏量变化主要受库水位影响，与库水位的相关性较明显。

（1）在 2015 年 6 月之前，渗漏量在 40.3～49.7L/s 之间，6 月 21 日渗流观测时，渗漏量较 6 月 18 日增大了 16.3L/s，渗漏量为 62.3L/s（6 月 21 日），之后渗漏量有所减小，在 55～56.5L/s 之间，现场检查未发现异常，6 月 28 日～7 月 19 日溢洪道泄水，量水堰被淹，期间人工无法观测，7 月 20 日观测时，渗漏量明显增大，由 6 月 25 日的 56.5L/s 增大到 78.0L/s，之后逐步增大至 10 月 7 日渗漏量达到 90.9L/s，总之 2015 年 11 月前，渗漏量与上游水位基本相关。

（2）2015 年 12 月至 2016 年 5 月底上游水位明显下降，渗漏量变化较小，上游水位降到 3192.5m 以下，渗漏量下降较为明显。在 2016 年 7～8 月上游水位抬升期间，渗漏量随上游水位变化较为明显，8 月 22 日溢洪道开始泄水，渗漏量逐渐增大，至 9 月 3 日达到历史最大值 105.9L/s。9 月 17 日溢洪道停止泄水后，渗漏量为 84.3L/s。

（3）2017 年 8 月 28 日，上游水位上升至 3200m 左右，溢洪道开始泄洪，下游水位抬升导致量水堰出水口水位上升，堰板后排水不畅，观测人员无法进行观测，至 9 月 25 日停止泄洪，量水堰恢复观测，主坝渗漏量为 78.6L/s，与泄水前相比增大了 3.7L/s。

（4）截至 2018 年 3 月 29 日，主坝总渗漏量为 70.2L/s。

3.2　地下水位监测

为监测大坝防渗帷幕防渗效果及坝后下游地下水位，在左岸坝后岸坡 3204.60m、3188.00m、3162.00m 高程各布设 1 个地下水位监测孔，编号为 OH1、OH2 和 OH3；在右岸坝后岸坡 3204.60m、3169.00m、3142.00m 高程各布设 1 个地下水位监测孔，编号为 OH4、OH5 和 OH6。孔内安装渗压计进行观测。其中右岸地下水 OH4、OH6 测孔于 2016 年 8 月 22 日由于遭雷击仪器故障无测值，OH4 测孔 2017 年 3 月 23 日重新安装渗压计恢复观测，2017 年 4 月 3 日后因电缆故障无测值；OH6 测孔 2017 年 2 月 21 日重新安装渗压计并恢复正常观测。

为补充监测大坝防渗帷幕后地下水位，2017 年分别在左、右岸灌浆洞 3205.64m 高程新建了 OH7（左岸）、OH8（左岸）、OH9（右岸）3 个地下水观测孔，并于 2017 年 7 月 26 日取得初值。

（1）下闸蓄水后，左岸 OH1 和 OH2 测孔孔内水位随上游水位变化较为明显。OH3 测孔水位与蓄水前无明显变化，该测孔孔内水位在 2016 年 9 月 4 日之后变化较大。

（2）右岸 OH4 和 OH5 测孔孔内水位整体表现为下降。其中 OH5 测孔 2015 年 7 月份之后，右岸地下水 OH5 测孔孔内水位整体呈趋势性下降，截至 2018 年 3 月 29 日孔内水位为 3079.492m，与 2015 年 7 月 15 日相比下降了 27.952m。

（3）OH6 测孔孔内水位表现出一定的周期性。在每年 6～7 月孔内水位有明显上升，在 11～12 月有明显下降。

（4）后期新增的左岸灌浆洞地下水 OH7、OH8 测孔孔内水位与上游水位相关性较明显，右岸灌浆洞地下水 OH9 测孔孔内水位与上游水位具有一定的相关性。

4　结论

从纳子峡渗流监测资料分析得出：坝体渗压计 P8、P9、P13 测点渗压水位呈小幅趋势性上升；面板周边缝渗压计 PA4 测点渗压水位自 2016 年起呈趋势性下降，PA8 测点渗压水位呈小幅趋势性下降，PA10 测点渗压水位自 2016 年起呈小幅趋势性上升，PA12 测点渗压水位自 2016 年起呈趋势性下降；防渗墙渗压计 PQ5、PQ10 测点渗压水位小幅趋势性上升。主坝渗漏量变化受上游水位影响较明显，冬季渗漏量高于夏季；截至 2018 年 3 月 29 日，主坝总渗漏量为 70.2L/s。两岸地下水监测中右岸地下水 OH5 孔内水位趋势性下降。

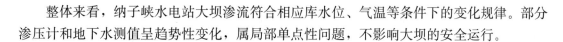

整体来看，纳子峡水电站大坝渗流符合相应库水位、气温等条件下的变化规律。部分渗压计和地下水测值呈趋势性变化，属局部单点性问题，不影响大坝的安全运行。

5　重点关注问题

（1）关注面板砂砾石坝坝体渗压计 P8、P9、P13 测点渗压水位呈趋势性上升的情况。

（2）关注面板与趾板周边缝渗压计 PA4、PA8、PA12 测点渗压水位趋势性下降和 PA10 测点渗压水位趋势性上升的情况。

（3）关注防渗墙渗压计 PQ5、PQ10 测点渗压水位趋势性上升的情况。

（4）关注主坝渗漏量变化情况。

（5）右岸地下水 OH5 测孔孔内水位趋势性下降，后期关注孔内水位变化情况。

作者简介

文正花（1974—），女，助理工程师，主要从事大坝安全监测信息资料审核分析及报送工作。

土石坝坝基廊道基于实测钢筋应力监测成果分析

胡升伟　李　菁

（中国电建集团成都勘测设计研究院有限公司，四川省成都市　610072）

[摘　要]　泸定水电站坝基廊道分为河床段和右岸岸坡段，作为坝基防渗墙与黏土心墙及岸坡体之间的连接体，右岸廊道起坡处基覆界线局部凸起，廊道受力条件相对比较复杂。基于实测监测数据，对泸定水电站坝基廊道施工期、蓄水期及运行期钢筋应力监测成果进行了分析和总结，对类似工程的坝基廊道配筋设计及钢筋应力监测分析有较好的参考价值。

[关键词]　坝基廊道；钢筋应力；监测成果；深厚覆盖层

0　引言

国内外修建于深厚覆盖层上的高土石坝坝体与坝基之间防渗墙采用钢筋混凝土廊道进行连接的工程为数不多，且基本集中于四川地区。坝基廊道作为坝基防渗墙与黏土心墙之间的连接体，其受力状态十分复杂，廊道钢筋应力计算成果需要实测监测数据进一步验证。

以泸定水电站为例，基于实测监测数据，对坝基廊道施工期、蓄水期及运行期钢筋应力监测成果进行了分析和总结，对类似工程的坝基廊道配筋设计及钢筋应力监测成果分析有较好的参考价值。

1　工程概况

泸定水电站位于四川省泸定县境内，为大渡河干流水电梯级开发的第 12 级电站，工程任务主要为发电。电站枢纽主要由黏土心墙堆石坝、两岸泄洪洞和右岸引水发电建筑物等组成。坝顶高程 1385.50m，最大坝高 79.50m，坝顶长 526.7m，坝顶宽度 12.0m。坝基河床段采用 110m 深防渗墙下接帷幕灌浆，两岸采用封闭式防渗墙的防渗方案。坝址区河床覆盖层一般厚度 120～130m，最大厚度 148.6m。

2　坝基廊道结构形式

坝基廊道坐落在深厚覆盖层上，作为坝基防渗墙与黏土心墙之间的连接体，具有防渗、观测、检查、灌浆等功能。廊道总长为 425.75m，其中河床段长 240.92m，右岸岸坡段长 184.83m，左岸与灌浆平洞相接处设置 2cm 宽的结构缝，右岸岸坡顶部与防渗墙连接。廊道上下游侧及顶部铺设高塑性黏土料，廊道与防渗墙之间设置倒梯形扩大段，廊道底板下部两侧采用 C15 素混凝土翼板，廊道与翼板之间隔离采用 2cm 宽结构缝。

廊道型式为城门洞型，河床部位廊道尺寸为 3.5m×4.5m（宽×高），廊道侧墙和顶拱厚 1.2m，底板厚 3.64～4.81m；右岸岸坡廊道尺寸为 3m×4m（宽×高），廊道侧墙和顶拱厚 1.0m，底板厚 2.5m。坝基廊道底部设置顶宽 3.9m，底宽 2.0m，高 2m 的倒梯形混凝土扩大段与防渗墙连接，采用 C30W10F50 钢筋混凝土。

3 坝基廊道结构计算成果

坝基廊道结构缝分缝位置对河床灌浆观测廊道两端沿坝轴向应力影响明显，左岸端随着分缝位置向河谷内移动，受基岩约束减小，廊道两端的反弯拉应力逐渐减小，最大反弯拉应力从 -17.6MPa 减小到 0.5MPa，但结构缝处的相互位移错动逐渐增大，顺河向最大错动从 0.09cm 增加到 1.8cm，最大竖直向错动从 0 增加到 4.5cm；廊道在右岸起坡点分缝且允许防渗墙屈服开裂条件下，由于受防渗墙约束相对变小，应力能较好释放，坝轴向拉应力值较小，最大值为 3.1MPa，结构缝法向张量、竖直向和顺河向错动值最大分别 3.0cm、0.4cm 和 0.3cm，廊道在右岸起坡点不分缝但允许防渗墙屈服开裂条件下，由于河床中央与两岸沉降差较大，引起此处坝轴向拉应力有所增大，最大值为 5.7MPa。结构缝位置对河床灌浆观测廊道顺河向应力和剪应力影响不大，最大值分别为 4.7MPa 和 5.6MPa。图 1～图 3 为典型断面在蓄水后结构计算廊道应力分布图。

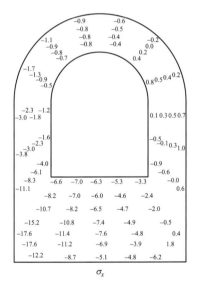
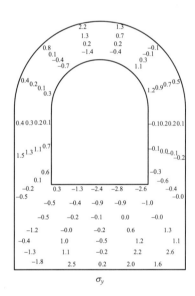

图 1　蓄水后（桩号 0+073.00m）廊道应力分布置图

4 坝基廊道钢筋应力监测断面的布置

为监测坝基廊道钢筋应力变化情况，在河床段坝基灌浆廊道 0+076.00m、0+193.00m、0+300.00m 及右岸坝基灌浆斜廊道 0+330.00m、0+395.00m 共布设 5 个监测断面（详见图 4 所示）。在各断面的顶拱、底板轴线、上下游边墙中部的内外层环向和纵向钢筋上，共安装埋设完成钢筋计 46 支，对应测点编号为 R_{29}～R_{74}。

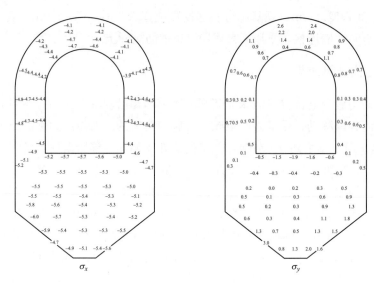

图2 蓄水后（桩号0+306.00m）廊道应力分布置图

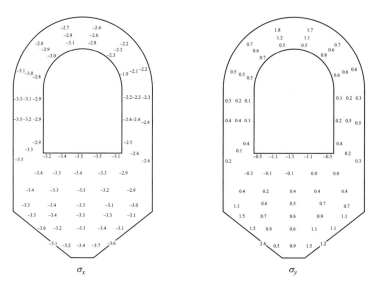

图3 蓄水后（桩号0+331.00m）廊道应力分布置图

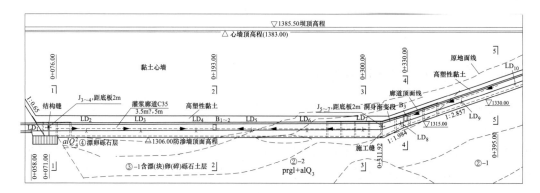

图4 钢筋计监测断面布置图

5 坝基廊道钢筋应力监测成果分析

引用截至 2016 年 9 月 22 日的监测数据对坝基廊道钢筋应力进行分析，此时距离 2011 年 8 月初期蓄水已五年，库水位基本维持在 1377.0m 左右（正常蓄水位高程为 1378.0m）。

5.1 钢筋应力空间分布

坝基廊道 5 个监测断面的实测钢筋应力分布详见图 5～图 9，图中钢筋计测值正值表示受拉，负值表示受压。

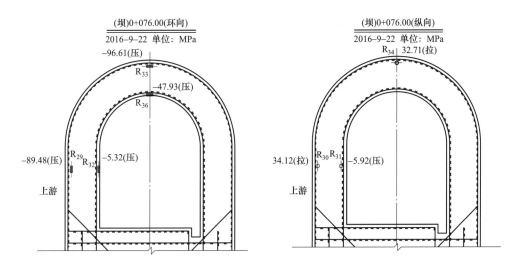

图 5 廊道内桩号 0+076.00m 钢筋计应力空间分布图

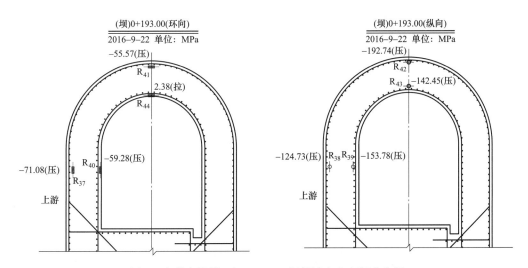

图 6 廊道内桩号 0+193.00m 钢筋计应力空间分布图

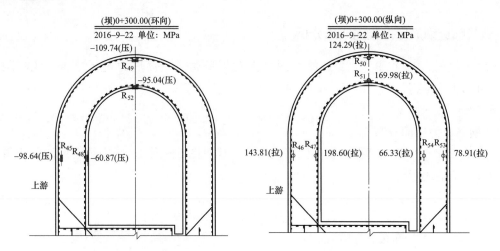

图 7 廊道内桩号 0+300.00m 钢筋计应力空间分布图

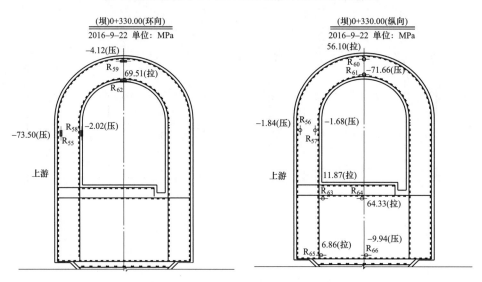

图 8 廊道内桩号 0+330.00m 钢筋计应力空间分布图

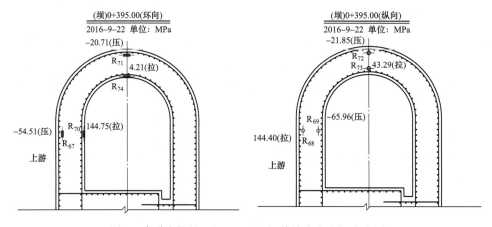

图 9 廊道内桩号 0+395.00m 钢筋计应力空间分布图

5.1.1 环向钢筋应力

5.1.1.1 河床段廊道

河床段廊道环向钢筋应力分布图（见图 5～图 7）表明，位于河床段 0＋076.00m、0＋193.00m、0＋300.00m 桩号的 3 个监测断面，其环向钢筋应力分布规律一致，顶拱内外层、边墙内外层钢筋应力均表现为压应力，廊道左岸段钢筋应力主要受岸坡基岩约束影响，河床中心段钢筋应力主要受竖向荷载（坝体自重）和水平荷载（库水位压力）影响，河床段实测钢筋应力分布规律与结构计算成果基本一致，位于 0＋300.00m 桩号（3-3 监测断面）1316.00m 高程顶拱外层 R_{49} 测点压应力最大，实测值为 109.74MPa，与在靠近右岸起坡点附近（0＋300.00m 断面布置在该段）存在基覆界线局部凸起，河床与陡坡连接处出现较大应力集中区域相吻合。

5.1.1.2 右岸岸坡廊道

右岸岸坡廊道环向钢筋应力分布图（见图 8～图 9）表明，位于右岸岸坡段 0＋330.00m、0＋395.00m 桩号的 2 个监测断面，顶拱外层、边墙外层钢筋受压，顶拱内层、边墙内层钢筋受拉，右岸岸坡段钢筋应力主要受岸坡基岩约束及岸坡与坝体沉降差影响，右岸岸坡段环向钢筋应力分布规律与结构计算成果基本一致：位于 0＋330.00m 桩号（4-4 监测断面）1312.50m 高程边墙外层 R_{55} 测点压应力最大，实测值为 73.50MPa；位于 0＋395.00m 桩号（5-5 监测断面）1312.50m 高程边墙内层 R_{70} 测点拉应力最大，实测值为 144.75MPa。

5.1.2 纵向钢筋应力

5.1.2.1 河床段廊道

河床段廊道纵向钢筋应力分布图（见图 5～图 7）表明，位于河床中部 0＋193.00m（2-2）监测断面纵向钢筋应力均受压，靠近岸坡断面 0＋076.00m 桩号（1-1 断面）、0＋300.00m 桩号（3-3 断面）纵向钢筋应力基本受拉，河床中心段钢筋应力主要受竖向荷载（坝体自重）和水平荷载（库水位压力）影响，河床段实测钢筋应力分布规律与结构计算成果基本一致，位于 0＋193.00m 桩号（2-2 监测断面）1316.00m 高程顶拱外层 R_{42} 测点压应力最大，实测值为 192.74MPa，这与河床中央与两岸沉降差较大，引起中部的应力增大相吻合；位于 0＋300.00m 桩号（3-3 监测断面）1312.50m 高程边墙内层 R_{47} 测点拉应力最大，实测值为 198.60MPa，与在靠近右岸起坡点附近（0＋300.00m 断面布置在该段）存在基覆界线局部凸起，河床与陡坡连接处出现较大应力集中区域相吻合。

5.1.2.2 右岸岸坡廊道

右岸岸坡廊道纵向钢筋应力分布图（见图 8～图 9）表明，位于右岸岸坡段 0＋330.00m 桩号（4-4 断面）顶拱外层、上底板及靠近上游侧下底板钢筋受拉，顶拱内层、边墙内外层、下游侧下底板受压。位于右岸岸坡段 0＋395.00m 桩号（5-5 断面）顶拱外层、边墙内层钢筋受压，顶拱内层、边墙外层钢筋受拉。右岸岸坡段钢筋应力主要受岸坡基岩约束及岸坡与坝体沉降差影响，右岸岸坡段纵向钢筋应力与结构计算成果基本一致，位于 0＋330.00m 桩号（4-4 监测断面）1315.00m 高程顶拱内层 R_{61} 测点压应力最大，实测值为 71.66MPa；位于 0＋395.00m 桩号（5-5 监测断面）1312.50m 高程边墙外层 R_{68} 测点拉应力最大，实测值为 144.40MPa。

5.2 钢筋应力历史过程线相关分析

选取位于河床中部的 0＋193.00m 桩号（2-2 监测断面）和位于右岸起坡点附近的 0＋300.00m 桩号（3-3 监测断面），对坝基廊道环向、纵向钢筋应力监测成果的历时过程进行综合分析，图 10～图 13 为钢筋应力历史过程线。

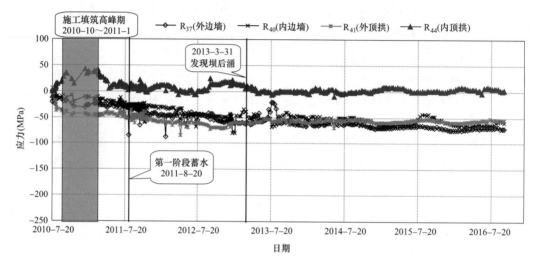

图 10　廊道内桩号 0＋193.00m 环向钢筋计应力历时过程线

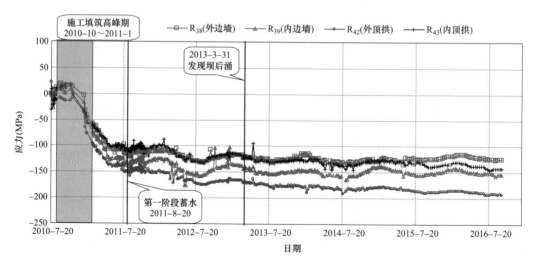

图 11　廊道内桩号 0＋193.00m 纵向钢筋计应力历时过程线

2010 年 10 月～2011 年 1 月为大坝施工填筑高峰期，在此期间，廊道钢筋应力涨幅明显，同一个断面的纵向钢筋应力比环向钢筋应力增幅大，且纵向钢筋应力比环向钢筋应力增长滞后。2011 年 8 月～2011 年 11 月蓄水期间，环向、纵向钢筋应力均有波动，但相对

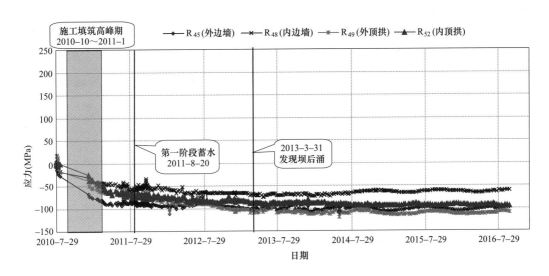

图 12 廊道内桩号 0+300.00m 环向钢筋计应力历时过程线

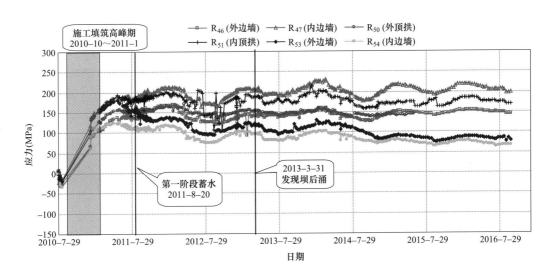

图 13 廊道内桩号 0+300.00m 纵向钢筋计应力历时过程线

于填筑期波动明显减弱；2013 年 3 月 31 日发现坝后涌水，但廊道内钢筋计监测成果未见异常波动现象。

0+193.00m 桩号（2-2 监测断面）环向钢筋基本受拉，且变化规律一致，均呈现年周期性波动，年内变幅基本在 5MPa 以内；纵向钢筋基本受拉，且变化规律一致，年变幅较环向钢筋应力较大，年内变幅基本在 15MPa 以内。

0+300.00m 桩号（3-3 监测断面）环向钢筋基本受压，且变化规律一致，均呈现年周期性波动，年内变幅基本在 10MPa 以内；纵向钢筋基本受压，且变化规律一致，年变幅较环向钢筋应力较大，年内变幅基本在 20MPa 以内。

5.3 坝基廊道接缝变形分析

在河床段坝基灌浆廊道的 0+071.00m 桩号的结构缝处布置 2 支测缝计、在河床段坝基灌浆廊道与右岸坝基灌浆斜廊道的施工缝处（0+311.92m 桩号）布置 3 支测缝计分别对结构缝、施工缝的开合度进行监测。图 14 为坝基廊道内测缝计开合度历时过程线。

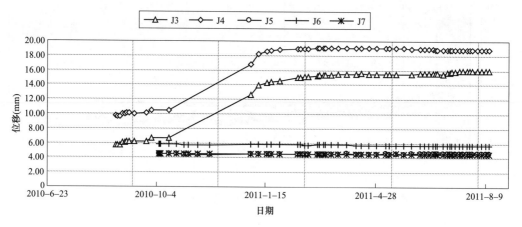

图 14   坝基廊道内测缝计开合度历时过程线

根据结构设计可知，左岸廊道 1 号结构缝在距基覆界线约 4m 岩基上分缝，由于分缝处两侧廊道置于不同基础上，两者基础条件差异较大。结构计算成果表明，结构缝处的相互位移错动较大，顺河向最大错动为 18mm，竖直向最大错动为 45mm，该处测缝计 J3、J4 实测位移量分别为 16.01mm、18.79mm，实测值为结构缝的法向张量，监测成果表明 1 号结构缝目前处于张开状态，变形主要发生在 2010 年 10 月～2011 年 1 月大坝填筑高峰期间，其后渐趋平缓，与廊道内应力变化规律一致，其接缝变形尚处于正常范围。

3-3～4-4 施工缝测缝计 J5、J6、J7 实测位移量分别为 4.59mm、5.76mm、4.49mm，施工缝处于张开状态，接缝变形主要发生在安装初期，分析原因主要为混凝土浇筑初凝引起，其后变化逐渐趋于平缓。

6   结语

（1）河床段廊道和右岸岸坡段廊道实测环向、纵向钢筋应力分布规律基本反映了其结构受力特点，河床中央与两岸沉降差较大，引起中部的应力有所增大（0+193.00m 断面布置在该段）；右岸起坡点附近廊道段（0+300.00m 断面布置在该段）在基覆界线局部凸起，在凸起附近出现较大应力集中区域；实测廊道钢筋应力监测成果与设计计算成果相符。

（2）选取的位于河床中部的 0+193.00m 桩号（2-2 监测断面）和位于右岸起坡点附近的 0+300.00m 桩号（3-3 监测断面）断面的监测果表明：廊道钢筋应力发展主要出现在施工期，尤其在大坝填筑高峰期，应力发展明显，且存在滞后现象；蓄水期间，随水位上升廊道钢筋应力呈现小幅发展，但相较大坝填筑期明显较小；运行期，廊道钢筋应力出现年周期性变化，且纵向钢筋应力年内变幅较环向钢筋应力大。

（3）根据对泸定水电站坝基廊道应力实测监测成果分析提出以下建议：今后在土石坝坝基廊道设计中应加强对河床段纵向受拉区钢筋的配筋及计算分析，以及工程特有的地址条件下根据廊道的受力情况等进行配筋及计算分析，以确保廊道结构的安全。

参考文献

[1] 龚静，胡建忠，伍小玉 . 高土石坝坝基廊道实测钢筋应力监测成果分析 [J]. 四川水力发电，2016，35（19）：58-62.

[2] 郑培溪，赵静，崔会东，解小焦 . 硗碛大坝坝基廊道结构缝渗漏原因分析及处理效果 [J]. 水电自动化与大坝监测，2012，36（2）：72-76.

[3] 索慧敏，姜媛媛，金伟，王党在 . 泸定水电站坝基灌浆廊道设计 [J]. 水力发电，2011，37（5）：20-21.

作者简介

胡升伟（1984—），男，工程师，主要从事水电工程安全监测设计及安全评价工作。E-mail：124049391@qq.com

强震下高土石坝不同地震动输入特性评价

冯燕明[1]，张礼兵[1]，朱　晟[2]

（1. 中国电建集团昆明勘测设计研究院有限公司，云南省昆明市　650051；

2. 河海大学，江苏省南京市　210024）

[摘　要]　目前大跨度的土石坝地震反应分析一般采用地震动单点输入，假定各点输入相同地震动时程是不合乎实际的，而地震动多点输入考虑到地震动的空间变化性影响；同时中国大部分高土石坝建在地震设计烈度达到 8～9 度的喜马拉雅—地中海地震带，为此，有必要对强震下高土石坝不同地震动输入特性进行评价。文中基于实测波功率谱合成多点地震动对紫坪铺大坝进行多点输入动力有限元计算，并与实测波输入进行比较；同时结合中国、日本及美国抗震规范设计反应谱合成相应汶川地震波在紫坪铺大坝进行动力反应研究对比。研究结果表明：强震下大跨度土石坝地震动多点输入与实测波单点输入动力反应分布规律一致，由于多点输入的相干效应和行波效应使得多点输入在量值上比单点输入小；对于基本自振周期小于 2s 的土石坝，日本及美国抗震规范对抗震结构的设计相比中国规范偏于保守。

0　引言

现阶段的土石坝地震反应分析，大多采用单点输入法，假定到达地表面各点的地震动时程是相同的。但实际的地震波受到不同场地条件、路径条件等因素的影响，到达地表面上各点地震动都是不相同的；同时，限于目前人类对地震现象的认识水平和强震观测的技术条件，难于对地震的发生和地震波传播作出准确的预报，因此，对于大跨度的土石坝，有必要通过人造地震动时程来模拟真实地震过程，对不同地震动输入特性进行评价。M. Dibaj 和 J. Penzien[1]（1969 年）首先进行了土石坝在行进波地震作用下的动力分析，分析了一个理想均质的弹性土坝，计算中假定地震波是水平方向传播的剪切波，得到行进波计算的结果与按照刚性基岩的结果有较大差别，且偏于不安全；沈珠江、徐志英[2]（1983 年）深入研究了行进波在土石坝中的动力反应，认为土石坝不考虑行进波的影响偏于不安全；Hao[3]（1989 年）考虑了相干效应和波的传播性，提出了基于相干函数模拟空间变化的地面运动方法；屈铁军、王前信[4-5]（1998 年）在 Hao 的基础上，提出了一套较完整的空间相关多点地震动合成方法，求解地震动沿管线的反应时程，为确定延伸型结构物各激励点的地震动时程提供了方法。

2008 年 5 月 12 日发生在四川省汶川县境内的里氏 8.0 级地震，使震中距仅 17km 的紫坪铺大坝经受地震烈度 10 度强烈浅源近震考验，并且地震动输入模式有别于常规模式，因此，结合紫坪铺大坝对现阶段强震下不同地震动输入特性进行评价。本文根据文献［4-5］并考虑到地震动不同方向的相关性，合成多点多向地震动，基于实测波功率谱合成多点地震动对紫坪铺大坝进行多点输入动力有限元计算，并与汶川地震大坝坝址实测波输入进行计算比较，对地震动不同输入方式进行评价；同时结合中国、日本及美国抗震规范设计反应谱合成汶川地震波并在紫坪铺大坝进行动力反应对比，对强震下各国抗震规范中设计反应谱进行研究。

1 单点及多点地震动合成理论

1.1 单点地震动合成

结合不同国家抗震规范设计反应谱合成单点地震动，通过对比各国规范波动力反应来评价中国抗震规范。采用 Scalan 和 Sachs 提出的三角级数法[6]来合成单点地震动。

1.2 多点非平稳地震动合成

对土石坝不同地震动输入方式评价时需要合成多点地震动。基于功率谱合成多点地震动，需先生成功率谱矩阵，最终合成的地震动加速度表达式可表示为：

$$
\begin{cases}
u_1(t) = \sum_{m=1}^{n} \sum_{k=0}^{n-1} a_{1m}(\omega_k) \cos\left[\omega_k t + \theta_{1m}(\omega_k) + \varphi_{mk}\right] \\
u_2(t) = \sum_{m=1}^{n} \sum_{k=0}^{n-1} a_{2m}(\omega_k) \cos\left[\omega_k t + \theta_{2m}(\omega_k) + \varphi_{mk}\right] \\
\cdots \\
u_n(t) = \sum_{m=1}^{n} \sum_{k=0}^{n-1} a_{nm}(\omega_k) \cos\left[\omega_k t + \theta_{nm}(\omega_k) + \varphi_{mk}\right]
\end{cases}
\tag{1}
$$

2 地震反应分析方法

2.1 筑坝材料的动力本构模型

室内大型动三轴试验资料表明：在复杂的高应力条件下，试验粗粒料的动应力—应变关系具有硬化特性，其阻尼比 Hardin 假定值小，采用基于指数型动应力—应变关系模型的动剪模量与相应的阻尼比计算公式[7]。

2.2 永久变形模型

朱晟等人考虑初始固结围压的影响，将残余体积应变和残余剪应变表示为振次、动剪应力、应力水平以及初始固结围压的函数得到永久变形计算模型[7]。

2.3 多点地震动输入动力平衡方程

对于平面尺寸较大的建筑物，由于地震波在结构基础面上的传播要经历一定的时间，这样，在同一时刻，结构各支承点所承受的地面运动时不同的。在这种情况下，必须考虑各支承点间相对运动所引起的结构内的准静力位移。多点地震动输入的动力方程可以表示为：

$$
\begin{bmatrix} M & M_g \\ M_g^T & M_{gg} \end{bmatrix} \begin{Bmatrix} \ddot{u}^t(t) \\ \ddot{u}_g(t) \end{Bmatrix} + \begin{bmatrix} C & C_g \\ C_g^T & C_{gg} \end{bmatrix} \begin{Bmatrix} \dot{u}^t(t) \\ \dot{u}_g(t) \end{Bmatrix} + \begin{bmatrix} K & K_g \\ K_g^T & K_{gg} \end{bmatrix} \begin{Bmatrix} u^t(t) \\ u_g(t) \end{Bmatrix} = \begin{Bmatrix} 0 \\ R_g(t) \end{Bmatrix}
\tag{2}
$$

本文采用 Dibaj 和 Penzien[1]建议的方法，将绝对位移分解成准静力位移和动力位移。

3 不同地震动输入特性评价

3.1 工程简介

紫坪铺面板堆石坝位于中国四川省成都市西北 60 余公里的岷江上游，坝体为钢筋混凝土面板堆石坝，最大坝高 156m，坝体地震设计烈度 8 度。2008 年 5 月 12 日汶川发生里氏 8 级地震，大坝经受了远高于其设计水平的 10 度浅源近震考验，紫坪铺大坝距汶川地震震中 17km，距发震断层地表破裂带约为 8km，是距地震震中最近且工程规模最大的堆石坝工程。考虑到没有坝址基岩的实测加速度记录，选择距离最近的茂县地办地震台（051MXT）测得的基岩加速度时程（数据由国家强震动台网中心提供）作为参照对象，并参考于海英等[8]给出的衰减关系，考虑上下盘效应，推求坝址基岩峰值加速度，得到 NS、UD 方向加速度峰值分别为 $0.46g$、$0.43g$；然后将基岩加速度记录（051MXT）采用比例法推求坝址基岩输入加速度曲线见图 1。

大坝有限元计算网格剖分及材料分区见图 2，其中坝体结点和单元数分别为 427 个和398 个。大坝的静、动力计算参数见文献 [9]。

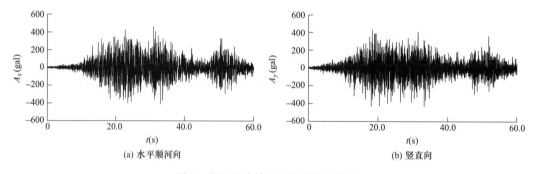

(a) 水平顺河向　　　　　　　　　　(b) 竖直向

图 1　坝址基岩输入地震加速度时程

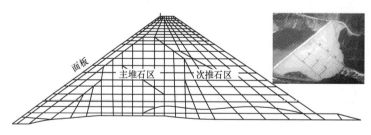

图 2　大坝有限元计算网格及材料分区

3.2 地震动单点一致输入与多点输入评价

3.2.1 多点地震动合成

选取大坝与坝基接触的 26 个约束点进行多点地震动输入，合成各点的地震动峰值如图 3 所示，水平地震加速度各点峰值在 $4.6m/s^2$ 上下波动，竖直向各约束点地震动峰值在 $4.3m/s^2$ 上下波动。

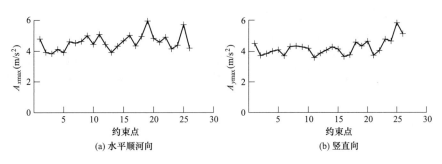

(a) 水平顺河向

(b) 竖直向

图 3　各约束点合成的峰值加速度

3.2.2　不同地震动输入预报准确性评价

利用 3.2.1 中基于实测波功率谱合成地震动进行多点输入动力有限元计算,并与实测波单点输入进行比较,结合典型结点加速度反应、大坝绝对加速度极值反应及坝体变形对两种输入方式进行评价。

图 4 为地震动多点输入、实测波单点输入下坝顶典型结点地震加速度反应的傅里叶谱与反应谱曲线。对比发现:①无论水平顺河向还是竖直向,两种输入方式下坝顶结点加速度反应的傅里叶谱幅值主要集中在 0.5~1.0s 范围内,坝顶加速度反应周期明显延长;

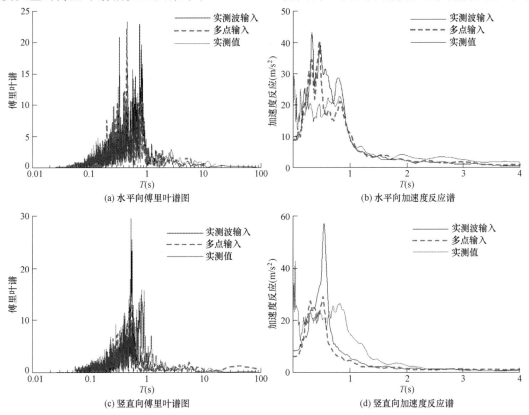

(a) 水平向傅里叶谱图

(b) 水平向加速度反应谱

(c) 竖直向傅里叶谱图

(d) 竖直向加速度反应谱

图 4　坝顶测点地震反应

②两种输入方式坝顶结点加速度反应傅里叶谱幅值在大坝前两阶振型自振周期附近水平顺河向和铅直向分量得到显著放大，说明输入地震波在接近大坝自振周期位置的分量由于较强的共振激励作用产生了显著放大；③地震动多点输入、实测波单点输入计算的水平向地震加速度频谱特性与实测值比较接近，而竖直向地震动单点输入反应幅值比多点输入幅值大，多点输入计算值更接近实测值。

地震动多点输入、实测波单点输入动力反应极值的比较如图5所示。水平向加速度极值分布趋势是一致的，都是由坝基向坝顶方向逐渐增大，最大位置出现在坝顶，并且量值在坝轴线上游均一致，在下游侧实测波单点输入量值较多点输入大。竖直方向加速度反应极值实测波单点输入比多点输入大，多点输入极值的减小主要是由于各点的相干性和相位的不同步性引起的。多点输入时，加速度反应极值大致为对称分布，这是由于地震波传播时地震波速度有限，使得到达各点的时间不同，各约束点的相位不同步，坝体反应在极值分布就会为大致对称分布。由图6可知，不同输入方式下大坝动剪应力极值分布规律一致，自坝基向坝顶逐渐减小，实测波单点输入下的动剪应力极值比地震动多点输入大，分别为0.42MPa、0.38MPa；多点输入与实测波单点输入极值出现位置相同，均在坝轴线偏上游处，多点输入的最大动剪应力极值较小是由于各点之间的相干性。

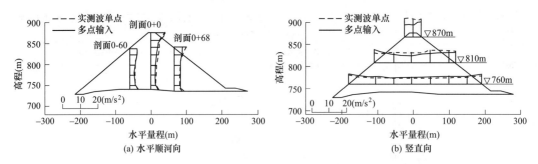

图5　不同输入下坝体绝对加速度反应极值分布对比

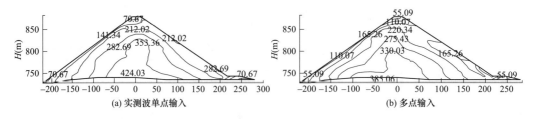

图6　动剪应力极值等值线对比（kPa）

实测波单点输入及多点地震动输入永久变形计算结果比较如图7所示，可以看出，沉降量随着坝体高程的增加逐渐增大，两种输入分布规律一致。实测波单点输入计算得到850.0m高程坝轴线处沉降量为102.0cm，地震动多点输入计算沉降量为85.0cm，多点输入总体计算量值比实测波单点输入偏小。计算得到紫坪铺大坝震后永久变形较大，其主要原因一方面"5·12"汶川地震持时与强度均较大，其等效振次达到64次[9]，大于seed建议的30次；另一方面是震中距较小，坝基竖向地震加速度极值与水平方向较为接近，使得大坝竖直方向的地震惯性力较大，坝料可能发生破碎和颗粒重组产生了塑性体积变形。

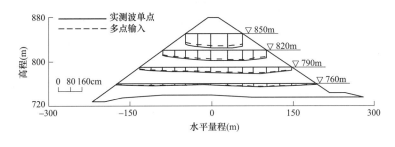

图 7　大坝竖向永久变形

由于地震惯性力为瞬时作用的循环荷载，即使坝坡潜在滑块的抗滑安全系数在短时间内小于 1.0，引起塑性滑移，但是当加速度减小或反向时，这种位移的趋势又将停滞，这样一系列数值大、时间短的惯性力的全面影响将是坝坡的累积滑移，因此，可以通过计算土石坝坝坡在地震中发生的永久滑移量，来评价其抗震稳定性。利用地震过程中静、动应力叠加结果，分别采用实测波单点输入和多点输入计算坝坡滑块的抗滑安全系数。潜在危险滑弧条数（$FS<1$）实测波单点输入、多点输入分别为 130 条和 67 条，取安全系数小于 1.0 滑弧条数出现频次最多的滑块作为潜在最危险滑块，在地震过程中，计算所得到的下游坝坡潜在最危险滑块逸出深度约 24m。针对潜在最危险滑块利用 NEWMARK 方法计算下游坝坡的累计滑移量，如图 8 所示，实测波单点输入和多点输入最大滑移量分别为15.7cm、11.7cm。为了与多点合成人造波具有相同的持时，实测波计算时选取地震前 60s 过程，通过地震加速度时程曲线可以看到在 50s 时出现了强度较大的震动，故累积滑移量在 50s 时突然增大，如图 8 所示。

表 1　　　　　两种地震动输入下潜在危险滑弧条数及累计滑移量

地震动输入	实测波单点输入	多点输入
潜在危险滑弧条数（$FS<1$）	130	67
累积滑移量（cm）	15.7	11.7

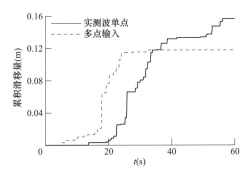

图 8　最危险滑块累积滑移量

3.3 强震下拟合标准反应谱合成地震波评价

3.3.1 基于中国规范设计反应谱单点地震动合成

以 DL 5073—2000《水工建筑物抗震设计规范》[10]（简称中国规范）中设计反应谱为目标谱合成规范波，设计反应谱如图 9 所示。紫坪铺坝址为 I 类场地类别，特征周期选为 $T_g = 0.2s$，反应谱最大值 $\beta_{max} = 2.0$，最小值为 $\beta_{min} = 0.4$。紫坪铺大坝坝址基岩地震烈度为 10 度，取基岩水平向加速度 $a_h = 0.60g$。合成的水平顺河向地震加速度时程曲线如图 10 所示，水平向峰值加速度为 $4.90 m/s^2$，并结合实测波水平顺河向与竖直向加速度峰值比例得到竖直向加速度时程。

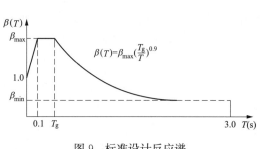

图 9　标准设计反应谱　　　　　　　图 10　水平顺河向加速度时程

3.3.2 基于日本规范设计反应谱单点地震动合成

日本建筑标准法规（BSL2000）[11]规定了两个水准的设计地震，即第一水准（Service-Level）的中等强度地震（EQ1）和第二水准（Ultimate-Level）强烈地震（EQ2）。采用第二水准的设计地震来分析。阻尼为 5% 的加速度反应谱 $S_a(T)$ 可以表示为：

$$S_a(T) = ZG_s(T)S_0(T) \tag{3}$$

式中：Z 是地震危险区域系数；$G_s(T)$ 为不同场地类型的场地放大系数；$S_0(T)$ 为建筑物的设计加速度反应谱，可以表示为：

$$S_0(T) = \begin{cases} 3.2 + 30.0T & T \leqslant 0.16 \\ 8.0 & 0.16 < T \leqslant 0.64 \\ 5.12/T & T > 0.64 \end{cases} \tag{4}$$

结合汶川地震场地条件，当 $T < 0.64s$ 时，场地放大系数 $G_s(T)$ 的值为 1.5；当 $T > 0.64s$ 时，$G_s(T)$ 的值为 1.35；地震危险区域系数 Z 为 1.0。利用单点地震动合成方法，确定的汶川地震加速度反应谱如图 11 所示，水平顺河向地震加速度时程曲线如图 12 所示，水平向峰值加速度为 $6.50 m/s^2$，并结合实测波水平顺河向与竖直向加速度峰值比例得到竖直向加速度时程。

3.3.3 基于美国规范设计反应谱单点地震动合成

按照美国抗震规范（IBC2000）[12]，设计反应谱曲线由公式（5）确定：

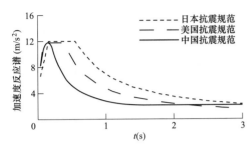

图 11　不同规范合成的汶川地震加速度反应谱

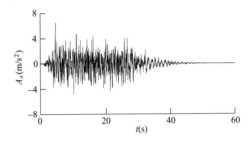

图 12　水平向地震加速度时程

$$S_a = \begin{cases} 0.6\dfrac{S_{DS}}{T_0}T + 0.4S_{DS} & T \leqslant T_0 \\ S_{DS} & T_0 \leqslant T \leqslant T_S \\ \dfrac{S_{D1}}{T} & T_S \leqslant T \end{cases} \quad (5)$$

式中：S_{DS} 为短周期设计谱反应加速度；S_{D1} 为周期为 1s 的设计谱反应加速度；S_{DS}、S_{D1} 分别由式（8）、式（9）计算：

$$T_0 = 0.2S_{D1}/S_{DS} \quad (6)$$

$$T_S = S_{D1}/S_{DS} \quad (7)$$

$$S_{DS} = \frac{2}{3}S_{MS} = \frac{2}{3}F_a S_S \quad (8)$$

$$S_{D1} = \frac{2}{3}S_{M1} = \frac{2}{3}F_V S_1 \quad (9)$$

式中：F_a、F_v 为场地系数；S_S、S_1 分别为短周期和 1s 周期的变换谱加速度，其值可以查找震害图，通过震害分析方法得到。

结合汶川地震，紫坪铺坝址场地类型为 B 类，确定 $F_a = 1.0$，$F_v = 1.0$[12]，通过震害图不能直接查到相应震级所对应 S_S 及 S_1，根据汶川地震实测波加速度峰值及反应谱得到 $S_S = 1.80g$，$S_1 = 0.72g$，水平顺河向地震加速度时程曲线如图 13 所示，水平向峰值加速度为 6.80m/s^2，并结合实测波水平顺河向与竖直向加速度峰值比例得到竖直向加速度时程。

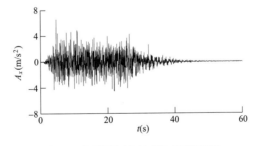

图 13　水平顺河向地震加速度时程

3.3.4 不同规范谱合成地震波动力反应评价

基于中国规范、日本规范及美国规范合成汶川地震波，并在紫坪铺大坝中进行动力反应计算比较。图14为基于不同规范波坝顶典型结点地震加速度反应的傅里叶谱与反应谱曲线。由图可知：①三种规范波输入下坝顶结点加速度反应的傅里叶谱幅值主要集中在0.5~1.1s范围内，水平顺河向在周期0.6s附近的傅里叶谱幅值分量得到显著放大；②无论水平顺河向还是竖直向，三种规范波坝顶结点加速度反应幅值均比实测波反应幅值大，而中国规范波反应幅值较小，并与实测波比较接近，这主要由于中国规范特征周期值较小，对于基本自振周期小于2s的水工建筑物，日本规范及美国规范对抗震结构的设计相比中国规范更趋于保守。

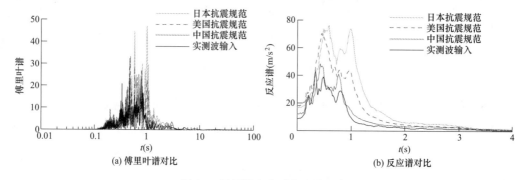

图14 坝顶测点水平向地震反应

三种不同规范波输入及实测波输入动力反应极值的比较如图15所示。在水平顺河向，加速度极值分布趋势是一致的，都是由坝基向坝顶方向逐渐增大，并且最大位置均出现在坝顶下游处，三种规范波输入加速度极值量值上有差别，三种输入加速度反应值均比实测波大，由于日本规范波特征周期较大，因此日本规范波加速度反应极值较中国及美国规范波输入大，如图16（a）所示。在竖直方向上，三种规范波输入加速度反应规律和水平顺河向一致，如图16（b）所示。由图16可知，三种规范波计算得到大坝动剪应力极值分布规律一致，自坝基向坝顶逐渐减小，日本规范波计算动剪应力极值较大，达到0.87MPa；三种规范波动剪应力极值出现位置相同，均在坝轴线偏上游处。

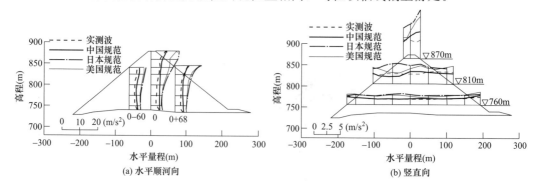

图15 不同输入下坝体绝对加速度反应极值分布对比

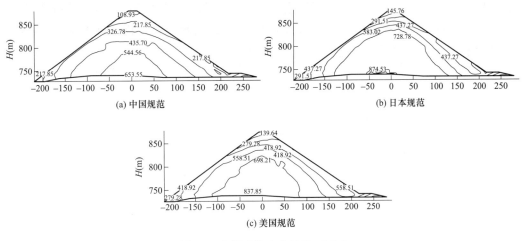

图 16　大坝动剪应力极值（kPa）

　　三种规范波输入下坝体永久变形计算结果如图 17 所示，可以看出，沉降量随着坝体高程的增加逐渐增大，并且最大沉降量均出现在坝轴线下游侧，中国规范波计算沉降量为 110.0cm，日本规范波计算沉降量为 145.0cm，美国规范波沉降量为 130.0cm，相比实测沉降量，三种规范计算结果均比实测波大，并且都是日本及美国规范波比中国规范波保守，这主要是由于日本及美国规范特征周期选取标准比中国规范大。

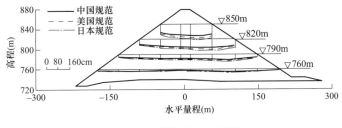

图 17　大坝竖向永久变形

4　结论

　　结合汶川地震基于实测波功率谱合成地震动对紫坪铺大坝进行多点输入动力有限元计算。与地震动单点输入相比，多点输入时地震反应有明显减小，这主要由于多点输入时考虑地震波的相干效应和行波效应。对不同的地震动输入进行频谱特性分析，基岩输入地震波的高频、短周期分量基本上被坝体滤波，坝顶加速度反应周期明显延长，输入地震波在接近大坝自振周期位置的分量由于较强的共振激励作用产生了显著放大。实测波单点输入、多点输入计算大坝竖向永久变形均位于坝顶，在量值上多点输入较小；最大动剪应力出现在坝基面坝轴线附近，多点输入较单点一致输入略小；大坝下游坝坡表面潜在危险滑块出现的位置较高，多点输入与实测波计算得到典型滑块在地震过程中的最大滑移量一致。

　　基于中国、日本及美国抗震规范设计反应谱合成汶川地震波，三种规范波输入下大坝地震反应明显比实测波反应大，中国规范波地震反应较小，这主要由于同一地震烈度下中国规范特征周期取值较小，对于基本自振周期小于 2s 的水工建筑物，日本及美国规范对抗震结构的设计相比中国规范偏于安全。

参考文献

［1］ Dibaj. M. , Penzien. j. , Response of earth dam to travelling wave，ASCE，SM2，1969.

［2］ 沈珠江，徐志英. 考虑行进波的土工建筑物地震反应分析［J］. 水利学报，1983（11）：37-43.

［3］ Hao H, Oliveira C. S, Penzien J. Multiple-station ground motion processing and simulation based on SMART-1 array data［J］. Nuclear Engineering and Design，Vol. 111，No. 3n 1989，Pages 293-310.

［4］ 屈铁军，王前信. 空间相关的多点地震动合成（I）基本公式［J］. 地震工程与工程振动，1998，18（1）：8-15.

［5］ 屈铁军，王前信. 空间相关的多点地震动合成（II）合成实例［J］. 地震工程与工程振动，1998，18（2）：25-32.

［6］ Scanlan R. H, Sachs K. Earthquake time histories and response spectra［J］. Journal of the Engineering Mechanics Division，ASCE，Vol. 100，No. EM4，1974.

［7］ 朱晟，周建波，陈宁. 粗粒筑坝材料的动力变形特性［J］，岩土力学.

［8］ 于海英，王栋，杨永强，等. 汶川8.0级地震强震动加速度记录的初步分析［J］. 地震工程与工程振动，2009（2）：1-13.

［9］ 朱晟，杨鸽，周建平. 紫坪铺面板堆石坝静动力初步反演研究［J］. 四川大学学报，2010，42（5）：113-119.

［10］ DL 5073—2000，水工建筑抗震设计规范［S］. 北京：中国电力出版社，2001.

［11］ BSL. Building standard law 2000［in Japanese］.

［12］ International Building Code（IBC2000）［S］. International Code Council，2000.

光纤光栅渗漏监测技术在猴子岩混凝土面板堆石坝的应用

朱永国[1]，袁宏才[2]

（1. 国电大渡河猴子岩水电建设公司，四川省康定市　626005；

2. 武汉理工大学，湖北省武汉市　430070）

[摘　要]　为解决面板堆石坝传统渗漏监测技术的不足，猴子岩面板堆石坝采用光纤光栅测温技术监测面板周边缝、板间缝的渗漏情况，并取得系统监测成果。本文介绍了光纤光栅渗流监测技术的原理与优点，系统介绍了猴子岩混凝土面板堆石坝光纤光栅渗流监测系统以及监测成果，为类似工程提供了参考借鉴的成功案例。

[关键词]　猴子岩水电站；混凝土面板堆石坝；光纤光栅；渗流监测

0　引言

自 20 世纪 80 年代以来，混凝土面板堆石坝在我国得到了快速的发展与推广。据统计，截至 2015 年底我国坝高 30m 以上混凝土面板堆石坝总数已超过 400 座，已先后建成天生桥、洪家渡、水布垭等高面板堆石坝，其中，233m 高的水布垭大坝是世界最高面板堆石坝。一些面板堆石坝运行期出现周边缝止水失效、垂直缝挤压破坏，造成坝体发生渗漏，危及大坝安全。因此，坝体渗漏监测是混凝土面板堆石坝的重要监测项目。

传统的混凝土面板堆石坝坝体渗漏监测方法，主要是在面板周边缝底部等关键部位埋设少量渗压计，监测周边缝渗漏、在坝体堆石体内埋设渗压计监测坝体浸润线变化、在坝后设置量水堰监测坝体渗流量。对于高混凝土面板堆石坝而言，面板周边缝、垂直缝和施工缝均为渗漏监测的关键部位，长度至少数千米，数量有限的渗压计存在大量的监测盲区，不能准确定位渗漏点位置；而且对于微小压力差的贯通性渗漏，渗压计是监测不出的。

水布垭面板堆石坝创新引进分布式光纤光栅测温技术监测面板周边缝渗漏情况[1,4]，此后其他一些面板堆石坝也有采用。基本上都是将光纤光栅测温技术与传统渗漏监测手段同时采用，以便相互对比分析验证。

猴子岩混凝土面板堆石坝引进光纤光栅测温渗漏监测技术，不仅监测面板周边缝渗漏情况，而且创新用于面板垂直缝、水平施工缝等板间缝的渗漏监测。

1　光纤光栅测温技术监测渗漏的原理与优势

1.1　工作原理

混凝土面板堆石坝面板周边缝、板间缝某处出现渗漏时，此处堆石体的温度场将发生改变。利用光纤光栅温度传感器检测到此处温度场变化，即可判断渗漏发生的位置。在面板周边缝、板间缝底部堆石体内埋设多个光纤光栅温度传感器构成分布式测温网络，即可实现对整个面板周边缝、板间缝的渗漏监测。

大坝堆石体内温度分布受多个因素影响。为准确可靠地判断渗漏，需要将温度变化量放大。为此增设一套辅助升温系统，预先对所有温度传感器加热，在传感器周围形成一个高于水温的温度场。一旦某处出现渗漏，温度场将发生明显异常，这样可有效降低环境因素对温度场的影响，减少对渗漏的误判。

1.2 光纤光栅测温技术监测渗漏的优势

与传统的渗漏监测方法相比较，光纤光栅测温技术监测渗漏具有以下优势：

（1）可以实现连续分布式监测。光纤光栅测温技术监测渗漏为分布式监测技术，可以实时监测光缆沿线长达几十公里的温度场信息。

（2）光纤光栅可实现多个测点信号串联测量，共用传输光缆，信号传输距离远，可靠性高，易于实现远程监测。

（3）体积小，可埋设在被监测对象内部，不会破坏被监测对象的结构，测量精度高。

（4）抗干扰性能强。光纤光栅为石英材料，完全绝缘，不受电磁干扰，能够抗高电压和高电流的冲击，防雷击。

（5）适应性强。光纤光栅传感器防腐蚀、耐火、耐水、寿命长，信号可在光缆任意一端测量。系统构成简单，可降低相关防护或配套设施的成本。

2 猴子岩面板堆石坝周边缝和板间缝渗漏监测系统

2.1 系统布置

猴子岩混凝土面板堆石坝，坝顶高程为 1848.50m，坝顶总长 278.35m，坝顶宽度 13.20m，最大坝高 223.50m。上游坝坡 1∶1.4，下游坝坡综合坡比为 1∶1.6，坝体自上游向下游分为辅助防渗铺盖、面板、垫层料、过渡料、堆石料、块石护坡、坝后压重区，总填筑方量约 963 万 m^3。大坝面板面积约 6 万 m^2，共分 33 块，河床受压区 12m 宽面板 11 块，两岸受拉区 6m 宽面板 22 块。面板混凝土设计标号为 C30F100W12（二级配），总方量约 3.96 万 m^3。面板底部高程 1636m、顶部高程 1845m，底部最大厚度 1.048m，顶部最小厚度 0.4m，所有面板均采用双层配筋。面板分为三期施工，一、二、三期面板顶部高程分别为 1738m、1810m、1845m。

猴子岩面板堆石坝面板周边缝、板间缝光纤光栅渗漏监测系统分为两部分：一是沿面板周边缝单独布置一套光纤光栅测温系统监测面板周边缝渗漏；二是分别布置 4 条分布式光纤测温光缆监测面板板间缝渗漏：1 号测温光缆监测一期面板顶部水平施工缝，经面板周边缝引至坝顶观测房；2 号测温光缆监测左岸拉性垂直缝（左 6～左 11），引至左岸观测房；3 号测温光缆监测中部压性垂直缝（左 2～右 3），经周边缝引至右岸观测房；4 号测温光缆监测右岸拉性垂直缝（右 9～右 14），经周边缝引至右岸观测房。

2.2 周边缝光纤光栅渗漏监测系统的构成

猴子岩面板堆石坝光纤光栅渗漏监测系统在面板周边缝共布置 375 个光纤光栅温度传

感器，监测系统构成如图 1 所示。在水布垭大坝面板周边缝光纤光栅渗漏监测系统应用基础上，猴子岩面板坝周边缝渗漏监测系统进行了如下优化升级：

（1）采用光纤传感行业通用的"15 波段"光栅探头，保证监测系统的通用性和互换性。

（2）优化光栅测温探头结构设计，提高探头响应速度和灵敏度。

（3）优化加热装置设计，加热系统具备"快速""正常""慢速"3 挡切换。

（4）研制新型的光纤光栅解调器，提高信号解调精度及稳定性。

（5）新型光纤光栅传感测温系统具备与远程计算机系统通信功能，可实现数据远传。

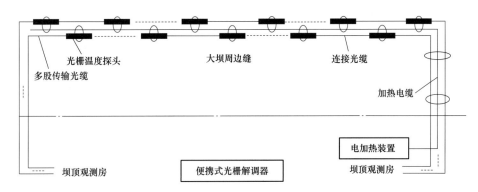

图 1　猴子岩面板堆石坝面板周边缝光纤光栅渗漏监测系统构成

2.3　面板板间缝分布式光纤渗漏监测系统

面板板间缝分布式光纤渗漏监测系统分部位分设 4 条测温光缆，测温光缆为测温光纤和加热导体为一体化结构，易于埋设施工，可靠性高。分布式光纤测温主机为 4 通道一体化结构，能够以图文方式在光纤测温主机外接显示屏上显示测温光纤各个测点的实时温度及监测区段的温度分布曲线。分布式光纤系统构成如图 2 所示。

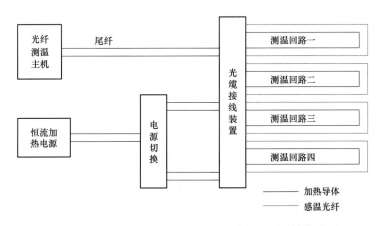

图 2　猴子岩面板堆石坝面板板间缝渗漏监测系统构成图

3 堆石体渗流特性实验、新型光栅解调器研制

3.1 堆石坝堆石体渗流特性实验[3,6]

3.1.1 堆石坝堆石体导热系数与含水量关系实验

当水流过堆石体时，如果二者存在温度差，必然产生热量交换，引起堆石体导热系数的改变，从而导致堆石体温度改变。干燥的堆石体的导热系数很小，堆石体含水量增加，其导热系数也随之增大。取适量大坝堆石体分别制作含水量不同的样品，测量其导热系数。

实验结论：大坝堆石体的导热系数随含水量的增加而增大。

3.1.2 堆石坝堆石体含水量与加热温升的相关性实验

取大坝堆石料若干，制作不同含水量堆石体样品；将加热元件和温度计捆绑在一起，依次埋入不同含水量的堆石体样品中，将堆石体样品压实；通电加热堆石体样品，记录各样品加热后的温升值（℃）。其中，一个样品在加热过程中不断注水模拟贯通性渗流状态。

实验结论：

（1）不同含水量堆石体样品加热温升值均随加热时间呈上升趋势。

（2）在相同的加热时间内，堆石体样品含水量越高，温升越小。

（3）堆石体样品在贯通性渗流状态下，温升幅度极小。

3.2 新型光纤光栅解调器的研制

早期的光纤光栅解调器的核心部件采用"光纤法—帕分析器"解析光栅波长。此类解调器存在以下缺陷：

（1）采用较多光分路器，对光源、探头信号要求高。

（2）采用标准光栅作为参考，温度补偿稳定性差。

（3）不能长期不间断运行。

（4）需要借助示波器观测光栅探头信号波形。

针对早期光纤光栅解调器的不足，研制的新型光纤光栅解调器具有以下优点：

（1）采用光开关代替光分路器，降低对光源、探头信号的要求。

（2）采用最新型一体化光栅波长解析模块，稳定性、重复性好。

（3）新型解调器的软件界面同时显示光栅探头波长、脉冲形状及信号强度。

（4）具备与远程计算机系统通信功能，可实现数据远传。

新型光纤光栅解调器测量参数显示界面如图 3 所示。

4 监测成果分析

依据本文 3.1 堆石坝堆石体渗漏特性实验结论及渗漏监测原理，采用光纤测温仪器监测的加热温升（ΔT）数据变化曲线，结合背景资料综合分析面板周边缝和板间缝渗漏情况。[2]

下面选取 2018 年 7 月 19 日面板周边缝光栅探头测点数据、2018 年 7 月 17 日面板板间缝 4 个回路的分布式光纤测点数据分别进行监测成果分析。

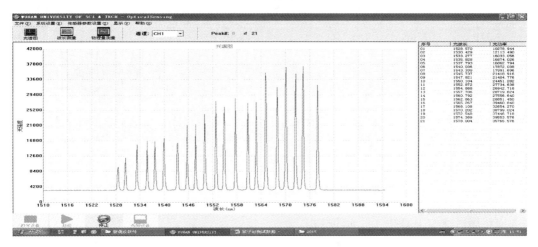

图 3　新型光纤光栅解调器显示界面

4.1　面板周边缝渗漏监测成果分析

2018 年 7 月 19 日，对猴子岩大坝面板周边缝 375 个光栅探头测点实施了加热前后的温度数据监测（本次监测时段为夏季，环境温度 13～23℃、水温约 12℃，环境温度高于水温）。

通过计算面板周边缝 375 个探头测点加热温升值，分 3 个区段（左岸、水平段、右岸）绘制周边缝各测点加热温升曲线。3 个区段探头测点加热温升曲线分别如图 4～图 6 所示。

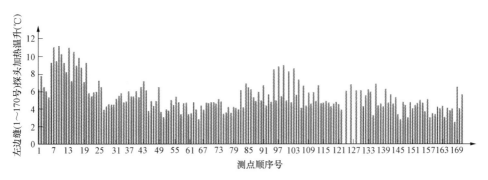

图 4　左岸周边缝测点加热温升曲线

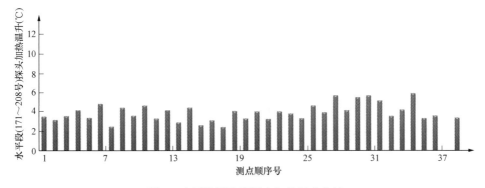

图 5　水平段周边缝测点加热温升曲线

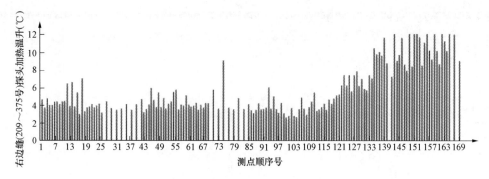

图 6　右岸周边缝测点加热温升

面板周边缝探头温升分布曲线分析：

（1）面板周边缝水平段（见图 6）。该段所有探头均位于大坝堆石体水位线之下，受水温影响最大，该段探头整体温升低于周边缝其他区域，温升曲线均匀平滑。

（2）左岸周边缝、右岸周边缝区段（见图 5、图 7）。

库水位以下区段：探头温升受水温及堆石体温度双重影响，该区段探头温升随大坝高程升高呈缓慢上升趋势。

库水位以上区段：探头温升仅受堆石体环境温度影响，该区段探头温升明显高于其他部位；尤其是面板坝顶部区段，探头温升最高。

本次监测未发现面板周边缝光栅探头温升存在明显异常点。

4.2　面板板间缝渗漏监测成果分析

2018 年 7 月 17 日实施了面板板间缝（1～4 号）回路分布式光纤测点温度数据监测（本次监测时段为夏季，环境温度为 13～25℃，水温约 12℃，环境温度高于水温）。

1、2、3、4 号回路测温光缆加热温升分布曲线如图 7～图 10 所示。

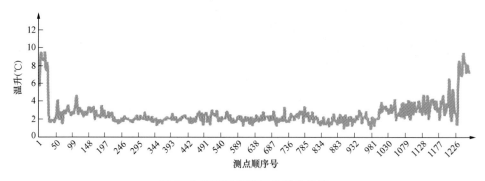

图 7　1 号测温光缆加热温升曲线

面板板间缝分布式测温光缆温升分布曲线分析：

（1）面板水平缝 1 号测温光缆（见图 8）。

受水温影响，库水位以下区段测点加热温升曲线均在 2～3℃ 之间波动，变化较小；接近坝顶区段测点受环境温度影响，加热温升幅度较大；1 号测温光缆埋设区域跨越所有面板，每块面板内部堆石体的环境状况存在差异，故测点加热温升曲线波动较大。

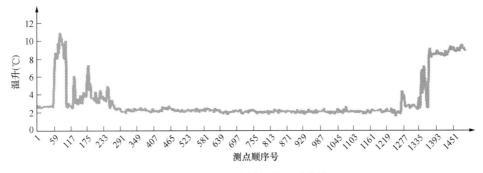

图 8 2 号测温光缆加热温升曲线

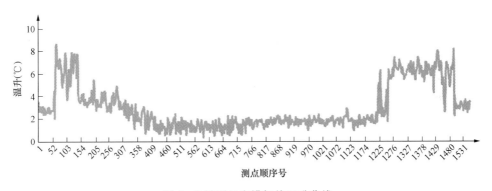

图 9 3 号测温光缆加热温升曲线

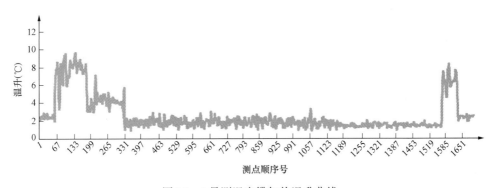

图 10 4 号测温光缆加热温升曲线

（2）面板垂直缝（2、3、4 号）测温光缆（见图 8～图 10）。

受水温影响，库水位以下区段测点加热温升曲线均在 2℃左右，波动很小；接近坝顶区段测点受环境温度影响，加热温升幅度较大。

2 号测温光缆埋设区域为面板（1738m 高程以上）垂直缝，受止水铜箔保护，面板垂直缝内部堆石体的环境状况差异较小，故测点加热温升曲线波动较小。

3、4 号测温光缆埋设区域为面板（1700m 高程以上）垂直缝，测点加热温升曲线波动较 2 号测温光缆稍大，可能与埋设区域堆石体环境影响有关。

本次监测未发现 4 个分布式光缆回路面板板间缝（水平缝、垂直缝）测点温升存在异常。

4.3 面板周边缝/板间缝渗漏监测结论

未发现面板周边缝/板间缝（分布式光缆埋设回路）测点温升存在异常点，据此可以判定面板周边缝/板间缝不存在疑似渗漏点。

5 结语

本文简要介绍了光纤光栅测温技术在猴子岩混凝土面板堆石坝面板渗漏监测中的应用情况。通过实验测试验证了监测堆石体温度场特性用于渗漏监测的可行性。同时，结合 2018 年 7 月中下旬的监测数据进行分析，形成了初步监测成果。

光纤光栅测温技术监测面板周边缝、板间缝渗漏情况，作为堆石坝面板渗漏监测的新方法，较好地解决了面板堆石坝传统渗漏监测方法存在的不足。猴子岩水电站混凝土面板堆石坝在国内首次采用 2 套光纤光栅测温监测系统（光纤光栅测温系统、分布式光纤测温系统）监测大坝面板周边缝和板间缝渗漏的成功应用，为混凝土面板堆石坝的面板渗流监测提供了借鉴案例。

参考文献

［1］郑魏，袁宏才 . 光纤光栅传感器在水布垭面板坝安全监测中的应用［J］. 微计算机信息，2006，22（10）：206-207.

［2］谷涛，李川 . 糯扎渡水电站大坝渗漏的稳态检测研究［J］. 水力发电，2012，38（9）：93-95.

［3］王月明，袁宏才 . 光纤光栅传感器用于渗漏检测的实验研究［J］. 武汉理工大学学报，2009（12）：75-77.

［4］梅加纯，姜德生，范典，等 . 基于光纤光栅温度传感技术的面板坝渗漏监测系统［J］. 传感器与微系统，2005，24（9）：65-66.

［5］吕琼芬 . 土质坝水库渗漏的主要原因及防渗处理措施［J］. 大坝与安全，2010（6）：54-56.

［6］李端有，熊健，於三大，等 . 土石坝渗流热监测技术研究 . 长江科学院院报［J］.2005，22（6）：29-33.

作者简介

朱永国（1969—），男，教授级高级工程师，主要从事水电工程建设技术管理工作。

一种快速质量检测方法在高土石坝施工中的应用

安可君[1]，刘斯宏[2]，胡存宝[1]，席隆海[1]

(1. 华能澜沧江水电股份有限公司，云南省昆明市　650214；

2. 河海大学水利水电学院，江苏省南京市　210098)

[摘　要]　传统土石坝碾压施工质量的检测由于室内试验周期较长、室内试验很难再现现场的实际情况、检测结果提交有时滞后于现场施工等原因，对坝体填筑质量的过程控制指导意义不大。采用张拉式新型现场直剪试验法，可快速检测现场施工条件下的土石料的抗剪强度，同步与室内试验结果进行对比分析，研究利用抗剪强度指标进行土石料施工质量控制的评价方法，客观、准确反映大坝施工质量的原始数据，试验数据和结论为工程建设提供技术支撑，保证了工程质量。

[关键词]　土石坝；土工试验；直剪试验法；快速检测；抗剪强度

0　引言

　　土石料的填筑压实质量是确保工程质量的关键。规范规定，土石坝工程施工质量控制标准：砾质土料、接触黏土以压实度为压实控制，堆石料、过渡料以孔隙率为压实控制，反滤料以相对密度为压实控制[1-6]。传统的土石坝碾压施工质量的检测往往通过现场检测以测定各种上坝材料的物理性指标（如压实度 D、相对密度 D_r、孔隙率等）是否在设计规定指标范围内，通过室内土工试验以核实各种上坝材料经碾压后的力学性参数是否满足设计要求，土石坝的稳定主要取决于土石填筑料的力学性质指标的大小而非物理性质指标，室内试验周期较长，室内试验很难再现现场的实际情况，检测结果提交有时滞后于现场施工，对坝体填筑质量的过程控制指导意义不大。张拉式新型现场直剪试验法[6-11]，由于可快速检测现场施工条件下的土石料的抗剪强度，客观、准确、快速反应大坝施工质量的原始数据，抗剪强度指标为土石料施工质量控制进行及时评价和工程建设提供技术支撑，在观音岩、苗尾等电站土石坝坝料碾压质量检测中得到了广泛应用。

1　工程概况

1.1　工程概况

　　苗尾水电站为一等工程，正常蓄水位 1408.00m，相应库容为 6.6 亿 m^3，总库容 7.48 亿 m^3，电站装机容量 1400MW，多年平均发电量 65.56 亿 kW·h，为周调节水库，工程以发电为主，兼顾灌溉供水效益。枢纽建筑物主要由砾质土心墙堆石坝、引水系统及地面厂房、冲沙兼放空洞、左岸溢洪道、左岸导流隧洞等组成，其中堆石坝坝顶高程 1414.80m，坝顶长 576.68m，最大坝高 131.50m，坝顶宽 12m。心墙采用砾质土料填筑，顶宽 4.0m，坝底高程 1283.5m，顶高程 1412.80m，上、下游坡度均为 1∶0.25。心墙与混凝土垫层接触部位左岸采用厚度 1.5m、河床 1.0m、右岸 2.0m 的接触黏土过渡。心墙上游设二层反滤层，水平宽度均为 3m；下游设两层反滤层，水平宽度均为 4m，上、下游反滤层坡比 1∶0.25；过渡层顶部水平宽度为 6m，上、下游坡比均为 1∶0.3。上游坝壳堆石料以 1395.00m 高程为界，以上为堆石料Ⅱ区，采用石料场开采料填筑；以下为堆石料Ⅰ区，采用弱风化岩体开挖料填筑。下游坝壳堆石料以 1319.50m 高程为界，以上为堆石料Ⅰ区，采用弱风化工程开挖料填筑；以下为堆石料Ⅱ区，采用石料场开采料填筑。下游河床覆盖层坝基填筑 1m 厚坝基反滤料。

1.2 坝体填筑料料源特性

防渗土料主要来自坝址左岸、苗尾寨和丹梯村 3 个土料场，其中位于坝址上游 1km 处的苗尾寨土料场总储量约 278 万 m³，是心墙防渗土料的主要料场。填筑石料主要来自工程开挖料和丹坞堑、窝戛沟石料场开采料[12]，各填筑石料物理特性见表 1。

表 1 　　　　　　　　　　填筑石料料源及物理特性统计表

序号	填筑石料料源	岩性	物理力学指标	备注
1	工程开挖料	砂质绢云板岩及变质石英砂岩	砂质绢云板岩：比重 2.74～2.87，干容重 25.7～27.5kN/m³（＞2400kg/m³），干抗压强度 17.4～72MPa，饱和抗压强度 10.4～57.6MPa，软化系数 0.6～0.95 弱风化变质石英砂岩：比重 2.69～2.83，干容重 25.0～27.4kN/m³（＞2400kg/m³），干抗压强度 36.2～82.6MPa，饱和抗压强度 28.5～73.4MPa，软化系数 0.71～0.94	根据勘探开挖料中软岩（抗压强度小于 30MPa）所占比例小于 10%，总体上属中硬岩，为硬质堆石料
2	丹坞堑石料场开采料	崇山群花木岭组下段（Pthm¹）片麻岩及上段（Pthm²）的含红柱石微晶黑云片岩，块状构造	片麻岩弱～微风化岩石：比重 2.71～2.85，天然容重 25.9～28.3kN/m³，饱和容重 25.2～28.4kN/m³，干抗压强度 47.2～94.6MPa，平均值 72.3MPa，饱和抗压强度 34.9～74.5MPa，平均值 55.2MPa，软化系数 0.69～0.86，平均值为 0.77 黑云片岩微风化岩石：天然容重 26.9～27.8kN/m³，饱和容重 27.0～27.8kN/m³，干抗压强度 62.5～90.3MPa，平均值为 74.6MPa，饱和抗压强度 53.7～71.3MPa，平均值 61.3MPa，软化系数 0.79～0.86，平均值 0.83	
3	窝戛沟石料场开采料	白垩系景星组下段（K¹j¹）地层砂岩，弱～微风化岩石	干密度 25.7～26.3kN/m³，饱和密度 25.5～26.3kN/m³，压应力与层理面垂直的干抗压强度 118.3～161.2MPa，平均值 135.3MPa，饱和抗压强度 105.6～146.0MPa，平均值 122.8MPa，软化系数 0.87～0.95，平均值 0.907。压应力与层理面平行的干抗压强度 106.8～155.4MPa，平均值 128.2MPa，饱和抗压强度 101.6～134.2MPa，平均值 117.4MPa，软化系数 0.85～0.96，平均值 0.918	

2 新型直剪试验法

2.1 试验原理

张拉式新型现场直剪试验法（见图 1）为河海大学刘斯宏教授在日本留学期间研究开发[6-11]，其要点为：将该试验法将格子状的剪切框（亦称加载框）直接埋于要测定强度的地基中，然后在格子状剪切框内的试样上先放上一块厚铁板，再在铁板上根据所要施加的垂直荷载堆上重铁块。水平方向上用一条链条拉剪切框，从而使试样受剪。剪切力用一只荷重计（Load cell）来测量。在铁板的后侧中央部位设置一只水平位移计，用于测量试样的剪切位移，同时在铁板的前后对角线上各设置一垂直位移计，试样的垂直位移取 2 只垂直位移计的平均值。

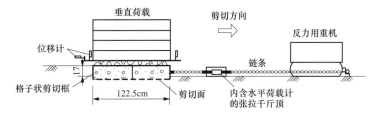

图 1　新型现场直剪试验法示意图

根据力的平衡条件，剪切面上的剪切力 T 与垂直力 N 可用以下的关系式求得：

$$N = P + W + W_1 + W_2 - P_1 \tag{1}$$

$$T = F - T_1 \tag{2}$$

$$\tau = T/A, \sigma = N/A \tag{3}$$

式中：P 为所加的垂直荷载（重铁块的重量）；F 为剪切力，可由荷重计精确测定；W 为试料的重量，W_1、W_2 分别为剪切框的重量及铁板的重量；P_1、T_1 分别为剪切框底面与试样间的垂直力与摩擦力。对于颗粒材料，由于达到峰值强度时，往往出现剪胀，从而使剪切框处于悬浮状态，P_1 与 T_1 近似地为零。因此，从式（1）～式（3）可知，当试样出现剪胀时，剪切面上真正的剪切力 T 与垂直力 N 能够精确地计算出来，也就是说试样的抗剪强度能精确地测定。另外，与通常直剪仪不同的是，在剪切过程中剪切面的面积 A 也能保持一定。如图 2 所示为作用在试样上各种力示意图。

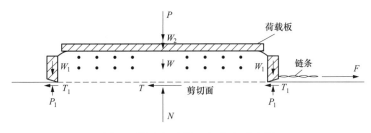

图 2　作用在试样上各种力示意图

2.2 新型直剪试验法特点

（1）试验条件与现场完全吻合。对于开挖面，剪切框直接压入拟测试的地面，剪切框内的试样是原状样；对于覆盖层地基，埋有剪切框的地基能够保持覆盖层的原位结构性；而对于填土工程，剪切框在填筑过程中或填筑完毕后埋入，按实际的施工进行碾压，剪切框内试样的压实密度即为实际施工达到的密度，克服了传统试验方法中存在制样与实际情况不可能相符的问题。因此，本试验法测定的强度能够反映现场的真实情况。

（2）克服了常规直剪试验中剪切盒内壁摩擦的影响。常规直剪试验采用推动下剪切盒的方式使试样受剪，用以量测水平剪力的量力环与上剪切盒必须是刚性接触，如图 3 所示。由于刚性接触处的摩擦限制了上剪切盒的上下自由运动，试样剪切过程中的体积变化在剪切盒内壁产生了一个无法测定的摩擦力，该摩擦力使得剪切面上的正应力与实际施加的正应力不一致，而常规直剪试验结果整理时，根据实际施加的正应力计算抗剪强度，因此，存在较大误差。新型张拉式直剪试验法由于采用了柔性的链条或钢丝绳张拉剪切框，剪切过程中剪切框能够随试样体积变化而上下一起运动，试样与剪切框之间无相对运动，因此无剪切框内壁摩擦影响，剪切面上的正应力能按式（1）～式（3）精确地计算出来，所测得的抗剪强度参数更为真实。

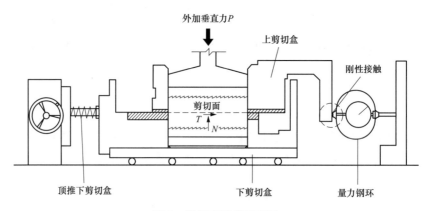

图 3　常规直剪仪示意图

（3）剪切过程中，竖向荷载在水平向不是固定的，是可以随着剪切位移而移动的，竖向荷载始终作用于剪切面的中心，因而能避免常规直剪试验中垂直压力偏离剪切面中心问题，基本消除正应力不稳定的问题。

（4）适用范围广，从大颗粒的堆石材料到极细的黏土材料均适用。仅仅改变剪切框的尺寸（现有 5 种不同面积的剪切框：14 400、3600、900、200、100cm^2），对于从大颗粒的堆石材料到极细的黏土材料，本试验法都能用同样的原理测定出其抗剪强度。目前试验允许的颗粒最大粒径可达 30～40cm，能有效地减少大幅度缩尺对抗剪强度试验结果的影响。

（5）可测定出抗剪强度随深度方向上的不均匀性。对于填方工程，本试验法不仅仅能测定出地基表面的抗剪强度，还能在施工过程中在不同深度预先设置剪切框，从而测定出

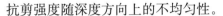

抗剪强度随深度方向上的不均匀性。

（6）试验原理简单、操作方便且快速。本试验法原理简单、操作方便，对于现场的技术人员也能容易理解与掌握，可以确保试验结果的正确性。试验能够快速进行，对于砂砾料及其细粒料，使用 900cm² 的剪切框，进行一组 4 个不同正应力下的试验，仅需 1~2h；即使对于 14 400cm² 面积的大剪切框，进行一组 4 个不同正应力下的试验，半天也能完成。因此，新型直剪试验法可用于快速复核土石材料在施工过程达到的强度，可以作为土石材料压实质量控制的一种方法或手段。

2.3 试验方案

按照工期计划安排，试验分两个阶段进行，试验内容如表 2 所示。

第一阶段：2014 年 9 月 17~28 日。试验位置在桩号 283 断面附近，共 7 组试验：上、下游堆石料（Ⅰ、Ⅱ）分别取一组；上游过渡料取一组；上游反滤料Ⅰ、反滤料Ⅱ各取一组；砾质心墙料取两组。试验高程：坝上、坝下堆石料（Ⅰ、Ⅱ）分别为 1300m 和 1305m，过渡料 1300m，反滤料Ⅰ和反滤料Ⅱ1300m，心墙料 1299.5m。

第二阶段：2015 年 7 月 7~13 日。试验位置位于 0+283 断面附近以及大坝左岸接头处，共 7 组试验：堆石料Ⅰ、过渡料、反滤Ⅰ、反滤Ⅱ、接触黏土各一组，心墙砾质土两组，现场上下游堆石同样采用堆石料Ⅰ，且碾压方式相同，故只取下游一组堆石料进行试验，其中，堆石料Ⅰ，反滤料Ⅰ、Ⅱ，心墙料Ⅰ、Ⅱ试验高程均为 1388.5m；过渡料和接触黏土试验高程为 1390m。

表 2 试验内容汇总表

试样	第一次试验		第二次试验	
	断面位置	高程（m）	断面位置	高程（m）
堆石料Ⅰ	坝 0+283.00	1300	桩号 0+283	1388.5
过渡料		1305		1390
堆石料Ⅱ		1300		—
反滤料Ⅰ		1300		1388.5
反滤料Ⅱ		1300		1388.5
心墙料 1		1299.5		—
心墙料 3		—		1388.5
接触黏土		—	左岸坝轴线	1390

2.4 试验步骤

试验的具体步骤如下：

（1）在选定位置，将 4 个剪切框"一"字排开并准确定位，放置完剪切框后进行铺料，依据规定的碾压参数进行碾压。

（2）碾压完成后用反铲配合人工移除剪切框周围，特别是剪切框前缘的堆石料，以便进行剪切。

（3）依次在剪切框上施加不同的垂直荷载，架设测试水平位移和垂直位移的位移传感器，用钢丝绳连接剪切框与水平拉力千斤顶，安装用于量测水平拉力（剪切力）的应力传感器，水平拉力千斤顶的后端通过钢丝绳与反铲连接作为反力，位移计和应力传感器连接到数据采集盒上，数据采集盒将数据传入电脑采集系统。

（4）匀速摇动千斤顶开始剪切，当剪切应力达到峰值后再继续剪切一段时间即可终止试验。

（5）当每一个剪切框剪切试验完成后，卸去荷重、荷载架，垂直与水平位移观测仪表。

2.5 试验结果

采用张拉式新型现场直剪试验法对坝体堆石料、过渡料、反滤料、心墙料及接触黏土进行了 2（批）次共 14 组现场直剪试验，各种试样的组数和所测得的抗剪强度参数汇总于表 3 中，图 4～图 9 反映各种坝料的抗剪强度线。

表 3　　　　　　　　　　　现场试验抗剪强度参数汇总

试样	第一次试验结果		第二次试验结果		平均值		设计值	
	c (kPa)	φ (°)	c (kPa)	φ (°)	c (kPa)	φ (°)	c (kPa)	φ (°)
堆石料 Ⅰ	22.95	46.21	17.79	40.52	20.37	43.365	0	36.6
过渡料	11.27	42.61	16.75	44.42	14.01	43.515	0	39.6
堆石料 Ⅱ	12.17	48.65			12.17	48.65	0	38.4
反滤料 Ⅰ	4.71	35.96	8.33	39.66	6.52	37.81	0	39.6
反滤料 Ⅱ	6.00	38.21	2.88	37.43	4.44	37.82	0	37.3
心墙料 1	18.81	23.58	—	—	18.94	24.47	43	30.75
	19.07	25.36						
心墙料 3	—	—	26.45	35.23	29.78	35.38	105	27
			33.10	35.53				
接触黏土	—	—	20.19	30.80	20.19	30.80	9	28.6

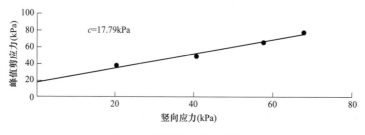

图 4　堆石料 Ⅰ 的抗剪强度线

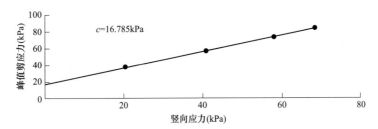

图 5 过渡料抗剪强度线

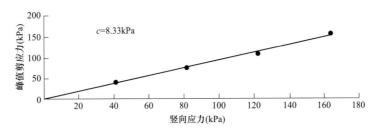

图 6 反滤料Ⅰ抗剪强度线

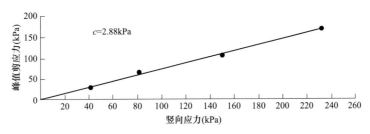

图 7 反滤料Ⅱ抗剪强度线

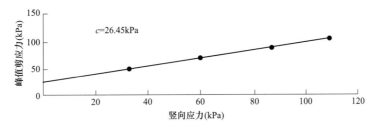

图 8 心墙料抗剪强度线

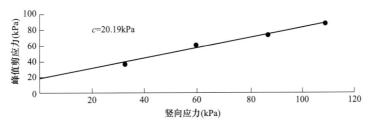

图 9 接触黏土抗剪强度线

3 坝体稳定性分析

基于实测的坝料抗剪强度指标，计算得到的各工况下坝坡稳定安全系数。坝体稳定分析计算根据《碾压式土石坝设计规范》（SL 274—2001），采用计及条块间作用力的简化毕肖普法，计算软件采用 Geo-Slope/W 软件。土体的抗剪强度采用有效应力法确定，计算采用苗尾大坝典型剖面作为计算断面，各分区材料力学参数见表4，其中上下游弃渣的材料计算参数采用可研阶段坝坡稳定计算参数，其余土料的计算模型中黏聚力（C）和内摩擦角（Φ）采用本次直剪试验测出的参数，其他参数均采用现场固定断面第三方物理力学性能检测结果。

表 4   坝坡抗滑稳定计算力学指标表

序号	材料	容重 (kN/m³)	抗剪强度指标	
			C（kPa）	Φ（°）
1	堆石料1	21.95	20.37	43.365
2	过渡料	21.90	14.01	43.515
3	堆石料2	21.55	12.17	48.65
4	反滤料1	21.43	6.52	37.81
5	反滤料2	20.82	4.44	37.82
6	心墙砾质土	20.83	24.36	29.93
7	上下游弃渣	22.80	0	33.4

表5为计算得到的各工况坝坡稳定安全系数，图10～图15为相应的滑弧位置。计算成果表明：大坝典型剖面，采用简化毕肖普法在正常运用条件施工完建期上游坝坡安全系数为2.206（工况①），下游坝坡安全系数为2.488（工况②），稳定渗流期上游坝坡安全系数为2.243（工况③），下游坝坡安全系数2.517（工况④），均大于允许安全系数1.5；上游坝坡在非常运用条件Ⅰ下，水位由正常蓄水位骤降至死水位（工况⑤）时安全系数为2.136，水位由校核洪水位骤降至死水位（工况下⑥）时安全系数为2.191，均大于允许安全系数1.3。

表 5   坝坡稳定计算结果表

运行条件	计算工况		简化毕肖普法	
	序号	工况说明	计算安全系数	允许安全系数
正常	①	施工完建期上游坝坡	2.206	1.5
	②	施工完建期下游坝坡	2.488	
	③	稳定渗流期（上游正常蓄水位）上游坝坡	2.243	
	④	稳定渗流期（上游正常蓄水位）下游坝坡	2.517	
非常	⑤	水位由正常蓄水位骤降至死水位，上游坝坡	2.136	1.3
	⑥	水位由校核洪水位骤降至死水位，上游坝坡	2.191	

综上，砾质土心墙坝的上、下游坝坡在各种工况下均是稳定的，整个大坝的实际施工质量较好，满足规范和设计要求。

图 10 工况①最危险滑动面位置

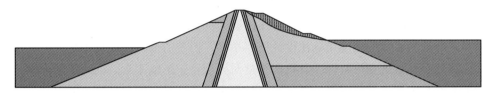

图 11 工况②最危险滑动面位置

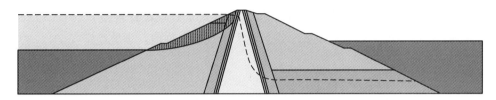

图 12 工况③最危险滑动面位置

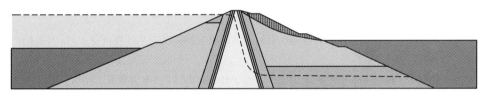

图 13 工况④最危险滑动面位置

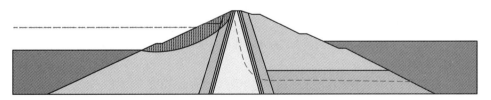

图 14 工况⑤最危险滑动面位置

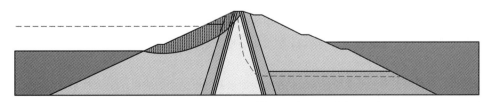

图 15 工况⑥最危险滑动面位置

4 结论

结合苗尾水电站现场施工情况，对比固定断面第三方检测结果，成果如下：

（1）堆石料Ⅰ、过渡料、堆石料Ⅱ、反滤料Ⅰ、反滤料Ⅱ和接触黏土6种坝体材料，两次试验实测得的抗剪强度指标均大于设计值，表明该6种坝料施工碾压后的力学强度指标满足设计要求。

（2）心墙料第一次试验实测的内摩擦角 $\varphi = 23.58° \sim 25.36°$，黏聚力 $18.81 \sim 19.07\text{kPa}$，设计的内摩擦角为 $30.75°$，黏聚力为 43kPa；第二次试验实测的内摩擦角 $\varphi = 35.23° \sim 35.53°$，黏聚力 $26.45 \sim 33.10\text{kPa}$，设计的内摩擦角为 $27°$，黏聚力为 105kPa。综合来看，心墙料实测的强度指标比设计值要小些。由于心墙位于大坝中部，对大坝安全起主要作用的是其渗透变形特性，其抗剪强度对大坝稳定影响不大，而固定断面第三方检测得到的心墙料的渗透变形试验结果满足设计要求，因此，心墙料的施工效果满足工程安全要求。

（3）基于实测的坝料抗剪强度指标，按《碾压式土石坝设计规范》（SL 274—2001）要求计算得到的各工况下坝坡稳定安全系数均大于规范允许值，坝坡稳定安全。

参考文献

[1] 王爱玲，邓正刚. 我国超级高坝的发展与挑战 [J]. 水力发电，2015，41（2）：45-47，93.

[2] 陈生水，程展林，孔宪京. 高土石坝试验技术与安全评价理论及应用 [J]. 水利水电技术，2018，49（1）：7-15.

[3] 安可君，胡永福，王世涛，李杨. 苗尾水电站心墙砾质土料碾压工艺试验研究 [J]. 水电能源科学，2015，33（6）：93-97.

[4] 安可君，刘盛乾. 砾质土心墙土石坝雨后快速复工技术研究 [J]. 水力发电，2018，44（9）：50-54.

[5] 何学国，王成祥. 冶勒水电站工程主要技术难点及处理措施 [J]. 水力发电，2004（11）：42-45.

[6] 李小群，刘斯宏，赵红伟，杨家卫. 观音岩水电站心墙堆石坝施工质量强度检测 [J]. 水力发电，2017，43（1）：59-62.

[7] 刘斯宏，肖贡元，杨建州，吴光英. 宜兴抽水蓄能电站上库堆石料的新型现场直剪试验 [J]. 岩土工程学报，2004（6）：772-776.

[8] 刘斯宏，汪易森. 岩土新技术在南水北调工程中的应用研究 [J]. 水利水电技术，2009，40（8）：61-66.

[9] 樊鹏. 原位大直剪试验在长河坝大坝工程中的研究与应用 [J]. 水利水电施工，2017（4）：49-53.

[10] 樊鹏. 原位大直剪试验在长河坝大坝工程中的研究与应用 [C] // 中国大坝协会. 高坝建设与运行管理的技术进展—中国大坝协会2014学术年会论文集. 中国大坝协会：中国大坝协会，2014：623-630.

[11] 杨建州. 堆石料新型大型现场直剪试验在宜兴抽水蓄能电站中的应用 [C] // 抽水蓄能电站工程建设文集. : 中国水力发电工程学会，2005：232-237.

[12] 鄢镜，黄泰仁，郑惠峰，郎玲芳. 苗尾水电站砾质土心墙堆石坝设计 [J]. 云南水力发电，2017，33（S1）：21-26.

作者简介

安可君（1981—），男，硕士，工程师，主要从事水资源系统管理、水利施工、水工建筑物运行维护等研究。E-mail：ankejun1115@163.com

多波束扫描技术在水下检测中的应用

朱伟玺，卢　飞

（华能澜沧江水电股份有限公司糯扎渡水电厂，云南省普洱市　665005）

[摘　要]　在堆石坝的水下坝体变形监测中，传统检测方法采用潜水员下潜观测或测深船剖面测量，该方法仅能作为简单的分析，无法准确检测水下变形的变化量和范围，因此，对于堆石坝的迎水面的水下部分变形检测，本文采用多波速扫描技术对坝面进行监测分析，根据扫描点云数据构建三维变形模型，进一步分析大坝迎水面的变形范围和变化量。

[关键词]　多波速扫描；水下变形监测；外观观测

1　项目概况

目前，高堆石坝迎水面水下检测，受限于水下环境的复杂性、检测区域范围大等因素，主要采用传统的蛙人水下检测技术和测深船单线测量。但该技术受下潜时间、下潜深度的限制而且人员生命危险面临着巨大的考验。与传统蛙人和测深船水下检测技术相比，多波束扫描技术可快速、连续、全方位和多角度地获取采集数据，准确、真实地描述水下异常情况，从而弥补了传统水下检测技术的弊端，克服了水下复杂环境的限制，为衡量缺陷等级和制定缺陷修复计划提供重要基础数数据。

2　多波束探测系统工作原理

多波束探测系统主要利用发射换能器阵列向海底发射宽扇区覆盖的声波，利用接收换能器阵列对声波进行窄波束接收，通过发射、接收扇区指向的正交性形成对水下地形的照射交叉区域称为脚印，根据声波到达时间或相位即可测量出对应点的水下被测点的水深值，若干个测量周期组合形成带状水深图（如图1所示），从而描绘出水下地形的三维特征。

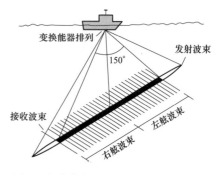

图1　多波束探测系统工作原理示意图

3　水下部分作业方案

根据库水水位变化规律，在迎水面一侧的水下部分，可以通过一个蓄水周期内，分别在低水位和高水位时，进行多波束扫描观测，并对两期数据进行对比分析，确定大坝的水下部分的变形。

水下部分坝体的点云数据采集过程中，采用离测区最近的变形观测基点作为控制点，架设RTK基准站作为水下扫描基准点，在水下点云数据的扫描过程中，测线布置及数据

采集流程遵循以下原则：

（1）最大水深时波束开角 25°，此时单测线点间距小于 0.4m，以确保每移动一条测线有足够的重叠度。

（2）采用多波束施测检测线，检测线与主测深线垂直，测线间距 10m，保证获取数据全面准确。

（3）在后期数据处理过程中进行了必要的姿态改正，包括时延的校正、横摇校正、纵摇校正、艏摇校正等；

（4）根据实时数据采集工作站系统，对数据采集过程进行监控，并按布置的测线引导船只运行，保证水库环境变化，调整声纳的波束角、量程、中央波束方向、发射功率等，最后完成外业采集工作。

4 数据采集与分析

2016 年 7 月 10 日～12 月 11 日，分别选取枯水期和丰水期，第一期水位 777.00m 高程，第二期水位 812.00m 高程。运用多波束扫描系统对大坝迎水面水位以下部分进行两期扫描观测。

以左岸上游面 DB-JQR-JD01S 观测房顶基点作为 RTK 工作基点，平均采集测线间距 20m，条带间覆盖率≥60%。水下数据的采集过程中，严格控制船速和航线，以保证水下多波束数据满足设计精度要求。数据采集情况见表 1。

表 1 数据采集情况

水位	测量项目	完成面积（万 m²）	点云数目	测站数	数据量	平均密度（p/m²）
高水位	点云数据量	80	1.66 亿	3	1.94G	207
低水位	点云数据量	75	1.34 亿	3	1.85G	178

5 数据处理及精度分析

5.1 数据处理

水下探测过程中，以离测区最近的变形观测基点（DB-JQR-JD01S 观测房顶基点）作为 RTK 工作基点，实际采集测线与设计一致，平均测线间距 10m，共计布设 10 条测线，测线间覆盖率≥75%。水下数据的采集过程中，严格控制船速和航线，以保证水下多波束数据满足设计精度要求。

根据既定的探测路径（如图 2 所示）依次探测水下待测区域获取初始点云数据，并经过噪点剔除、点云配准、数据过滤、数据分类、过滤和抽稀等数据预处理过程后，得到水下区域整体结构化点云数据，进而构建水下待测区域三维模型。

经过两期期多波束扫描检测可知，获取点云数据需经过去燥、滤波和粗差处理后形成平滑的第一、二期基础点云数据（如图 3 所示）；对水下点云数据（如图 4 所示）进行去噪处理；为了整体分析坝前库底的探测状况及其形成原因，可将水下扫描建模部分和大坝整体模型构建成整体可与竣工模型进行对比分析（如图 5 所示）。

图2　大坝水下区域探测路径　　　　　　　　图3　第一、二期迎水面多波束点云

 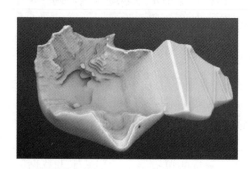

图4　第三、四期右岸泄洪洞点云　　　　　　图5　整体坝区三维重建示意图

通过本项目的前期设计、中期观测、后期数据处理及资料分析等环节，对于多波速水下检测成果分析：

（1）大坝表面变形多波束扫描工作点位选择合理，通过高密度的点云扫描方式，在保证扫描距离的同时做到了坝面最大覆盖，工作整体质量处于较高标准。

（2）使用 R2SONIC 2024 多波束测深系统、全站仪自动观测机器人等先进设备联合观测，大大提高了变形监测的精度和可靠性。

（3）使用专业点云数据处理软件，对大坝表面点云进行建模，通过不同观测期的点云 mesh 构面成果叠加比较分析，排除噪点干扰影响，通过多期数据对比，得出大坝表面不同区域的变形规律及变形区间量值。

5.2　精度分析

多波束探测系统引起的误差主要因素包括换能器量程引起的误差、辅助传感器引起的误差（姿态测量误差、声速测量误差及 GPS 测量误差）。对于各种因素精度评估如下：

静态探测精度评估：反映系统深度重复测量精度，用来评价声呐测深系统的水深测量精度，但无法暴露整个系统各误差源引起的水深和位置误差，是有限项误差评估的方法。

相对探测精度评估：反映系统自身的测量数据间进行精度评估，由于系统的一些传感器误差对测量水深的影响自中央波束向边缘波束增加，使得中央波束精度明显高于边缘波束精度，该精度反映出影响波束水深精度各因素综合误差。

绝对探测精度评估：由于多波束测深系统采用了波束开角小于 3° 窄波束技术，其中央波束的精度应高于单波束测深精度，在技术上不能采用由单波束系统来检验多波束系统

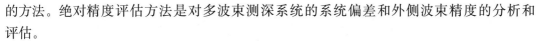

的方法。绝对精度评估方法是对多波束测深系统的系统偏差和外侧波束精度的分析和评估。

综上所述，在多种误差的综合因素影响下，经过数据处理分析，水下多波束测深点云数据的精度≤10cm。

6 结语

根据该多波束探测系统，建立一套用于高堆石坝水下检测的技术方案，实现水下近距离、高精度的定量化扫描测量，准确、真实地描述高堆石坝坝前淤积、坝后冲淤和水下坝面等异常情况，从而弥补了传统水下检测技术的弊端，克服了水下复杂环境的限制，为衡量缺陷等级和制定缺陷修复计划提供重要基础数数据。

参考文献

[1] 孙新轩，佟杰，李磊 . 多波束水深数据不确定度研究 [J]. 测绘地理信息，2019，44（6）：48-50.

[2] 陈思宇，何世聪 . 多波束与水下无人潜器在水工建筑物联合检测中的应用 [C]. 中国水力发电工程学会 . 2015 年会暨"大坝安全检测技术与新仪器应用"学术交流会论文集，2015.

[3] 曾广移，覃丹，巩宇，等 . 一种具备 ROV/AUV 双工模式的水电站检测水下机器人研究 [J]. 科技广场，2017，（9）：74-78.

[4] 徐进军，余明辉，郑炎兵 . 地面三维激光扫描仪应用综述 [J]. 工程勘察，2008，（12）：31-34.

[5] 刘兆权 . 多波束测深系统精度评估 [J]. 中国港湾建设，2017，37（5）：63-67.

[6] 陆俊 . 多波束系统在水下探测中的应用 [D]. 南京：河海大学，2006.

作者简介

朱伟玺（1988—），男，硕士，主要从事大坝安全监测与分析工作。

水利企业 QC 活动小组管理活动的实践措施研究

周　政，张剑波

（中国水电基础局有限公司，天津市　301700）

[摘　要]　随着我国经济水平的迅速提升，以及科学技术的日新月异，对水利企业的质量管理提出了更高的要求。质量对于水利企业的发展具有关键的作用。强化质量管理，提升水利企业的服务质量，产品质量，工程质量，能够进一步提高企业的市场核心竞争力，为水利企业的持续性稳定发展保驾护航。QC 小组活动的有效开展，能够在最大程度上调动广大职员的工作积极性，深度挖掘内在潜能，提升职员的综合素质水平，为水利企业的质量管理的提升做出巨大贡献。本文主要讲述了 QC 小组活动在水利企业质量管理中的实践应用策略，并通过两个课题的成功实践，进一步提升水利企业的质量管理水平，提升其竞争实力，促进水利行业稳发展。

[关键词]　水利企业；QC 活动小组；管理活动；实践措施

0　引言

QC 小组是指在生产或工作岗位上从事各种劳动的职工，围绕企业的经营战略、方针目标和现场存在的问题，以改进质量、降低消耗，提高人的素质和经济效益为目的的组织起来，运用质量管理的理论和方法开展活动的小组。[1]QC 小组是企业中群众性质量管理活动的一种有效组织形式，是职工参加企业民主管理的经验同现代科学管理方法相结合的产物。[2]随着社会的不断发展，对水利企业的质量管理要求越来越高，QC 小组活动在提升企业质量管理效率，促进人员整体素质水平，强化企业的综合实力上做出了巨大的贡献。因此，加强对水利企业 QC 小组活动的实践应用策略的研究具有重要的实际意义。

1　水利企业开展 QC 小组活动的意义

水利企业开展 QC 小组活动以来，取得了优异的研究成果，为企业的全面质量管理做出了重要贡献，对于企业质量管理目标的实现具有重要的推动作用。QC 小组活动研究成果在社会上得到了普遍认可，并为企业带来了一定的社会荣誉，对于提升水利企业的社会知名度和社会影响力，提升企业市场竞争力具有重要意义。通过 QC 小组活动的开展，进一步激发了全体职工的工作积极性和主动性，强化企业员工之间的凝聚力，为促进企业质量管理水平共同奋斗。

2　水利企业 QC 小组活动实践策略探究

2.1　加强领导的支持

领导的大力支持是提升 QC 小组活动管理效果的重要保障。质量管理对于提升整体水利企业的质量水平和经济效益具有重要意义。因此，企业领导要对 QC 小组活动的开展予以充分的支持，对小组成员的付出给予一定的精神和物质奖励，以便提升他们的工作积极性和主动性，进一步提升 QC 小组活动的开展效率。各级领导要注重在会议中对 QC 小组予以可能，促进他们在企业的认可。各级领导要对质量管理给予足够的重视，形成质量第一的管理观念，并进一步提升自身的综合素质，以便为 QC 小组活动的开展给予更加专业和科学性的指导。强化对 QC 小组活动的制度管理，实现 QC 小组活动的规范化，对 QC 小组活动的全过程进行实时管理，确保其课题选择，登记注册等环节的规范性和有效性，确保活动主题的可行性，提升活动小组的效率。建立完善的质量管理机构，为 QC 小组活动的有效开展提供制度保障。遵循 PDCA 循环，如图 1 所示。

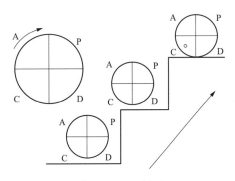

图 1　PDCA 循环

P—计划：包括制定方针、目标、计划书、管理项目等；D—实施（执行）：按计划去做，落实具体对策；

C—检查：实施了具体对策后，验证其效果；A—处理（处理、总结）总结成功的经验，实施标准化，

以后可以按该标准进行

对于没有解决的问题，转入下一轮 PDCA 循环解决，为制定下一轮改进计划提供资料。

2.2　提升小组成员的综合素质

质量管理人才是提升 QC 小组活动效率，强化质量管理水平的关键因素。质量管理是水利企业综合管理水平的重要反映，一定程度上体现了企业管理层的质量观念。特别是在知识经济时代，对企业质量管理人才的需求更加突显。因此，水利企业要注重对质量管理人才的培养，提升质量管理队伍的综合素质水平，积极应对时代发展带来的挑战和机遇，满足水利行业发展的新需求。企业要注重对人才的培训和教育，提升人员的质量管理专业知识，掌握一定的管理方法。此外，要时刻关注时代发展动态，引进先进的管理思想和管理新技能，实现 QC 小组成员素质的全民提升，适应新时期水利事业发展需求。要不断提升 QC 小组活动的深度和广度，扩大课题选择的方位，要对水利生产服务的方方面面进行深度研究，不断为解决实际生产问题提供依据。要结合企业的人员结构采取分层次的培训模式，进行针对性的教育的同时，强化各个层次人员之间的知识，经验等方面的交流和沟通，以便促进人员的全面发展和共同提升。[3]培养小组骨干，进行人才储备计划。制定一定的培训考核机制，形成人才激励机制。

2.3　不断推进 QC 小组活动管理方式的创新

在 QC 小组活动实践过程中，部分水利企业由于质量管理理念和模式比较落后，公式化套路严重，对小组活动的研究效果产生的严重的限制影响。因此，为了进一步提升 QC

小组活动的质量管理效率，要对小组活动的管理方式进行创新和改革，为小组活动的开展注入新的活力，促进小组活动效率的优化提升。

（1）随着科学技术的不断发展，越来越多的现代化管理手段在水利企业的质量管理中得到应用。因此，要强化小组活动的科技含量，积极促进现代化的管理手段和小组活动管理措施的相互融合。要注重对课题的优化选择，充分运用新技术、新设备、新工艺等，增加项目研究的难度，积极鼓励全体成员积极参与，各抒己见，挖掘潜在的聪明才智，极大地调动成员积极性和主动性，散发创造性思维，为提升 QC 小组活动的效率和质量做出贡献。[4]

（2）加大小组活动课题研究范围。随着市场经济的不断发展，市场竞争环境日益加剧，对水利企业全面质量管理提出了更高的要求。因此，QC 小组活动要紧随时代发展趋势，为了提升水利企业的整体效率，要逐渐扩大研究范围，不仅要注重对产品质量的研究，更要在服务质量、工程质量，服务质量以及环境质量等多方面进行研究，提升水利企业的全面质量管理。当前阶段，贯彻执行 ISO9000 质量管理标准，获得质量体系认证，成为水利企业提升综合实力和市场竞争力的关键。[5] QC 小组活动选题流程如图 2 所示。

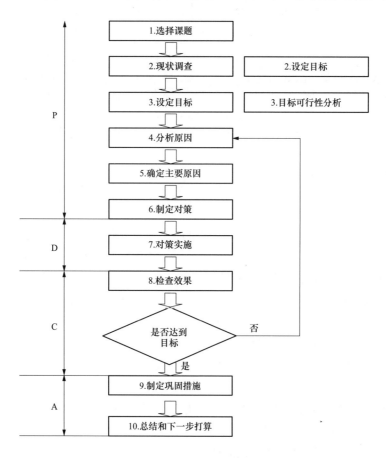

图 2　QC 小组活动选题流程

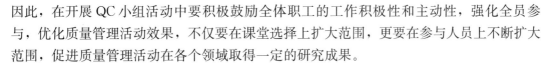

因此，在开展 QC 小组活动中要积极鼓励全体职工的工作积极性和主动性，强化全员参与、优化质量管理活动效果，不仅要在课堂选择上扩大范围，更要在参与人员上不断扩大范围，促进质量管理活动在各个领域取得一定的研究成果。

（3）促进 QC 小组活动开展的规范性。水利企业要给予一定的时间和资源上的保障，确保小组活动有效开展。把小组活动的研究成果作为企业绩效考核的重要内容。展开全面的调查活动，对相关受益人的满意程度进行跟踪调查。对小组活动成果进行积极推广，为提升水利企业的质量管理效率提供依据和支持，从而进一步提升企业的市场竞争力。

（4）开展学习先进活动。强化小组成员和其他行业之间的交流和学习，互相沟通，就活动开展的经验和方法进行全方位的分享，拓展活动开展的思路，为水利企业的 QC 小组活动的开展注入新的生命力。构建"小、实、活、新"的小组成果，综合运用现代化的科学科技手段，促进小组活动开展的效率。[6]

3　QC 小组活动实践——以西霞院 QC 小组和黔进 QC 小组为例

西霞院工程属于水库水下修复工程，项目位于浪底坝址下游 16km 处的黄河干流上。水文、地质条件复杂，工期紧（有关门工期），施工最深水位深达 25m，水下可见度小于 1.5m，施工区域存在掏空、冲刷、盖板和混凝土错落搭接等情况，施工环境之困难，为国内外所罕见。且模板支立进度直接影响工期，因此，采用何种方式的模板支立成为关键点。

基于此，西霞院项目部成立 QC 小组，小组成员在广泛借鉴同行业类似工程基础上，经过方案的分析对比，创新性地提出了"一种箱型网孔模板水下立模技术"。该技术通过免拆卸箱型网孔模板的制作及连接，使模板支立时间较传统方法节省了 17 天，节约成本总计 270 余万元，高效、高质量地完成了水库水下修复。

该项技术不仅节约了成本、缩短了工期，而且填补了国内外在复杂环境条件下修复加固水利工程水下混凝土施工超 $5000m^3$ 施工技术空白。

贵州省夹岩水利枢纽及黔西北供水工程是国务院 172 项重大水利项目之一，同时也是目前贵州省的"1 号水利工程"，夹岩水利枢纽工程的建成能有效解决黔西北地区水资源调配能力不足问题，解决工程区群众生产生活用水和提高防灾减灾能力，确保贵州省供水安全、防洪安全、粮食安全和生态安全，对加快交通水利等重大基础设施建设、改善民生、促进社会发展具有标志性、引领性意义。

贵州夹岩项目黔进 QC 小组的"提高小断面隧洞爆破壁面残孔率"成果，正是为解决小断面隧洞开挖过程中存在的小问题而制定的课题。

据了解，所谓残孔率，是指岩石爆破后统计残留下的"半孔"所占钻孔深度的比例，就是"残孔率"。爆破后的残孔率越高，说明对周边岩体的破坏程度越小，岩石超挖量也就越小。

小组在施工中发现，发现隧洞残孔率较低，平均残孔率只能达到 68.4％。通过对隧洞开挖断面收方测量，统计得出该隧洞爆破开挖平均超挖量为 13.4cm，石方的超挖量较大，后期衬砌会浪费较多的混凝土，使施工成本增高，亦不利于隧洞开挖质量的控制。通过 QC 小组活动，控制钻孔施工的风压来降低孔位偏差，进而将目标值残孔率提高了近 20 个百分点。

经过对比发现，爆破壁面残孔率的提高，不但减少了隧洞的超挖量，而且减少了后期隧洞衬砌的混凝土超填量，从而降低了水泥、砂石骨料等自然资源的使用，对环境保护尤其存在重要意义。除此之外，小组还将活动中的有效措施编制了相应的作业指导书，为后续类似工程提供了宝贵的经验和参考。

4 结语

综上所述，在水利企业积极开展 QC 小组活动，对于进一步提升企业质量管理，服务管理等多方面的管理效率具有重要作用。水利企业要对 QC 小组活动给予足够的重视，强化领导的组织领导作用，提升小组成员的综合素质，对管理方法和思路进行积极创新，不断优化 QC 小组活动的管理效率和模式，为水利企业的全面质量管理做出贡献。

参考文献

［1］杨健. 如何开展黏土心墙堆石坝 QC 小组活动［J］. 云南水力发电，2019，35（S1）：130-133.

［2］康志宏. 在水利工程行业质量管理小组活动中应注意的问题［J］. 山西水利科技，2008（1）：92-94.

［3］刘学鹏. 水利水电工程施工监理中 QC 小组活动方法探讨［J］. 水利水电施工，2003（2）：49-50.

［4］樊路琦，汪庆元. 水利勘测设计行业 QC 小组活动中几个问题的探讨［J］. 水利技术监督，2002（6）：13-15.

［5］张波. 扎实有效地开展水利企业 QC 小组活动［J］. 水利技术监督，2001（5）：30-31.

［6］如何在水利系统开展 QC 小组活动与全面质量管理［J］. 水利技术监督，1998（1）：3-5.

企业科技信息管理系统设计与建设

李函逾，胡凯琪，邹　权

（中国电建集团昆明勘测设计研究院有限公司，云南省昆明市　650051）

[摘　要]　根据企业科技信息管理的业务需求，搭建科技大数据库架构，设计并实现了科技信息全生命周期信息化管理系统，实现了对科技数据、过程、结果的规范、高效管理，进而为企业科技研发的成果质量提供保障。

[关键词]　科技信息；信息化；管理系统；科技大数据库

0　引言

随着勘察设计行业的发展及科技的进步，各项业务的快速发展，承担的科技项目、获得的科技奖励、授权的知识产权、培养的科技人才数量大幅提升，亟需提高科技管理效率。现行的科技信息管理存在诸多问题，无法满足企业科技工作需求。因此，需要开发一套适应科技发展需求的科技信息管理系统，从而实现对科技信息全方位规范化管理，加强过程把控、提高查询统计效率。

1　现行科技信息管理中存在问题

近年来，随着企业各项业务的不断增加，科技信息数据增加、管理工作日益繁琐，亟需提高科技管理效率。现有管理模式主要存在以下问题：

1.1　业务数据分散

科技信息管理过程中各业务板块数据由各分管人员管理，数据统计整理过程中往往工作量大，无法快速、准确地从多维度的数据中提取出所需部分。

1.2　各类数据关联性差

科技数据统计口径多，传统管理方式下，数据之间缺乏关联关系。无法快速、准确地从多维度为生产经营和日常管理工作提供科技数据支撑。

2　科技信息管理系统总体设计及实现

系统设计阶段结合科技信息全业务板块，构建一个科技项目、创新平台、人才培养、知识产权、科技奖项、成果转化的全方位信息综合管理系统。

2.1　六库一平台结构设计

根据科技过程全方位管理，科技项目全生命周期为核心，建立完备的科技信息管理的六库一平台结构，各业务数据相互支撑。共包括以下主要模块，如图1所示。

2.1.1　科技项目管理

分为公司自立项目及上级委托项目进行管理。自立项目包括申请立项评审、任务书管

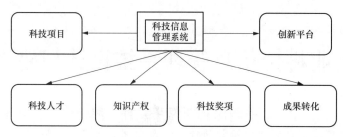

图 1 科技信息管理系统功能图

理、执行情况填报、考核验收等全过程管控子模块。上级委托项目包括项目登记、执行情况填报、验收管理等子模块。

2.1.2 创新平台管理

分为上级设立平台和企业自设平台。上级研发平台主要涵盖各类上级部门批准设立平台，包括平台信息维护和定期工作汇报等模块；企业研发平台包括平台设立申报和批准、季度工作填报、年度考核等功能模块。

2.1.3 知识产权管理

建立涵盖专利、软件著作权、论文、商标等信息的知识产权管理系统，实现对知识产权申请、维护、转化全生命周期管理，并实现知识产权与企业人员、项目直接管理，为知识产权发展战略制定提供数据支撑。

2.1.4 科技人才管理

实现对科技人员信息管理，包括各级科技人才申报及信息维护，并根据人员与承担项目、拥有专利、获得奖励等信息，推荐企业人才申报省部级科技人才计划。

2.1.5 科技奖励管理

包括企业科技奖励申报、专家评审等功能模块，并实现对企业奖励推荐申报省部级科技奖励决策数据提供，并建立完备的获奖信息数据库。

2.1.6 成果转化管理

包括科技成果登记、科技成果转化情况、关联奖励、科技成果鉴定等功能模块，实现对科技成果转化精细化管理，对成果转化情况通过量化指标衡量，为科技考核提供数据支持。

2.2 各模块间数据关联

整个系统形成一个以创新平台为基础，科技项目为核心，科技人才为依托，科技奖项、知识产权、成果转化为支撑的科技创新管理体系。

通过实现对科技项目全生命周期管理，将创新平台建设、知识产权申请、科技奖项申报、科技成果转化应用等数据与科技项目相关联，实现科技人员与多维数据联动，为人才培养及考核提供数据基础。实现整个科技创新管理各业务模块信息数据高效共享。

2.3 技术配置及特点

系统采用 B/S 架构，客户端采用 HTML 方式展现，支持各种常见的浏览器。采用大型网络关系型数据库，支持多用户、大事务量、分布式处理，提供数据库操作接口、系统

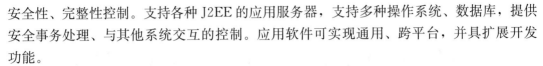

安全性、完整性控制。支持各种 J2EE 的应用服务器，支持多种操作系统、数据库，提供安全事务处理、与其他系统交互的控制。应用软件可实现通用、跨平台，并具扩展开发功能。

2.4　系统拓展

2.4.1　流程控制

结合企业自身科技管理规定，制定业务数据流程，确保系统各业务模块有序执行，形成完整的业务数据流程。

2.4.2　经费管理

实现该系统数据与财务数据对接，实现科技项目财务转账管理，可将依托该项目产生费用归集到对应财务专项当中，确保科技项目经费管理规范化。

2.4.3　高企申报

通过对全科技创新数据的规范化管理，实现高企申报时实现研发经费数据自动统计、RD 和 PS 表格自动生成，从而大大减少高企申报及研发经费加计扣除过程的工作量。

3　结语

科技信息管理系统结构合理，便于管理人员及其他参与者的使用，有较好的稳定性及安全性，同时具有良好的可扩展性，为企业实现科技创新数据高校管理提供支撑。通过统一平台、统一规划、统一建设的模式来实现项目管理，财务数据，科技成果等资源的有效结合，最大化减少系统建设成本，打通数据通道，消除信息孤岛，实现数据的纵向贯通和功能的横向集成，也为后续建设管理数据中心及企业服务总线的目标做支撑。

参考文献

［1］毛静．铁路科技企业项目信息化管理系统的设计开发与应用［J］.铁路计算机应用，2017，6（27）：31-35.

［2］王强，邹涛，张健．企业科研单位科研项目管理信息化建设研究［J］.科技创业，2014（5）：7-9.

［3］李婷．科技管理体制创新与信息化建设［J］.科学技术创新，2013（5）：103-103.

浅谈勘察设计企业提高工程总承包项目质量策划和过程控制的重要性

李 璐

（中国电建集团昆明勘测设计研究院有限公司，云南省昆明市 650000）

[摘 要] 在工程总承包项目的全过程管理中，需要按照"计划、实施、检查、处理"（PDCA）循环的工作方法，采用事前预防，事中控制，事后总结的工作思路，其中质量策划和过程控制是持续提升项目实施过程中质量控制成效的关键环节。主要工作步骤为明确项目质量管理计划，落实施工过程中的三检制，对于项目整体质量管控能力、工程实体质量水平，有不可忽视的重要性。

[关键词] 勘察设计企业；过程控制；项目质量策划；三检制

0 引言

随着国内工程总承包项目模式的广泛推行，一大批勘察设计企业通过承揽总承包项目作为转型升级的途径之一。依据《2019 年全国工程勘察设计统计公报（2020）》中的数据，可以看出工程总承包业务新签合同金额在勘察设计企业的合同总额的占比有逐年上升的趋势，2020 年工程总承包新签合同金额合计 46 071.3 亿元，与上年相比增加 10.8％。其中，房屋建筑工程总承包新签合同金额 19 538.2 亿元，市政工程总承包新签合同额 6521.1 亿元，近五年从 2014 年的 1.2 万亿元增长到 2019 年的 4.6 万亿元，在总体业务中的占比也逐年增大，从 2014 年的 70％左右增长到 2019 年的 83％。

工程总承包项目在勘察设计行业的兴起，一方面有市场需求升级的原因，另一方面因为工程总承包契合了勘察设计企业自身的特点，是帮助企业做大体量、规模，应对施工总承包市场竞争的重要突破口。勘察设计企业凭借自身优势，整合相关专业的设计资源，对勘测设计产品进行质量把控，同时各专业通过成立工程管理部等专门管理机构，引进总承包项目管理人才进行项目统筹，项目管理方面采用事前预防、事中控制、事后总结的思路，作为提高项目技术质量把控的重要抓手。

项目策划阶段所形成的项目策划文件是各项目根据项目特点，依据项目合同、公司管理要求所形成的，项目策划的范围应包括整个项目全生命周期所涉及的所有要素，是全面安排项目施工质量管理的文件，是指导施工的主要依据。过程控制的环节和管理接口较多，包含施工准备、检验检测、旁站监督等，三检制往往是较为重要但又容易被忽视的环节，坐实三检制对于实现质量目标、确保分部分项验收、达到质量验收标准的重要抓手。

1 勘察设计企业在工程总承包项目管理中面临的常见问题

1.1 工程总承包项目管理经验不足

国内的施工企业在工程建设方面的能力、体量都已经形成相当的水平，无论是进度、质量，还是成本把控，都具备一定的经验储备和体系架构。勘察设计企业的传统主营业务是输出核心技术，长期专注于技术、工艺，打造勘察设计产品，在工程管理方面并没有太多经验。企业管理层面顶层设计不足，未建立工程总承包企业的管理体系，未形成施工企业的管理制度与模式，重设计轻项目管理的观念使设计总是把自己置身于总包项目外，没有融合。生产组织管理未形成项目组的管理模式，部分传统勘察设计企业仍以专业组的形式进行组织管理，对于大规模、大体量的项目，组织管理缺少全面性，不利于大型项目的集成化质量管控。

1.2 项目质量策划不足，影响项目实施与接口管理

项目质量策划作为工程总承包项目全过程管理的开端，对于项目进度、费用管理、分包管理等都有相当作用的指导意义，项目质量策划文件作为项目经理在编制项目实施计划的重要输入，为采购实施、分包管理提供一定的思路，针对费用管理可以有效地控制资金的使用，利于项目成本的统计与控制。

但部分总承包项目管理的策划文件，内容流于形式，未依据项目特点、合同要求进行编制等问题，常见的如采购管理缺少项目采购的材料、构配件和设备数量及技术要求，分包管理未对分包商资质、人员资格做出明确要求等。项目质量策划若未充分了解工程项目质量管理的要求，外包（分包）过程将面临不受控的风险。

1.3 三检制落实不到位

项目现场对三检制要求不严格、不坐实，只有资料显示，无过程留痕。施工单位、监理单位和业主单位认为工程产品在外观质量上不用像工业产品那么"精细"，稍有偏差不影响大局，三检制纯粹是浪费时间，只用"做做资料"，应付监理和业主即可。三检制认识不到位，对三检制的质量把关地位和实施的专业性认识不到位，项目部无质量检验部门设置，质检员的专业资格、检测人员配置数量更谈不上硬性要求。

2 勘察设计企业加强工程总承包项目质量管控的对策

2.1 转变项目管理思路，实行项目评估

企业领导层发挥领导作用，转变管理思维与思路，建立建设施工单位的质量管理体系，配置专业的管理队伍，做好人才培养和人才梯队建设，提高施工现场管理人员的工资待遇，拓展施工管理人员的发展空间，调动人员工作的积极性，培养复合型项目管理人才。

项目经理负责制是堵塞项目效益流失的第一道关口。一是要在思想上提高认识，切实把项目评估、测算作为加强项目管理的基础和堵塞项目效益流失的第一道关口来认识，自觉地搞好评估和测算工作；二要加强评估、测算的组织领导，要成立专门的领导小组，有专人负责，要建立科学的评估、测算指标体系；三要依法签订承包管理合同，上缴风险保

证金，委派主办会计，定期进行考核；四要认真进行项目运行中的监督、检查、指导和考核，帮助项目经理及时纠正经营管理偏差，确保项目目标实现。

2.2　关注事前策划，做好项目计划的动态管理

工程项目质量管理策划可根据项目的规模、复杂程度分阶段实施。策划结果所形成的文件可是一个或一组文件，可采用包括施工组织设计、质量计划、质量培训计划、检验检测计划在内的多种文件形式，内容需覆盖并符合标准和项目合同的要求，其繁简程度宜根据工程项目的规模和复杂程度而定。

项目质量管理计划的主要内容包括工程概况、技术标准、项目质量目标、组织机构和职责、资源管理、设计管理、分包管理、生产和服务的提供等，每项管理内容可进一步细化，制作表单，表单的内容包括工作类别、工作编号、工作名称、开始时间、完成时间、工作周期、完成时限、前置条件（编号）、完成标准、主责部门、负责人、责任岗位、接收部门/岗位共 13 项。项目前期工作计划因项目部尚未完成组建，一般由管控层工程负责人编制，成本、资金等人员进行协同。项目部和管控层核心人员参与编制项目质量管理计划的过程，既是对项目进行管理策划的过程，也是根据总包合同、企业内控要求确定项目总体管理目标的过程，是打通各项管理接口的途径之一。

项目计划的动态管理即项目实施的动态控制，可采取企业信息化管理平台的整合、互联和数据共享，对管理数据进行整合，实现项目管理计划线上编制和审批、自动比对和分析、成果提交、管理报表输出等模块功能。

项目质量管理计划可采用信息化的手段进行归结和动态管理。基本实现信息化后，须逐步探索项目级和公司级管理可视化的实现方法和路径，最终实现项目质量管理计划的模块化编制、自动生成、线上审批、动态调整、实施监控、状态评估和预警、可视化看板等更高层次的应用，以提升现场管理的效率，方便项目人员根据项目实施作调整。

2.3　强化过程控制，落实三检制

三检制是指"自检、互检、专检"的三级质量检验制度，对建筑工程施工行业而言，三检制主要是指由施工作业人员自检、施工班组互检以及专检人员专检共同组成的施工质量检验制度，实质是一项施工作业情况的自查，在检查完成后需形成完善的《施工过程"三检"记录》。

严格依照建筑施工质量的相关规范要求、质量标准及施工图纸对建筑工程的质量进行层层检查、监督与评价。各分部、分项工程开工前，须严格按要求开展三级技术交底，以确保所有参建人员均能按照施工图纸、验收规范、操作标准及组织措施等正确开展施工作业。对建筑工程中的隐蔽工程、各工序衔接部位等的质量检查，须按照班组自检以及技术负责人互检，确保逐项检查均满足要求后，再由专业质检人员进行检查，在所有质量检查均合格后会同技术负责人等进行检查并填写质量检查记录，且由建设方及监理方工程师抽检合格后方可隐蔽进行下一道工序。

在建筑工程施工中严格贯彻落实三检制是保障建设施工质量的重要举措，通过将"自检""互检""专检"工作进行融合贯通，明确三检制工作推进的基本目标与要求，对建筑工程施工质量的有效确保极为关键。

落实三检制，推行质量痕迹管理，确各专业质量痕迹管理记录与标识要求，实施"分级管理、过程留痕、实时监督"，把"质量痕迹管理"作为三检制的抓手，实现质量过程三检从"资料显示"向"过程留痕"的转变。对各专业分包及劳务分包实行"横纵交错式"管理，将管理的触角直达作业面，过程中严格执行"自检""互检""专检"三管齐下的三检制，将传统的"事后检查"转移至"事前控制"，并通过预防与检查相结合，以最终实现对质量缺陷及隐患的层层把关。

3 结语

综上所述，对于提升工程总承包项目质量策划和过程控制中有诸多需要关注的环节，三检制和质量策划仅仅是一环。随着建筑行业的市场竞争日趋激烈，在勘察设计企业转型的过程中，仍然面临一些难题亟待解决，只有不断提高自身企业管理的科学化、规范化、现代化，坚持与时俱进，严加管控过程，提升项目整体质量管控能力、工程实体质量水平，才能实现企业长远可持续发展，为企业树立了良好的形象。

参考文献

[1] 中国建筑科学研究院 . GB 50300—2013，建筑工程施工质量验收统一标准 [S]. 北京：中国建筑工业出版社，2013.

[2] 齐琦 . EPC 工程总承包项目合同管理存在的问题与对策分析 [J]. 时代经贸，2020（21）.

基于 BIM 的智慧工地管理体系框架研究

周 政，龚 晗，唐 莉

（中国水电基础局有限公司，天津市 301700）

[摘 要] 以比较简单、明了的说法来解释的话，BIM 技术可以说是一种专用于建筑领域的现代化信息技术，BIM 技术的出现和实际应用，是建筑行业信息化发展的重要体现，在智慧工地已经成为建筑工程建设总体发展趋势的现实情况下，在建筑工程建设中应用 BIM 技术更是大势所趋，本文就以 BIM 智慧工地管理体系框架构建为研究重点，分析论述智慧工地对建筑工程的重要意义，针对 BIM 智慧工地管理的整体技术架构及体系组成展开综合性探讨。

[关键词] BIM；智慧工地管理体系框架；智慧化技术

0 引言

现如今，我国已经成功跨入科技时代，通信技术以及互联网技术等各种现代化先进技术一直在不断创新升级和融合发展，从而衍生出云计算及物联网等相关新技术，并迅速得到各个领域、各个方面的普及应用，在这样的形势下，我国建筑企业也积极顺应时代发展形势，对相关先进技术进行了合理应用，因此有力推动着智慧建筑工程发展进程的不断加快，由于应用常规的管理方式难以实现对智慧工地的高效管理，而 BIM 技术的出现，为智慧工地管理提供了一定技术支撑，所以，基于 BIM 的智慧工地管理体系框架成了研究热点。

1 智慧工地在施工项目中的必要性

在很长一段时期内，中国的建筑施工行业都属于劳动密集型产业，对技术的要求比较低。在实际的施工作业中，往往只要能提供相应数量的劳动力，就可以帮助建设公司获取一定的经济利益。然而，在最近几年间，中国政府颁布了一系列文件，从而对房价予以调控。而这也使得房地产行业出现了不同于以往的发展态势。对于建设公司而言，就需要对资金投入予以控制。现阶段，比较有效的成本控制途径便是在确保建筑工程品质的基础上，在最大程度上使工程建设的效率得到提升。而这种工程施工产业的转型主要是由于有大量先进的技术被应用到了中国建设施工过程中。如今，中国已经正式步入了"互联网＋"时代，社会生产和生活中信息化技术的运用越来越普遍，对于工程施工行业而言更是如此。例如，在施工过程中应用装配式 pc 构件就能够使工程成本大幅度降低，同时缩减工程建设的周期。然而，在建设项目过程中应用先进的技术也使得施工方式发生了较大的改变，这就决定了在运用装配式 pc 构件技术时应该重点关注预制件的施工方法，从而使得先进技术能够发挥出应有的价值，最终确保工程建设的高品质和高效率。在过去几年中，工程施工中数字化技术和物联网技术的应用越来越广泛，这就要求建设公司应该在施

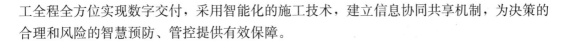

工全程全方位实现数字交付，采用智能化的施工技术，建立信息协同共享机制，为决策的合理和风险的智慧预防、管控提供有效保障。

2　以 BIM 为基础的智慧工地管治体系化框架

智慧工地的基础是智能技术、数字化技术，以及信息化技术和互联网技术。在智慧工地的管治过程中，必须对工程规划和建设作业予以高度关注，以此实现稳定和安全的建设施工作业。除此之外，如果建设公司在建设施工过程中应用智慧工地管治方法，则能够对建设原料予以合理管控，进而达到提高资源使用率、控制工程成本的目的。对于工程项目中各个主体而言，则能够凭借智慧工地管治方法的应用，实现和建设公司的有效互动、共享施工信息数据。然而，以 BIM 为基础的智慧工地管治技术框架不仅仅是指技术管治或者服务管治，同时也指绿色施工管制、进度管治和安全管治等模块。如果能够在工程项目建设中体现出上述模块应有的价值，则能够使智慧工地管治的成效得到提高。这就要求相关建设公司应该科学构建智慧工地管治系统。

3　以 BIM 为基础的智慧工地管治系统构件

以某工程项目为例，该工程 c2 标段的范围包括 9 座乡镇的供水项目，其中包括的建设项目包括新建 8 座水厂、8 座取水泵站和 10 座二级加压泵站，并且改建 2 座水厂，以及铺设配水管道等，除此之外还设计智慧水务和智能化控制平台的建设工程。

该建设工程的合同金额大约是 15 000 万元，其中安全生产成本占总金额的 2%。至今建设完毕的主要项目是水管道的铺设工程和分区水厂的建设工程，挡墙施工已经全部完毕。上述项目的产值超过 8000 万元，大约占总体产值的 40%，其中安全生产成本大约是 130 万元。

3.1　开放式的施工精度子系统

在现阶段，得益于中国先进技术的不断革新和进步，以 BIM 为基础的智慧工地管治系统也实现了进一步的发展。通过应用开放式的虚拟现实和增强现实技术，相关工作人员就能够在建设场地展示建设信息，并以此为建设作业提供指引。通过位置追踪标记技术，工程管治人员则能够对建设实际情况予以充分了解，掌握工地实际情况，从而为管治方案的合理性提供保障，同时科学评估建设作业情况。通过在施工过程中引入三维扫描技术，则能够将施工场地的实际情况传送给该系统，以此帮助工程管治人员实现对施工管治模式的进一步改良。除此之外，通过引入该系统，相关管治人员还能够凭借掌握的工程数据展开虚拟演示和碰撞检测等实验。

3.2　Petri-Net 动态建设作业工序子系统

工程管治正朝着动态管治方向发展。在工程管治过程中引入该系统能够使管治人员时刻了解施工相关数据，从而实现高质和高效的动态管治工作。在引入了该项系统之后，管制人员就能够对建设现场情况展开动态模拟，同时建立管治体系，进而确保动态管制和工程能够顺利展开。该系统通过和 VR/AR 施工精度子系统的融合，能够在一定程度上使时动态管治成果得到提升。管治人员能够全面了解施工情况，以此对施工安排的科学性进行评价。如果施工安排缺乏科学性，则必须对其予以改善，一方面使施工效率得到提升，另一方面还能够使工程成本得到控制。

3.3 基于设计/基于实体施工进度子系统

将该子系统引入到工程管治过程中后，则能够建立 3D 建设模型，从而动态管治建设作业，确保建筑作业如期展开，在最大程度上缩减工程周期。该子系统包括以下几个层级：

（1）感知层，本层级能够对收集施工扫描信息、并对信息予以定位，从而使管治人员能够掌握相关管治数据。

（2）传输层，在通信和数字化技术的基础上，本层级凭借各类终端为管治人员全面的建设施工数据，进而改善管治工作。

（3）应用层，本层级通过移动计算技术实现虚拟和现实信息交换的目的，以此为该子系统的稳定运行奠定基础。

（4）控制层，本层级能够为工程管治人员提供所需的施工数据。

而管治人员便能够从自身经验和施工管治专业能力出发，构建合理的施工管治办法，同时确保建设作业能够有序展开。

除此之外，工程管治人员还必须对施工管治安全隐患展开准确研究，基于此制定风险管治办法，从而在最大程度上排除施工安全隐患。工程管治人员还必须合理安排工程项目的施工进度，从而确保施建筑作业的高品质和高效率。

4 结语

在科技是第一生产力的时代背景下，将相关先进技术应用于建筑工程建设是不可逆转的，合理构建 BIM 智慧工地管理体系，能够借助 BIM 技术的优化性、可视化等各项技术优势，最大限度地强化和优化建筑工程管理，从而有效保证建筑工程管理提高施工质量和施工效率，降低施工成本等应有作用的充分发挥，相关人员应重点加强 BIM 智慧工地管理体系框架构建的研究和探索。

参考文献

[1] 陈星，薛伟，程淑珍，等. 智慧工地管理体系在玉溪海绵城市建设中的应用 [J]. 中国给水排水，2019，35（12）：4.
[2] 杜军. 智慧工地精细化管理体系及工程应用 [J]. 住宅与房地产，2019，554（31）：125.
[3] 欧蔓丽，曹伟军. 建筑业智慧工地管理云平台的研究及应用 [J]. 企业科技与发展，2017（8）：3.
[4] 徐友全，贾美珊. 物联网在智慧工地安全管控中的应用 [J]. 建筑经济，2019，40（12）：6.